博文视点AI系列

深入浅出强化学习

原理入门

郭 宪 方勇纯 编著

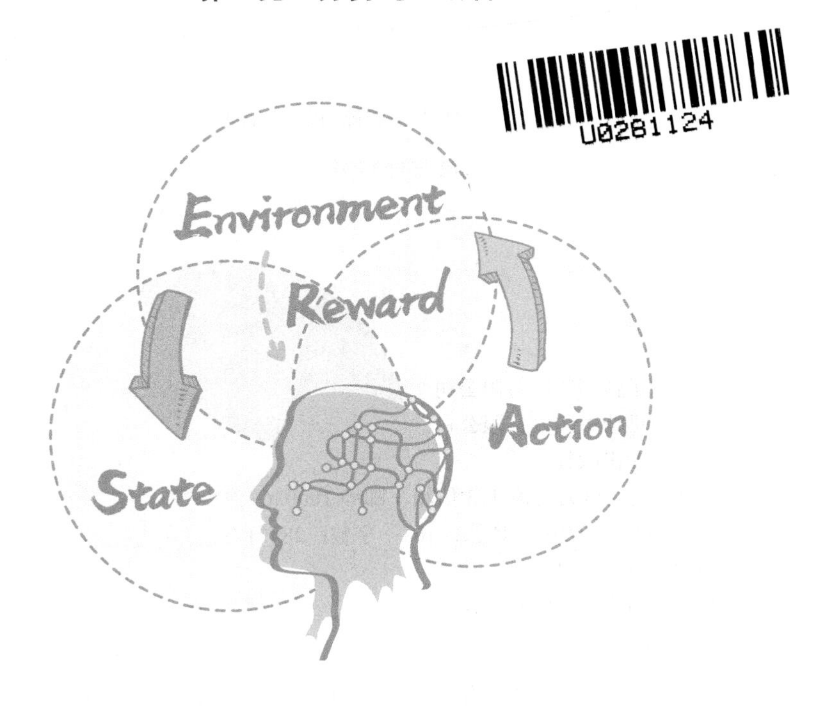

電子工業出版社
Publishing House of Electronics Industry
北京•BEIJING

内 容 简 介

本书用通俗易懂的语言深入浅出地介绍了强化学习的基本原理，覆盖了传统的强化学习基本方法和当前炙手可热的深度强化学习方法。开篇从最基本的马尔科夫决策过程入手，将强化学习问题纳入到严谨的数学框架中，接着阐述了解决此类问题最基本的方法——动态规划方法，并从中总结出解决强化学习问题的基本思路：交互迭代策略评估和策略改善。基于这个思路，分别介绍了基于值函数的强化学习方法和基于直接策略搜索的强化学习方法。最后介绍了逆向强化学习方法和近年具有代表性、比较前沿的强化学习方法。

除了系统地介绍基本理论，书中还介绍了相应的数学基础和编程实例。因此，本书既适合零基础的人员入门学习、也适合相关科研人员作为研究参考。

图书在版编目（CIP）数据

深入浅出强化学习：原理入门 / 郭宪，方勇纯编著. —北京：电子工业出版社，2018.1
ISBN 978-7-121-32918-0

Ⅰ. ①深… Ⅱ. ①郭… ②方… Ⅲ. ①人工智能 Ⅳ. ①TP18

中国版本图书馆 CIP 数据核字(2017)第 258235 号

责任编辑：刘　皎
印　　刷：北京捷迅佳彩印刷有限公司
装　　订：北京捷迅佳彩印刷有限公司
出版发行：电子工业出版社
　　　　　北京市海淀区万寿路 173 信箱　邮编 100036
开　　本：720×1000　1/16　印张：16　字数：284 千字
版　　次：2018 年 1 月第 1 版
印　　次：2025 年 4 月第 15 次印刷
定　　价：79.00 元

凡所购买电子工业出版社图书有缺损问题，请向购买书店调换。若书店售缺，请与本社发行部联系，联系及邮购电话：（010）88254888，88258888。

质量投诉请发邮件至 zlts@phei.com.cn，盗版侵权举报请发邮件至 dbqq@phei.com.cn。

本书咨询联系方式：010-51260888-819，faq@phei.com.cn。

推荐序一

强化学习是机器学习的一个重要分支，它试图解决决策优化的问题。所谓决策优化，是指面对特定状态（State，S），采取什么行动方案（Action，A），才能使收益最大（Reward，R）。很多问题都与决策优化有关，比如下棋、投资、课程安排、驾车，动作模仿等。

AlphaGo 的核心算法，就是强化学习。AlphaGo 不仅稳操胜券地战胜了当今世界所有人类高手，而且甚至不需要学习人类棋手的棋谱，完全靠自己摸索，就在短短几天内，发现并超越了一千多年来人类积累的全部围棋战略战术。

最简单的强化学习的数学模型，是马尔科夫决策过程（Markov Decision Process，MDP）。之所以说 MDP 是一个简单的模型，是因为它对问题做了很多限制。

1. 面对的状态 s_t，数量是有限的。

2. 采取的行动方案 a_t，数量也是有限的。

3. 对应于特定状态 s_t，当下的收益 r_t 是明确的。

4. 在某一个时刻 t，采取了行动方案 a_t，状态从当前的 s_t 转换成下一个状态 s_{t+1}。下一个状态有多种可能，记为 s_{t+1}^i , $i = 1 ... n$。

换句话说，面对局面 s_t，采取行动 a_t，下一个状态是 s_{t+1}^i，不是确定的，而是概率的，状态转换概率，记为 $P(s_{t+1}^i \mid s_t,\ a_t)$。但是状态转换只依赖于当前状态 s_t，而与先前的状态 s_{t-1}, s_{t-2} ...无关。

解决马尔科夫决策过程问题的常用的算法，是动态规划（Dynamic Programming）。

对马尔科夫决策过程的各项限制，不断放松，研究相应的算法，是强化学习的目标。例如对状态 s_t 放松限制：

1. 假如状态 s_t 的数量，虽然有限，但是数量巨大，如何降低动态规划算法的计算成本；

2. 假如状态 s_t 的数量是无限的，现有动态规划算法失效，如何改进算法；

3. 假如状态 s_t 的数量不仅是无限的，而且取值不是离散的，而是连续的，如何改进算法；

4. 假如状态 s_t 不能被完全观察到，只能被部分观察到，剩余部分被遮挡或缺失，如何改进算法；

5. 假如状态 s_t 完全不能被观察到，只能通过其他现象猜测潜在的状态，如何改进算法。

放松限制，就是提升问题难度。在很多情况下，强化学习的目标，不是寻找绝对的最优解，而是寻找相对满意的次优解。

强化学习的演进，有两个轴线：一个是不断挑战更难的问题，不断从次优解向最优解逼近；另一个是在不严重影响算法精度的前提下，不断降低算法的计算成本。

此书的叙述线索非常清晰，从最简单的解决马尔科夫决策过程的动态规划算法，一路讲解到最前沿的深度强化学习算法（Deep Q Network，DQN），单刀直入，全无枝枝蔓蔓之感。不仅解释数学原理，而且注重编程实践。同时，行文深入浅出，通俗易懂。

将本书与 Richard Sutton 和 Andrew Barto 合著的经典著作 *Reinforcement Learning: An Introduction, Second Edition* 相比，Sutton 和 Barto 在内容上更注重全面，覆盖了强化学习各个分支的研究成果；而本书更强调实用，是值得精读的教材。

邓侃

PhD of Robotics Institute, School of Computer Science, Carnegie Mellon University，

前 Oracle 主任架构师、前百度网页搜索部高级总监、

北京大数医达科技有限公司创始人

推荐序二

强化学习又称为增强学习或再励学习（Reinforcement learning），是 AlphaGo、AlphaGo Zero 等人工智能软件的核心技术。近年来，随着高性能计算、大数据和深度学习技术的突飞猛进，强化学习算法及其应用也得到更为广泛的关注和更加快速的发展。尤其是强化学习与深度学习相结合而发展起来的深度强化学习技术已经取得若干突破性进展。AlphaGo 与人类顶级棋手之间的对弈，使得深度强化学习技术在学术界和工业界得到了更为广泛的关注。强化学习不仅在计算机博弈中取得巨大成功，而且在机器人控制、汽车智能驾驶、人机对话、过程优化决策与控制等领域，也被认为是实现高级人工智能最有潜力的方法。

本人在多年从事强化学习与近似动态规划理论和应用的研究过程中，力求不断提升强化学习算法的快速收敛性和泛化性能，并且将强化学习新理论和新算法应用于移动机器人和自主驾驶车辆等领域，为智能移动机器人和自主驾驶车辆在复杂、不确定条件下的自主优化决策和自学习控制提供高效的技术手段。今后，随着相关理论和技术的不断进步，强化学习技术在智能机器人和自主驾驶车辆、复杂生产过程的优化决策与控制、天空与海洋无人系统等领域的应用将很快会有新的突破。

强化学习的思想从 20 世纪初便被提出来了，经过将近一个世纪的发展，强化学习与心理学、运筹学、智能控制、优化理论、计算智能、认知科学等学科有着密切的联系，是一个典型的多学科交叉领域。来自不同学科的概念和思想使得初学者学习和了解强化学习存在较大的困难。郭宪博士和方勇纯教授的这本《深入浅出强化学习：

原理入门》用通俗的语言系统地讲解了强化学习的基本概念以及它们之间的关联关系。从内容的广度来看，这本书涵盖了强化学习领域的基本概念和基本方法（基于值函数的方法和基于直接策略搜索的方法）；从内容的深度来看，这本书既有传统的强化学习算法（基于表格的强化学习方法，如 Qlearning，Sarsa 算法等），也有最近发展起来的深度强化学习算法（如 DQN，TRPO，DDPG 等）。另外，该书还有两大特色：第一，在介绍强化学习算法的同时，相应地介绍了算法设计和分析的数学基础；第二，相关算法配有代码实例。这两个特色使得该书非常适合初学者、相关领域科研人员以及研究生学习和研讨。鉴于此，强烈推荐该书作为广大读者学习强化学习技术的入门读物，也希望该书能引导和帮助更多的学者投入到强化学习的研究和应用中，为我国新一代人工智能的发展贡献自己的力量。

徐昕
国防科技大学教授

推荐序三

继深度学习与大数据结合产生了巨大的技术红利之后，人们开始探索后深度学习时代的新技术方向。当前主流的机器学习范式大都是以预先收集或构造数据及标签，基于已存在的静态数据进行机器学习为特征的“开环学习”。近年来，采用动态的数据及标签，将数据产生与模型优化通过一定的交互方式结合在一起，将动态反馈信号引入学习过程的“闭环学习”受到越来越多的关注。强化学习就是“闭环学习”范式的典型代表。

在 AlphaGo 战胜人类围棋选手之后，AlphaGo Zero 以其完全凭借自我学习超越人类数千年经验的能力再次刷新了人类对人工智能的认识。而这一人工智能领域的巨大成功的核心就是强化学习与深度学习的结合，这也使得强化学习这一行为主义学习范式，受到了学术界和产业界的新一轮广泛关注。

本书的出版正是在这样的背景下，可谓恰逢其时。本书深入浅出地对强化学习的理论进行了综合全面的介绍，系统完整又通俗易懂。同时，结合 OpenAI 的仿真环境，将强化学习算法的实际使用与理论介绍联系起来，具有很强的实用性。在强化学习方法论得到广泛关注，以及其实践需求快速增长的背景下，这是一本很好的入门教程。

俞凯
上海交通大学研究员

推荐序四

AlphaGo 的诞生掀起了（深度）强化学习技术的一轮热潮，该方向已成为人工智能领域最热门的方向之一，由于其通用性而备受各个应用领域推崇，从端对端控制、机器人手臂控制，到推荐系统、自然语言对话系统等。（深度）强化学习也被 OpenAI 等公司认为是实现通用人工智能的重要途径。

然而目前强化学习中文资料相对零散，缺少兼具系统性和前沿性的强化学习教学及科研资料。郭博士的《深入浅出强化学习：原理入门》这本书恰好填补了这一空白。本书根据郭博士在知乎的强化学习专栏内容整理而成，条分缕析、通俗易懂，既对强化学习基础知识做了全方面“深入浅出”的讲述，又涵盖了深度强化学习领域一系列最新的前沿技术。因此它无论是对强化学习的入门者，还是强化学习领域研究人员和工程师，都是一本很好的推荐读物，相信不同的读者都会从中获益。

郝建业

天津大学副教授、天津市青年千人、天津大学“北洋青年学者”

推荐序五

受行为主义心理学研究启发，在机器学习领域中产生了一种交互式学习方法的分支，这便是强化学习，又称为增强学习。强化学习模拟的是人类的一种学习方式，在执行某个动作或决策后根据执行效果来获得奖励，通过不断与环境的交互进行学习，最终达到目标。强化学习概念早在上世纪就已经提出，在计算机领域，第一个增强学习问题是利用奖惩手段学习迷宫策略。然而，直到 2016 年 AlphaGo 对决李世石一战成名后，强化学习的概念才真正广为人知。强化学习主要应用于众多带有交互性和决策性问题，比如博弈、游戏、机器人、人机对话等，这些问题是常用的监督学习和非监督学习方法无法很好处理的。

本人一直从事移动机器人、机器视觉和机器学习领域的研究，以及人工智能课程的教学。此前，为了解决人形机器人斜坡稳定行走问题，在查阅深度学习相关资料的过程中，在网上偶然看到郭宪博士开辟的强化学习专栏，读后很有收获。现在他将专栏文章整理编著成书，重新按知识层次进行编排和补充，对于读者学习更有帮助。

本书覆盖了强化学习最基本的概念和算法。在基于值函数的强化学习方法中，介绍了蒙特卡罗法、时间差分法和值函数逼近法。在基于直接策略搜索的强化学习方法中，介绍了策略梯度法、置信域策略法、确定性策略搜索法和引导策略搜索。在强化学习的前沿部分，介绍了逆向强化学习、深度强化学习和 PILCO 等。除了深度学习算法本身，书中还对涉及的基础知识，如概率学基础、马尔科夫决策过程、线性方程组的数值求解方法、函数逼近方法、信息论中熵和相对熵的概念等也做了详细的说明。

本书非常适合科技人员、高等学校师生和感兴趣人员作为入门强化学习的读物，也可作为相关研究和教学的参考书。

本书内容深入浅出、文字简单明了，采用了丰富的实例，让读者易读、易懂。同时配有习题和代码详解，能有效提升读者对理论知识的理解，帮助读者运用理论解决实际问题。建议读者跟随书中的示例和代码（https://github.com/gxnk/reinforcement-learning-code）来实现和验证相关强化学习算法，并可同时关注作者的知乎专栏（https://zhuanlan.zhihu.com/sharerl）以便更好地互动和探讨相关细节。

陈白帆

中南大学副教授 湖南省自兴人工智能研究院副院长

前　言

2017 年 5 月，AlphaGo 击败世界围棋冠军柯洁，标志着人工智能进入一个新的阶段。AlphaGo 背后的核心算法——深度强化学习——成为继深度学习之后广泛受人关注的前沿热点。与深度学习相比，深度强化学习具有更宽泛的应用背景，可应用于机器人、游戏、自然语言处理、图像处理、视频处理等领域。深度强化学习算法被认为是最有可能实现通用人工智能计算的方法。不过，由于深度强化学习算法融合了深度学习、统计、信息学、运筹学、概率论、优化等多个学科的内容，因此强化学习的入门门槛比较高，并且，到目前为止，市面上没有一本零基础全面介绍强化学习算法的书籍。

本书是笔者在南开大学计算机与控制工程学院做博士后期间，每周在课题组内讲解强化学习知识的讲义合集。在学习强化学习基本理论的时候，我深深地感受到强化学习理论中的很多概念和公式都很难理解。经过大量资料和文献的查阅并终于理解一个全新的概念时，内心涌现的那种喜悦和兴奋，鼓动着我将这些知识分享给大家。为此，我在知乎开辟了《强化学习知识大讲堂》专栏，并基本保持了每周一次更新的速度。该专栏得到大家的关注，很多知友反映受益良多，本书的雏形正是来源于此。在成书时，考虑到书的逻辑性和完整性，又添加了很多数学基础和实例讲解。希望本书能帮助更多的人入门强化学习，开启自己的人工智能之旅。

在写作过程中，博士后合作导师方勇纯教授给了大量的建议，包括书的整体结构、每一章的讲述方式，甚至每个标题的选择。写作后，方老师细致地审阅了全文，给出了详细的批注，并多次当面指导书稿的修改。正是因为方老师的耐心指导与辛勤付出，本书才得以顺利完成。

同时，非常感谢组内的研究生丁杰、朱威和赵铭慧三位同学，通过与他们的交流，我学会了如何更明晰地讲解一个概念。本书的很多讲解方式都是在与他们的交流中产生的。

本书在写作过程中参考了很多文献资料，这些文献资料是无数科研工作者们日日夜夜奋斗的成果。本书对这些成果进行加工并形成了一套自成体系的原理入门教程。可以说没有这些科研工作者们的丰硕成果就没有今天蓬勃发展的人工智能，也就没有这本书，在此对这些科学工作者们表示由衷的敬意。

本书前六章的内容及组织思路很大部分参考了 David Silver 的网络课程，同时参考了强化学习鼻祖 Richard S. Sutton 等人所著的 *Reinforcement Learning: An Introduction*，在此向 Silver 和 Sutton 致敬。

本书第 8 章介绍了置信域强化学习算法，主要参考了 John Shulman 的博士论文，在此向 John Shulman 博士及其导师 Pieter Abbeel 致敬。第 10 章主要介绍了 Sergey Levine 博士的工作，在此对其表示感谢。在强化学习前沿部分，本书介绍了最近一年该领域很优秀的研究工作，如 Donoghue 的组合策略梯度和 Qlearning 方法，Tamar 的值迭代网络，Deisenroth 的 PILCO 方法和 McAllister 的 PILCO 扩展方法，在此对这些作者表示感谢。当然，本书还介绍了很多其他科研工作者的工作，在此对他们一并致谢。

本书阐述的主要是前人提出的强化学习算法的基本理论，并没有介绍笔者个人的工作，但在此仍然要感谢目前我负责的两项基金的支持：国家自然科学基金青年基金（61603200）和中国博士后基金面上项目（2016M601256）。这两个项目都和强化学习有关，本书也可看成是这两个项目的前期调研和积累。关于更多笔者个人的工作，留待以后再与大家分享。

由于个人水平有限，书稿中难免有错误，欢迎各位同行和读者批评指正。我的个人邮箱是 guoxiansia@163.com，如有疑问，欢迎咨询。

最后，感谢我的家人，感谢我的爱人王凯女士，感谢她长时间对我的理解和支持，没有她的帮助，我一无所有，一事无成。这本书献给她。

郭宪
2017 年 11 月

目　录

绪论

1.1 这是一本什么书

这是一本人人都可以读懂的书。唐代大诗人白居易写诗定稿的标准是“老妪能解”，也就是说只有连市井中的老妇人都能听懂的诗才是好诗。本书力求做到这一点。不过，真正做到“老妪能解”的程度还是有困难的。因为强化学习是集数学、工程学、计算机科学、心理学、神经科学于一身的交叉学科。力图将这门“深奥”的学科讲明白，是写作本书的目的。

本书讲的是强化学习算法，什么是强化学习算法呢，它离我们有多远？2016 年和 2017 年最具影响力的 AlphaGo 大胜世界围棋冠军李世石和柯洁事件，其核心算法就用到了强化学习算法。相信很多人想了解或者转行研究强化学习算法或多或少都跟这两场赛事有联系。如今，强化学习继深度学习之后，成为学术界和工业界追捧的热点。从目前的形式看，强化学习正在各行各业开花结果，前途一片大好。然而，强化学习的入门却很难，明明知道它是一座“金山”，可是由于总不能入门，只能望“金山”而兴叹了。另外，市面上关于强化学习的中文书并不多，即便有，翻开几页出现的各种专业术语，一下就把人搞懵了。本来下定决心要啃下这块硬骨头的，可是啃了几天发现，越啃越痛苦，连牙都咯掉了，肉渣还没吃到。本书下决心不给大家吃骨头，只给肉，因此本书与其他教科书有以下几个方面的不同。

第一，本书的语言风格偏口语化。因为本书的写作目的是让大家尽快入门强化学习。众所周知，学一门新的课程，最快的入门方式就是请私人家教进行一对一的训练。然而，由于各种原因，这种方式并非对每个人都现实可行。而本书，正希望通过这种口语化的方式与读者交流，尽量实现一对一的训练效果。读者们可以将这本书想象成自己的私人家教。

第二，本书不会将数学基础作为单独的章节列出来，而是在强化学习算法中用到哪些数学，就在那个章节里介绍。这样，就算是没有多少数学基础的读者也可以学习；而对于那些有数学基础的读者，通过将数学与具体的强化学习算法相结合，可以提升数学的应用能力。

第三，本书的每部分都包括理论讲解，代码讲解和直观解释三项内容。强化学习算法是应用性很强的算法，大部分读者学习强化学习算法的目的是用来解决实际问题的。一边学理论，一边写代码，可以使读者在学习的过程中，同步提升理论研究和解决问题两方面的能力。

第四，本书涵盖的内容相当丰富，几乎会涉及强化学习算法的各个方面。从最基础的强化学习算法到目前最前沿的强化学习算法都会有所涉猎。所以，本书可以说是"完全"教程。当然了，这里所谓的"完全"也只是相对的。因为，强化学习算法当前正处于快速发展中，每个月都会有新的突破。但是，强化学习的基本思想是不会那么快变化的，最新的突破都是基于这些基本的思想而来。所以，读完了本书，你再继续读最新的论文，就不会再有如读天书的感觉了。或者说，读完了本书你就可以参与到构建能改变世界的伟大算法中了。

我们再回到刚才的问题：什么是强化学习算法？

要回答这个问题，必须先回答强化学习可以解决什么问题，强化学习如何解决这些问题。

1.2 强化学习可以解决什么问题

如图 1.1 所示是强化学习算法的成功案例。其中的 A 图为典型的非线性二级摆系统。该系统由一个台车（黑体矩形表示）和两个摆（红色摆杆）组成，可控制的输入为台车的左右运动，该系统的目的是让两级摆稳定在竖直位置。两级摆问题是非线性系统的经典问题，在控制系统理论中，解决该问题的基本思路是先对两级摆系统建立精确的动力学模型，然后基于模型和各种非线性的理论设计控制方法。一般来说，这个过程非常复杂，需要深厚的非线性控制理论的知识。而且，在建模的时候需要知道台车和摆的质量，摆的长度等等。基于强化学习的方法则不需要建模也不需要设计控制器，只需要构建一个强化学习算法，让二级摆系统自己去学习就可以了。当学习训练结束后，二级摆系统便可以实现自平衡。图 1.1 中的 B 图是训练好的 AlphaGo 与柯洁对战的第二局棋，C 图则为机器人在仿真环境下自己学会了从摔倒的状态爬起来。这三个例子能很好地说明，强化学习算法在不同的领域能够取得令人惊艳的结果。当然，强化学习除了应用到非线性控制、下棋、机器人等方向，还可以应用到其他领域，如视频游戏、人机对话、无人驾驶、机器翻译、文本序列预测等。

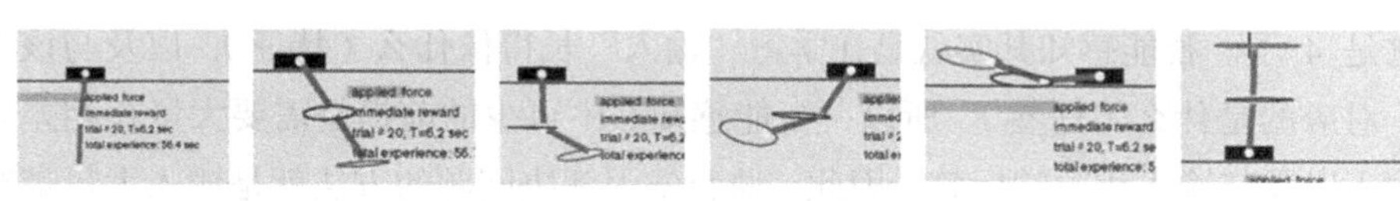

图A 非线性系统二级倒立摆

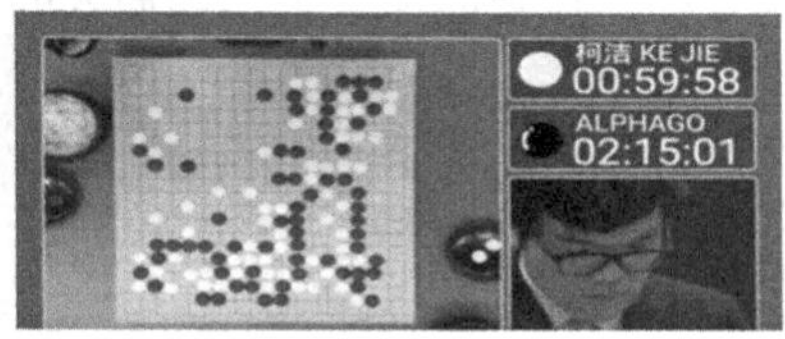

图B AlphaGo与柯洁第二盘棋

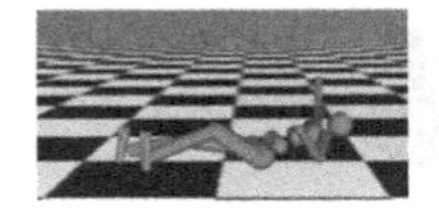

图C 机器人学习站立

图 1.1 强化学习成功案例

例子是举不完的，可以用一句话来说明强化学习所能解决的问题：智能决策问题。更确切地说是序贯决策问题。什么是序贯决策问题呢？就是需要连续不断地做出决策，才能实现最终目标的问题。如图 1.1 中图 A 的二级摆问题，它需要在每个状态下都有个智能决策（在这里智能决策是指应该施加给台车什么方向、多大的力），以便使整个系统逐渐收敛到目标点（也就是两个摆竖直的状态）。图 B 中的 AlphaGo 则需要根据当前的棋局状态做出该下哪个子的决策，以便赢得比赛。图 C 中，机器人需要得到当前状态下每个关节的力矩，以便能够站立起来。一句话概括强化学习能解决的问题：序贯决策问题。那么，强化学习是如何解决这个问题的呢？

1.3 强化学习如何解决问题

在回答强化学习如何解决序贯决策问题之前，我们先看看监督学习是如何解决问题的。从解决问题的角度来看，监督学习解决的是智能感知的问题。

我们依然用一个图来表示。如图 1.2 所示，监督学习最典型的例子是数字手写体识别，当给出一个手写数字时，监督学习需要判别出该数字是多少。也就是说，监督学习需要感知到当前的输入到底长什么样，当智能体感知到输入长什么样时，智能体就可以对它进行分类了。如图 1.2 所示，输入手写体长得像 4，所以智能体就可以判断它是 4 了。智能感知其实就是在学习“输入”长得像什么（特征），以及与该长相一一对应的是什么（标签）。所以，智能感知必不可少的前提是需要大量长相差异化的输入以及与输入相关的标签。因此，监督学习解决问题的方法就是输入大量带有标签的数据，让智能体从中学到输入的抽象特征并分类。

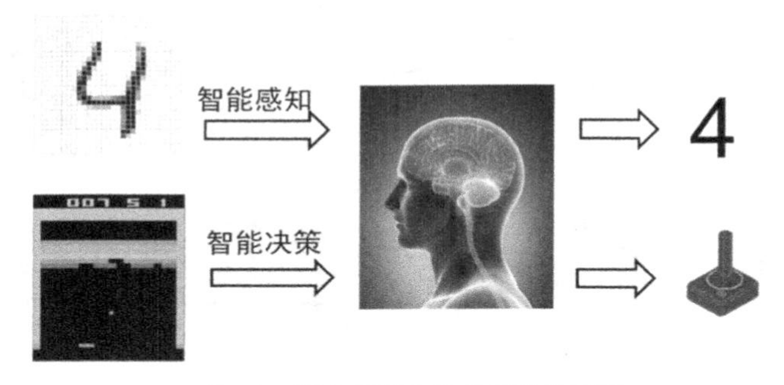

图 1.2　强化学习与监督学习的区别

强化学习则不同，强化学习要解决的是序贯决策问题，它不关心输入长什么样，只关心当前输入下应该采用什么动作才能实现最终的目标。再次强调，当前采用什么动作与最终的目标有关。也就是说当前采用什么动作，可以使得整个任务序列达到最优。如何使整个任务序列达到最优呢？这就需要智能体不断地与环境交互，不断尝试，因为智能体刚开始也不知道在当前状态下哪个动作有利于实现目标。强化学习解决问题的框架可用图 1.3 表示。智能体通过动作与环境进行交互时，环境会返给智能体一个当前的回报，智能体则根据当前的回报评估所采取的动作：有利于实现目标的动作被保留，不利于实现目标的动作被衰减。具体的算法，我们会在后面一一介绍。用一句话来概括强化学习和监督学习的异同点：强化学习和监督学习的共同点是两者都需要大量的数据进行训练，但是两者所需要的数据类型不同。监督学习需要的是多样化的标签数据，强化学习需要的是带有回报的交互数据。由于输入的数据类型不同，这就使得强化学习算法有它自己的获取数据、利用数据的独特方法。那么，都有哪些方法呢？这是本书重点要讲的内容。在进入详细的讲解之前，我们在这里先简单地了解下这些强化学习算法的发展历史。

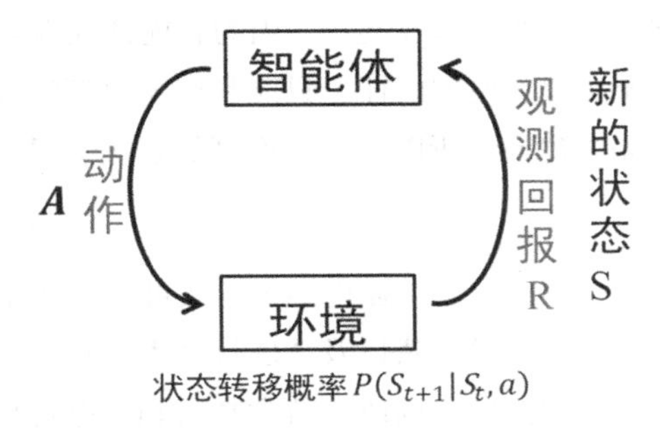

图 1.3 强化学习基本框架

我们不去深究强化学习算法的具体发展历史，只给出两个关键的时间点。第一个关键点是 1998 年，标志性的事件是 Richard S. Sutton 出版了他的强化学习导论第一版，即 *Reinforcement Learning : An Introduction*（该书第二版的中文版将由电子工业出版社出版），该书系统地总结了 1998 年以前强化学习算法的各种进展。在这一时期强化学习的基本理论框架已经形成。1998 年之前，学者们关注和发展得最多的算法是表格型强化学习算法。当然，这一时期基于直接策略搜索的方法也被提出来了。如 1992 年 R.J.Williams 提出了 Rinforce 算法直接对策略梯度进行估计。第二个关键点是 2013 年 DeepMind 提出 DQN（Deep Q Network），将深度网络与强化学习算法结合形成深度强化学习。从 1998 年到 2013 年，学者们也没闲着，发展出了各种直接策略搜索的方法。2013 年之后，随着深度学习的火热，深度强化学习也越来越引起大家的注意。尤其是 2016 年和 2017 年，谷歌的 AlphaGo 连续两年击败世界围棋冠军，更是将深度强化学习推到了风口浪尖之上。如今，深度强化学习算法正在如火如荼地发展，可以说正是百家争鸣的年代，或许再过几年，深度强化学习技术会越来越普及，并发展出更成熟、更实用的算法来，我们拭目以待。

1.4 强化学习算法分类及发展趋势

已有的强化学习算法种类繁多，一般可按下列几个标准来分类。

（1）根据强化学习算法是否依赖模型可以分为基于模型的强化学习算法和无模型的强化学习算法。这两类算法的共同点是通过与环境交互获得数据，不同点是利用数据的方式不同。基于模型的强化学习算法利用与环境交互得到的数据学习系统或者环境模型，再基于模型进行序贯决策。无模型的强化学习算法则是直接利用与环境交互获得的数据改善自身的行为。两类方法各有优缺点，一般来讲基于模型的强化学习算法效率要比无模型的强化学习算法效率更高，因为智能体在探索环境时可以利用模型信息。但是，有些根本无法建立模型的任务只能利用无模型的强化学习算法。由于无模型的强化学习算法不需要建模，所以和基于模型的强化学习算法相比，更具有通用性。

（2）根据策略的更新和学习方法，强化学习算法可分为*基于值函数的强化学习算法*、*基于直接策略搜索的强化学习算法*以及AC的方法。所谓基于值函数的强化学习方法是指学习值函数，最终的策略根据值函数贪婪得到。也就是说，任意状态下，值函数最大的动作为当前最优策略。基于直接策略搜索的强化学习算法，一般是将策略参数化，学习实现目标的最优参数。基于AC的方法则是联合使用值函数和直接策略搜索。具体的算法会在后面介绍。

（3）根据环境返回的回报函数是否已知，强化学习算法可以分为*正向强化学习*和*逆向强化学习*。在强化学习中，回报函数是人为指定的，回报函数指定的强化学习算法称为正向强化学习。很多时候，回报无法人为指定，如无人机的特效表演，这时可以通过机器学习的方法由函数自己学出来回报。

为了提升强化学习的效率和实用性，学者们又提出了很多强化学习算法，如分层强化学习、元强化学习、多智能体强化学习、关系强化学习和迁移强化学习等。这些主题已超出了本书的范围，读者若是感兴趣，可在阅读完本书后在网上下载相关内容阅读。

强化学习尤其是深度强化学习正在快速发展，从当前的论文可以初步判断强化学习的发展趋势如下。

第一，强化学习算法与深度学习的结合会更加紧密。

机器学习算法常被分为监督学习、非监督学习和强化学习，以前三类方法分得很清楚，而如今三类方法联合起来使用效果会更好。所以，强化学习算法其中一个趋势便是三类机器学习方法在逐渐走向统一的道路。谁结合得好，谁就会有更好的突破。该方向的代表作如基于深度强化学习的对话生成等。

第二，强化学习算法与专业知识结合得将更加紧密。

如果将一般的强化学习算法，如 Qlearning 算法直接套到专业领域中，很可能不工作。这时一定不能灰心，因为这是正常现象。这时需要把专业领域中的知识加入到强化学习算法中，如何加？这没有统一的方法，而是根据每个专业的内容而变化。通常来说可以重新塑造回报函数，或修改网络结构（大家可以开心地炼丹灌水了☺）。该方向的代表作是 NIPS2016 的最佳论文值迭代网络（*Value Iteration Networks*）等。

第三，强化学习算法理论分析会更强，算法会更稳定和高效。

强化学习算法大火之后，必定会吸引一大批理论功底很强的牛人。这些牛人不愁吃穿，追求完美主义、又有很强的数学技巧，所以在强化学习这个理论还几乎是空白的领域，他们必定会建功立业，名垂千史。该方向的代表作如基于深度能量的策略方法，值函数与策略方法的等价性等。

第四，强化学习算法与脑科学、认知神经科学、记忆的联系会更紧密。

脑科学和认知神经科学一直是机器学习灵感的源泉，这个源泉往往会给机器学习算法带来革命性的成功。人们对大脑的认识还很片面，随着脑科学家和认知神经科学家逐步揭开大脑的神秘面纱，机器学习领域必定会再次受益。这个流派应该是以 DeepMind 和伦敦大学学院为首，因为这些团体里面不仅有很多人工智能学家还有很多认知神经科学家。该方向的代表作如 DeepMind 关于记忆的一列论文。

1.5 强化学习仿真环境构建

学习算法的共同点是从数据中学习，因此数据是学习算法最基本的组成元素。监督学习的数据独立于算法本身，而强化学习不同。强化学习的数据是智能体与环境的交互数据，在交互中智能体逐渐地改善行为，产生更好的数据，从而学会技能。也就是说强化学习的数据跟算法是交互的，而非独立的。因此，相比于监督学习只构建一个学习算法，强化学习还需要构建一个用于与智能体进行交互的环境。

原则上来说，凡是能提供智能体与环境进行交互的软件都可以用来作为训练强化学习的仿真环境。如各种游戏软件，各种机器人仿真软件。这些仿真环境必备的两个要素是物理引擎和图像引擎。物理引擎用来计算仿真环境中物体是如何运动的，其背后的原理是物理定律，如刚体动力学，流体力学和柔性体动力学等。常用的开源物理引擎有 ODE（Open Dynamics Engine）、Bullet、Physx 和 Havok 等。图像引擎则用来显示仿真环境中的物体，包括绘图、渲染等。常用的图像引擎大都基于 OpenGL（Open

Graphics Library）。

本书中，我们使用的仿真环境为 OpenAI 的 gym（https://github.com/openai/gym）。选用 gym 平台的原因有三：

首先，gym 是 OpenAI 开发的通用强化学习算法测试平台，背后有大神 Pieter Abbeel、Sergey Levine 等人率领的强大团队的支持。

其次，学会了 gym 的基本应用，可以自己学习使用 OpenAI 的其他开源强化学习软件，如 universe、roboschool 和 baselines 等。

再次，gym 本身集成了很多仿真环境，如经典控制中的车摆环境，小车爬山环境、雅达利游戏、棋盘环境等。利用这些写好的环境，可以学习强化学习算法的基本原理。另外，gym 是用 Python 语言写的，可以和深度学习的开源软件如 TensorFlow 等无缝衔接。

下面，我们看一下 gym 在 Linux 系统下的安装。

1.5.1 gym 安装及简单的 demo 示例

（1）为了便于管理，需要先装 Anaconda，下载和安装步骤如下。

① 下载 Anaconda 安装包（推荐利用清华镜像来下载），下载地址：

https://mirrors.tuna.tsinghua.edu.cn/anaconda/archive。

笔者安装的是 Anaconda3-4.3.0 版本。

② 安装 Anaconda。下载完成 Anaconda 后，安装包会在 Downloads 文件夹下（在终端用 Ctrl+Alt+T 组合键打开终端），键入 cd downloads，然后键入 bash anaconda3_4.3.0-linux-x86_64.sh（小技巧：键入 bash an 然后按 Tab 键，Linux 系统会自动补全后面的名字）

③ 安装过程会询问是否将路径安装到环境变量中，键入 yes，至此 Anaconda 安装完成。你会在目录/home/你的用户名文件夹下看到 Anaconda 3。关掉终端，再开一个，这样环境变量才起作用。

（2）利用 Anaconda 建一个虚拟环境。

Anaconda 创建虚拟环境的格式为：conda create –-name 你要创建的名字 Python=

版本号。比如我创建的虚拟环境名字为 gymlab，用的 Python 版本号为 3.5，可这样写：

conda create --name gymlab python=3.5

操作完此步之后，会在 anaconda3/envs 文件夹下多一个 gymlab。Python3.5 就在 gymlab 下的 lib 文件夹中。

（3）安装 gym。

上一步已经装了一个虚拟环境 gymlab，在这一步要开始应用。先开一个新的终端，然后用命令 source activate gymlab 激活虚拟环境，再装 gym。具体步骤如下。

① 键入 git clone https://github.com/openai/gym.git，将 gym 克隆到计算机中。如果你的计算机中没有安装 git，那么可以键入：sudo apt install git，先安装 git。

② cd gym 进入 gym 文件夹。

③ pip install –e '.[all]'进行完全安装。等待，这个过程会装一系列的库，装完后可以将 gym 安装文件的目录写到环境变量中；一种方法是打开.bashrc 文件，在末尾加入语句：

export PYTHONPATH=你的 gym 目录：$PYTHONPATH。

不出意外的话，你就可以开始享用 gym 了。

对于③，如果报错可以先安装依赖项，键入命令 sudo apt-get install -y python-numpy python-dev cmake zlib1g-dev libjpeg-dev xvfb libav-tools xorg-dev python-opengl libboost-all-dev libsdl2-dev swig

下面给出一个最简单的例子。

① 开一个终端（ctr+alt+t），然后激活用 Anaconda 建立的虚拟环境；source activate Gymlab；

② 运行 Python：python；

③ 导入 Gym 模块：import gym；

④ 创建一个小车倒立摆模型：env = gym.make('CartPole-v0')；

⑤ 初始化环境：env.reset；

⑥ 刷新当前环境，并显示：env.render()。

通过这 6 步，我们可以看到一个小车倒立摆系统，如图 1.4 所示。

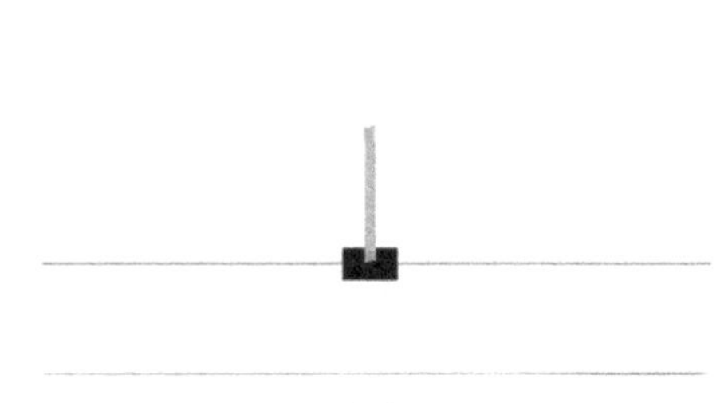

图 1.4　gym 中的 CartPole 系统

1.5.2　深入剖析 gym 环境构建

本节我们将从上一小节的末尾开始讲三个重要的函数：

```
env = gym.make('CartPole-v0')
env.reset()
env.render()
```

第一个函数是创建环境，我们会在第 2 章具体介绍如何创建自己的环境，所以这个函数暂时不讲。第二个函数 env.reset()和第三个函数 env.render()是每个环境文件都包含的函数。我们以 Cartpole 为例，讲解这两个函数。

Cartpole 的环境文件位置：你的 gym 目录/gym/envs/classic_control/cartpole.py.

该文件定义了一个 CartPoleEnv 的环境类，该类的成员函数有：seed()、step()、reset()和 render()。上一小节末尾 demo 中调用的就是 CartPoleEnv 的两个成员函数 reset()和 render()，我们先讲讲这两个函数，再介绍 step()函数。

1．reset()函数详解

reset()为重新初始化函数，它有什么作用呢？

在强化学习算法中，智能体需要一次次地尝试并累积经验，然后从经验中学到好的动作。每一次尝试我们称之为一条轨迹或一个 episode，每次尝试都要到达终止状态。一次尝试结束后，智能体需要从头开始，这就需要智能体具有重新初始化的功能。函数 reset()就是用来做这个的。

reset()的源代码：

```
def _reset()
self.state = self.np_random.uniform(low=-0.05, high=0.05, size=(4,))
self.steps_beyond_done = None
return np.array(self.state)
```

第2行代码是利用均匀随机分布初试化环境的状态，第3行代码是设置当前步数为None。第4行，返回环境的初始化状态。

2. render()函数详解

render()函数在这里扮演图像引擎的角色。我们知道一个仿真环境必不可少的两部分是物理引擎和图像引擎。物理引擎模拟环境中物体的运动规律；图像引擎用来显示环境中的物体图像，其实，对于强化学习算法而言，可以没有render()函数，但是，为了便于直观显示当前环境中物体的状态，图像引擎还是有必要的。另外，加入图像引擎可以方便我们调试代码。下面具体介绍gym如何利用图像引擎来创建图像。

我们直接看源代码：

```
Def _render(self, mode='human', close=False):
if close:
```

....#省略，直接看关键代码部分：

```
if self.viewer is None:
from gym.envs.classic_control import rendering
#这一句导入 rendering 模块，利用 rendering 模块中的画图函数进行图形的绘制
#如绘制 600*400 的窗口函数为
self.viewer = rendering.viewer(screen_width, screen_height)
其中 screen_width=600， screen_height=400
#创建小车的代码为
l,r,t,b = -cartwidth/2, cartwidth/2, cartheight/2, -cartheight/2
 axleoffset =cartheight/4.0
 cart = rendering.FilledPolygon([(l,b), (l,t), (r,t), (r,b)])
```

其中rendering.FilledPolygon为填充一个矩形。

创建完cart的形状，接下来给cart添加平移属性和旋转属性。将车的位移设置到cart的平移属性中，cart就会根据系统的状态变化左右运动。笔者已将具体代码解释上传至github：https://github.com/gxnk/reinforcement-learning-code，想深入了解的同学可去下载学习。

3. step()函数详解

本函数在仿真器中扮演物理引擎的角色。其输入是动作 a，输出是：下一步状态、立即回报、是否终止、调试项。它描述了智能体与环境交互的所有信息，是环境文件中最重要的函数。在本函数中，一般利用智能体的运动学模型和动力学模型计算下一步的状态和立即回报，并判断是否达到终止状态。

我们直接看源代码：

```
def _step(self, action):
        assert   self.action_space.contains(action),   "%r   (%s)
invalid"%(action, type(action))
        state = self.state
        x, x_dot, theta, theta_dot = state        #系统的当前状态
        force = self.force_mag if action==1 else -self.force_mag
#输入动作，即作用到车上的力
        costheta = math.cos(theta)                #余弦函数
        sintheta = math.sin(theta)                #正弦函数
      #底下是车摆的动力学方程式，即加速度与动作之间的关系
        temp = (force + self.polemass_length * theta_dot * theta_dot
* sintheta) / self.total_mass
        thetaacc = (self.gravity * sintheta - costheta* temp) /
(self.length * (4.0/3.0 - self.masspole * costheta * costheta /
self.total_mass))                                #摆的角加速度
        xacc  = temp - self.polemass_length * thetaacc * costheta /
self.total_mass    #小车的平移加速
        x  = x + self.tau * x_dot
        x_dot = x_dot + self.tau * xacc
        theta = theta + self.tau * theta_dot
        theta_dot = theta_dot + self.tau * thetaacc      #积分求下一
步的状态
        self.state = (x,x_dot,theta,theta_dot)
```

了解了 gym 环境的构建过程，就可以构建自己的仿真环境了。我们会在第 2 章向大家展示一个完整的基于 gym 的新环境构建过程。

1.6 本书主要内容及安排

强化学习是线性代数、概率论、运筹学、优化、信息论等多学科交叉的一门学科，从上个世纪九十年代基本理论体系形成后的近二十年间，发展出了各式各样的强化学习算法。本书力求覆盖强化学习最基本的概念和算法，因此在写作过程中遵循了两条

线索。第一条线索是强化学习的基本算法，第二条线索是强化学习算法所用到的基础知识。

我们先介绍第一条线索：强化学习算法解决的是序贯决策问题，而一般的序贯决策问题可以利用马尔科夫决策过程的框架来表述，因此在第 2 章中我们介绍了马尔科夫决策过程，即 MDP。马尔科夫决策过程能够用数学的形式将要解决的问题描述清楚，这也是为什么在介绍强化学习时首先要讲 MDP 的原因。

利用 MDP 将问题形式化后，就需要找到解决 MDP 问题的方法。对于模型已知的 MDP 问题，动态规划是一个不错的解。因此在第 3 章我们会介绍基于动态规划的强化学习算法，并由此引出广义策略迭代的方法。广义策略迭代方法不仅适用于基于模型的方法，也适用于无模型的方法，是基于值函数强化学习算法的基本框架。因此，第 3 章是第 4 章基于蒙特卡罗方法、第 5 章基于时间差分方法和第 6 章基于值函数逼近方法的基础。

无模型的强化学习算法是整个强化学习算法的核心，而基于值函数的强化学习算法的核心是计算值函数的期望。值函数是个随机变量，其期望的计算可通过蒙特卡罗的方法得到。因此，第 4 章我们介绍了基于蒙特卡罗的强化学习算法。

基于蒙特卡罗的强化学习算法通过蒙特卡罗模拟计算期望，该方法需要等到每次试验结束后再对值函数进行估计，收敛速度慢。时间差分的方法则只需要一步便更新，效率高、收敛速度快。因此第 5 章我们对时间差分方法进行了详细介绍。

第 4 章到第 5 章介绍的是表格型强化学习。所谓表格型强化学习是指状态空间和动作空间都是有限集，动作值函数可用一个表格来描述，表格的索引分别为状态量和动作量。但是，当状态空间和动作空间很大，甚至两个空间都是连续空间时，动作值函数已经无法使用一个表格来描述，这时可以用函数逼近理论对值函数进行逼近。本书第 6 章详细介绍了基于值函数逼近的强化学习算法。

强化学习算法的第二大类是直接策略搜索方法。所谓直接策略搜索方法是指将策略进行参数化，然后在参数空间直接搜索最优策略。直接策略搜索方法中，最简单最直接的方法是策略梯度的方法。在第 7 章，我们详细介绍了策略梯度理论。

基于策略梯度方法最具挑战性的是更新步长的确定，若是更新步长太大，算法容易发散；更新步长太小，收敛速度又很慢。TRPO 的方法通过理论分析得到单调非递减的策略更新方法。第 8 章我们对 TRPO 进行了详细推导和介绍。

当动作空间维数很高时，智能体的探索效率会很低，利用确定性策略可免除对动作空间的探索，提升算法的收敛速度，第 9 章对确定性策略搜索进行了详细介绍。

第 7 章到第 9 章，我们介绍的是无模型的直接策略搜索方法。对于机器人等复杂系统，无模型的方法随机初始化很难找到成功的解，因此算法难以收敛。这时，可以利用传统控制器来引导策略进行搜索。因此第 10 章介绍了基于引导策略搜索的强化学习算法。

在很多实际问题中，往往不知道回报函数。为了学习回报函数，第 11 章介绍了逆向强化学习的算法。

从第 12 章开始，我们介绍了最近发展出来的强化学习算法，分别是第 12 章的组合策略梯度和值函数方法,第 13 章的值迭代网络和第 14 章的 PILCO 方法及其扩展。

第二条线索是强化学习算法所用到的基础知识。

我们在第 2 章介绍了概率学基础。强化学习中最重要的概念是随机策略，因此在介绍概率学基础之后，对随机策略的基本概念进行了详细讲解。

当模型已知时，值函数的求解可以转化为线性方程组的求解。在第 3 章，我们介绍了线性方程组的数值求解方法——高斯-赛德尔迭代法,并利用时变与泛函分析中的压缩映射证明了算法的收敛性。

在强化学习算法中，值函数是累积回报的期望。利用采样数据计算期望是统计学讨论的主题。统计学中的重要技术，如重要性采样、拒绝性采样和 MCMC 方法都可用于强化学习算法中。我们在第 4 章介绍了这些基础知识。

在基于函数逼近的强化学习中，不同的函数逼近方法被应用到强化学习算法中。我们在第 6 章介绍了基本的函数逼近方法：基于非参数的函数逼近和基于参数的函数逼近。在基于参数的函数逼近中，我们重点介绍了神经网络，尤其是卷积神经网络，因为卷积神经网络是 DQN 及其变种算法的基础。

在 TRPO 中，替代目标函数用到了信息论的熵和相对熵的概念，同时 TRPO 的求解需要用到各种优化算法，因此在第 8 章我们介绍了基本的信息论概念和基本的优化方法。

引导策略搜索强化学习的优化目标用到了 KL 散度和变分推理，以及大型的并行优化算法，因此，我们在第 10 章介绍了大型监督算法常用的 LBFGS 优化算法，及其学习中的并行优化算法 ADMM 算法和 KL 散度及变分推理。

读者在阅读本书时，可依照章节顺序阅读。在遇到相关概念时可先阅读该章节的数学知识，通过数学知识帮助理解强化学习的内容。

第一篇

强化学习基础

2 马尔科夫决策过程

2.1 马尔科夫决策过程理论讲解

图 2.1 解释了强化学习的基本原理。智能体在完成某项任务时，首先通过动作 A 与周围环境进行交互，在动作 A 和环境的作用下，智能体会产生新的状态，同时环境会给出一个立即回报。如此循环下去，智能体与环境不断地交互从而产生很多数据。强化学习算法利用产生的数据修改自身的动作策略，再与环境交互，产生新的数据，并利用新的数据进一步改善自身的行为，经过数次迭代学习后，智能体能最终学到完成相应任务的最优动作（最优策略）。

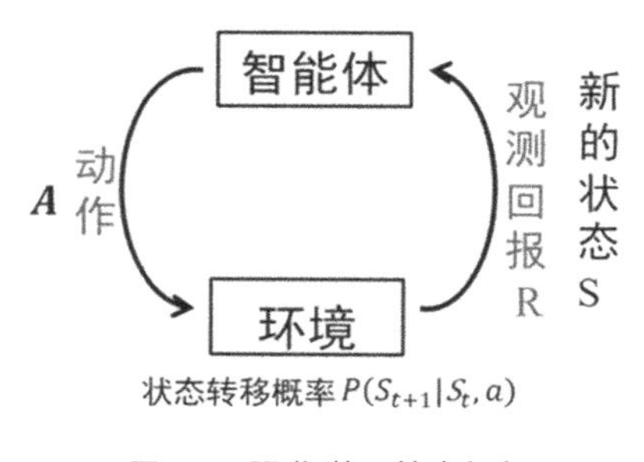

图 2.1　强化学习基本框架

从强化学习的基本原理能看出它与其他机器学习算法如监督学习和非监督学习的一些基本差别。在监督学习和非监督学习中，数据是静态的、不需要与环境进行交互，比如图像识别，只要给出足够的差异样本，将数据输入深度网络中进行训练即可。

然而，强化学习的学习过程是动态的、不断交互的过程，所需要的数据也是通过与环境不断交互所产生的。所以，与监督学习和非监督学习相比，强化学习涉及的对象更多，比如动作，环境，状态转移概率和回报函数等。强化学习更像是人的学习过程：人类通过与周围环境交互，学会了走路，奔跑，劳动；人类与大自然，与宇宙的交互创造了现代文明。另外，深度学习如图像识别和语音识别解决的是感知的问题，强化学习解决的是决策的问题。人工智能的终极目的是通过感知进行智能决策。所以，将近年发展起来的深度学习技术与强化学习算法结合而产生的深度强化学习算法是人类实现人工智能终极目的的一个很有前景的方法。

无数学者们通过几十年不断地努力和探索，提出了一套可以解决大部分强化学习问题的框架，这个框架就是马尔科夫决策过程，简称 MDP。下面我们会循序渐进地介绍马尔科夫决策过程：先介绍马尔科夫性，再介绍马尔科夫过程，最后介绍马尔科夫决策过程。

1．第一个概念是马尔科夫性

所谓马尔科夫性是指系统的下一个状态 s_{t+1} 仅与当前状态 s_t 有关，而与以前的状态无关。

定义：状态 s_t 是马尔科夫的，当且仅当 $P\left[s_{t+1} \mid s_t\right] = P\left[s_{t+1} \mid s_1, \cdots, s_t\right]$。

定义中可以看到，当前状态 s_t 其实是蕴含了所有相关的历史信息 $s_1, \cdots, s_t$，一旦当前状态已知，历史信息将会被抛弃。

马尔科夫性描述的是每个状态的性质，但真正有用的是如何描述一个状态序列。数学中用来描述随机变量序列的学科叫随机过程。所谓随机过程就是指随机变量序列。若随机变量序列中的每个状态都是马尔科夫的，则称此随机过程为马尔科夫随机过程。

2．第二个概念是马尔科夫过程

马尔科夫过程的定义：马尔科夫过程是一个二元组 (S, P)，且满足：S 是有限状态集合，P 是状态转移概率。状态转移概率矩阵为：$P = \begin{bmatrix} P_{11} & \cdots & P_{1n} \\ \vdots & \vdots & \vdots \\ P_{n1} & \cdots & P_{nn} \end{bmatrix}$。下面我们以一个例子来进行阐述。

如图 2.2 所示为一个学生的 7 种状态{娱乐，课程 1，课程 2，课程 3，考过，睡觉，论文}，每种状态之间的转换概率如图所示。则该生从课程 1 开始一天可能的状态序列为：

课 1-课 2-课 3-考过-睡觉

课 1-课 2-睡觉

以上状态序列称为马尔科夫链。当给定状态转移概率时，从某个状态出发存在多条马尔科夫链。对于游戏或者机器人，马尔科夫过程不足以描述其特点，因为不管是游戏还是机器人，他们都是通过动作与环境进行交互，并从环境中获得奖励，而马尔科夫过程中不存在动作和奖励。将动作（策略）和回报考虑在内的马尔科夫过程称为马尔科夫决策过程。

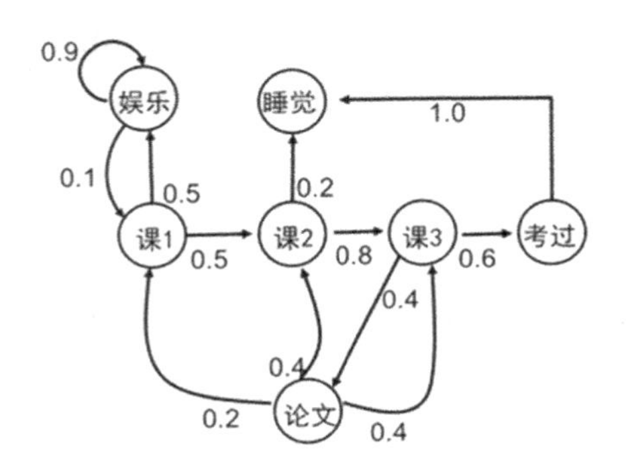

图 2.2　马尔科夫过程示例图

3．第三个概念是马尔科夫决策过程

马尔科夫决策过程由元组 (S,A,P,R,γ) 描述，其中：

S 为有限的状态集

A 为有限的动作集

P 为状态转移概率

R 为回报函数

γ 为折扣因子，用来计算累积回报。

注意，跟马尔科夫过程不同的是，马尔科夫决策过程的状态转移概率是包含动作的，即 $P_{ss'}^{a}=P\left[S_{t+1}=s'\mid S_t=s,A_t=a\right]$。

举个例子如图 2.3 所示。

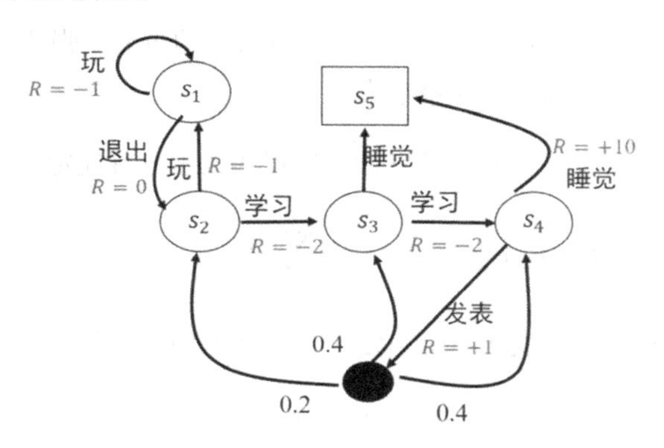

图 2.3 马尔科夫决策过程示例图

图 2.3 为马尔科夫决策过程的示例图，图 2.3 与图 2.2 对应。在图 2.3 中，学生有五个状态，状态集为 $S=\{s_1,s_2,s_3,s_4,s_5\}$，动作集为 $A=\{$玩，退出，学习，发表，睡觉$\}$，在图 2.3 中立即回报用 R 标记。

强化学习的目标是给定一个马尔科夫决策过程，寻找最优策略。所谓策略是指状态到动作的映射，策略常用符号 π 表示，它是指给定状态 s 时，动作集上的一个分布，即

$$\pi(a|s)=p\left[A_t=a|S_t=s\right] \tag{2.1}$$

这个公式是什么意思呢？策略的定义是用条件概率分布给出的。我相信，一涉及概率公式，大部分人都会心里咯噔一下，排斥之情油然而生。但是，要想完全掌握强化学习这门工具，概率公式必不可少。只有掌握了概率公式，才能真正领会强化学习的精髓。关于概率的知识看本章第二节。

简单解释下概率在强化学习中的重要作用。首先，强化学习的策略往往是随机策略。采用随机策略的好处是可以将探索耦合到采样的过程中。所谓探索是指机器人尝试其他的动作以便找到更好的策略。其次，在实际应用中，存在各种噪声，这些噪声大都服从正态分布，如何去掉这些噪声也需要用到概率的知识。

言归正传，公式（2.1）的含义是：策略 π 在每个状态 s 指定一个动作概率。如果给出的策略 π 是确定性的，那么策略 π 在每个状态 s 指定一个确定的动作。

例如其中一个学生的策略为 $\pi_1(\text{玩}|s_1)=0.8$，是指该学生在状态 s_1 时玩的概率为 0.8，不玩的概率是 0.2，显然这个学生更喜欢玩。

另外一个学生的策略为$\pi_2(玩|s_1)=0.3$，是指该学生在状态s_1时玩的概率是 0.3，显然这个学生不爱玩。依此类推，每个学生都有自己的策略。强化学习是找到最优的策略，这里的最优是指得到的总回报最大。

当给定一个策略π时，我们就可以计算累积回报了。首先定义累积回报：

$$G_t = R_{t+1} + \gamma R_{t+2} + \cdots = \sum_{k=0}^{\infty} \gamma^k R_{t+k+1} \tag{2.2}$$

当给定策略π时，假设从状态s_1出发，学生状态序列可能为

$$\begin{aligned}&s_1 \to s_2 \to s_3 \to s_4 \to s_5\\&s_1 \to s_2 \to s_3 \to s_5\\&\vdots\end{aligned}$$

此时，在策略π下，利用（2.2）式可以计算累积回报G_1，此时G_1有多个可能值。由于策略π是随机的，因此累积回报也是随机的。为了评价状态s_1的价值，我们需要定义一个确定量来描述状态s_1的价值，很自然的想法是利用累积回报来衡量状态s_1的价值。然而，累积回报G_1是个随机变量，不是一个确定值，因此无法描述，但其期望是个确定值，可以作为状态值函数的定义。

（1）状态值函数。

当智能体采用策略π时，累积回报服从一个分布，累积回报在状态s处的期望值定义为状态-值函数：

$$\upsilon_\pi(s) = \mathrm{E}_\pi\left[\sum_{k=0}^{\infty} \gamma^k R_{t+k+1} \mid S_t = s\right] \tag{2.3}$$

注意：状态值函数是与策略π相对应的，这是因为策略π决定了累积回报G的状态分布。

图 2.4 是与图 2.3 相对应的状态值函数图。图中空心圆圈中的数值为该状态下的值函数。即：$\upsilon_\pi(s_1)=-2.3, \upsilon_\pi(s_2)=-1.3, \upsilon_\pi(s_3)=2.7, \upsilon_\pi(s_4)=7.4, \upsilon_\pi(s_5)=0$

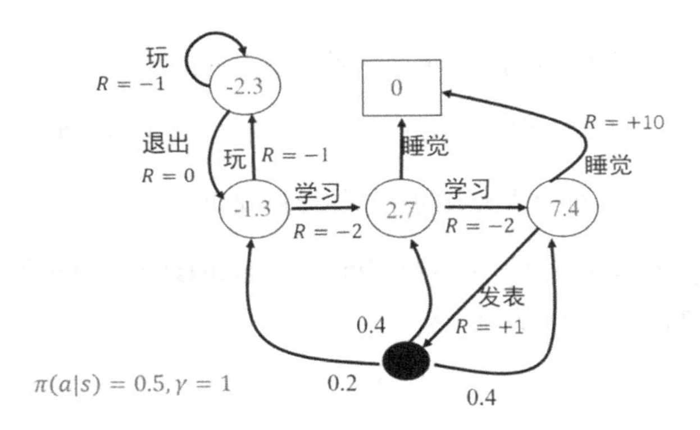

图 2.4　状态值函数示意图

相应地，状态-行为值函数为

$$q_\pi(s,a)=E_\pi\left[\sum_{k=0}^{\infty}\gamma^k R_{t+k+1}\mid S_t=s,A_t=a\right] \tag{2.4}$$

（2.3）式和（2.4）式分别给出了状态值函数和状态-行为值函数的定义计算式，但在实际真正计算和编程的时候并不会按照定义式编程。接下来我们会从不同的方面对定义式进行解读。

（2）状态值函数与状态-行为值函数的贝尔曼方程。

由状态值函数的定义式（2.3）可以得到：

$$\begin{aligned}
\upsilon(s)&=E\left[G_t\mid S_t=s\right]\\
&=E\left[R_{t+1}+\gamma R_{t+2}+\cdots\mid S_t=s\right]\\
&=E\left[R_{t+1}+\gamma\left(R_{t+2}+\gamma R_{t+3}+\cdots\right)\mid S_t=s\right]\\
&=E\left[R_{t+1}+\gamma G_{t+1}\mid S_t=s\right]\\
&=E\left[R_{t+1}+\gamma\upsilon\left(S_{t+1}\right)\mid S_t=s\right]
\end{aligned} \tag{2.5}$$

（2.5）式最后一个等号的证明：

$$\begin{aligned}
\boldsymbol{V}(\boldsymbol{S}_t)&=\boldsymbol{E}_{s_t,s_{t+1},\cdots}(\boldsymbol{R}(t+1)+\gamma\boldsymbol{G}(\boldsymbol{S}_{t+1}))\\
&=\boldsymbol{E}_{s_t}(\boldsymbol{R}(t+1)+\gamma\boldsymbol{E}_{s_{t+1},\cdots}(\boldsymbol{G}(\boldsymbol{S}_{t+1})))\\
&=\boldsymbol{E}_{s_t}(\boldsymbol{R}(t+1)+\gamma\boldsymbol{V}(\boldsymbol{S}_{t+1}))\\
&=\boldsymbol{E}(\boldsymbol{R}(t+1)+\gamma\boldsymbol{V}(\boldsymbol{S}_{t+1}))
\end{aligned}$$

这里需要注意的是对哪些变量求期望。

同样我们可以得到状态-动作值函数的贝尔曼方程：

$$q_\pi\left(s,a\right)=E_\pi\left[R_{t+1}+\gamma q\left(S_{t+1},A_{t+1}\right)\mid S_t=s,A_t=a\right] \tag{2.6}$$

状态值函数与状态-行为值函数的具体推导过程如下。

图 2.5 和图 2.6 分别为状态值函数和行为值函数的具体计算过程。其中空心圆圈表示状态，实心圆圈表示状态-行为对。

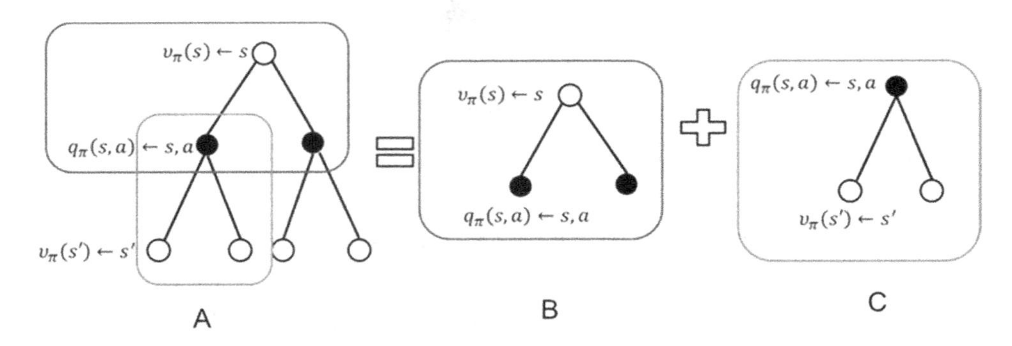

图 2.5　状态值函数的计算示意图

图 2.5 为值函数的计算分解示意图，图 2.5B 计算公式为

$$\upsilon_\pi\left(s\right)=\sum_{a\in A}\pi\left(a\mid s\right)q_\pi\left(s,a\right) \tag{2.7}$$

图 2.5B 给出了状态值函数与状态-行为值函数的关系。图 2.5C 计算状态-行为值函数为

$$q_\pi\left(s,a\right)=R_s^a+\gamma\sum_{s'}P_{ss'}^a\upsilon_\pi\left(s'\right) \tag{2.8}$$

将（2.8）式代入（2.7）式可以得到：

$$\upsilon_\pi\left(s\right)=\sum_{a\in A}\pi\left(a\mid s\right)\left(R_s^a+\gamma\sum_{s'\in S}P_{ss'}^a\upsilon_\pi\left(s'\right)\right) \tag{2.9}$$

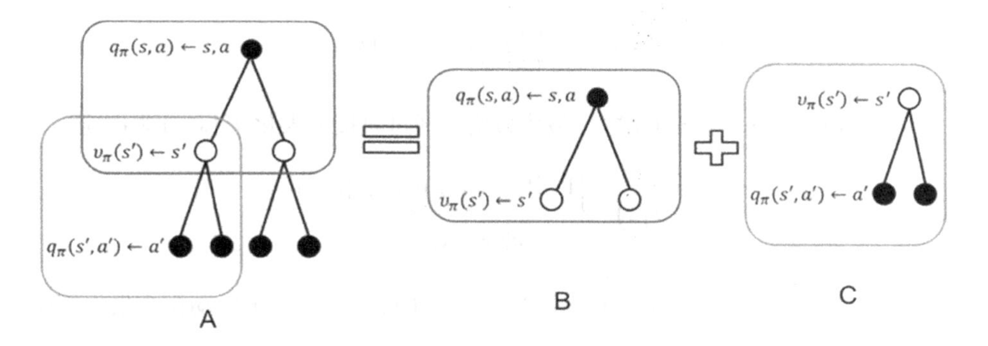

图 2.6 状态-行为值函数计算

在 2.6C 中，

$$\upsilon_\pi(s') = \sum_{a' \in A} \pi(a' \mid s') q_\pi(s', a') \tag{2.10}$$

将（2.10）代入（2.8）中，得到状态-行为值函数：

$$q_\pi(s,a) = R_s^a + \gamma \sum_{s' \in S} P_{ss'}^a \sum_{a' \in A} \pi(a' \mid s') q_\pi(s', a') \tag{2.11}$$

公式（2.9）可以在图 2.4 中进行验证。选择状态 s_4 处。由图 2.4 知道 $\upsilon(s_4) = 7.4$，由公式（2.9）得

$$\upsilon(s_4) = 0.5 * (1 + 0.2 * (-1.3) + 0.4 * 2.7 + 0.4 * 7.4) + 0.5 * 10 = 7.39$$

保留一位小数为 7.4。

计算状态值函数的目的是为了构建学习算法从数据中得到最优策略。每个策略对应着一个状态值函数，最优策略自然对应着最优状态值函数。

定义：最优状态值函数 $\upsilon^*(s)$ 为在所有策略中值最大的值函数，即 $\upsilon^*(s) = \max_\pi \upsilon_\pi(s)$，最优状态-行为值函数 $q^*(s,a)$ 为在所有策略中最大的状态-行为值函数，即

$$q^*(s,a) = \max_\pi q_\pi(s,a)$$

我们由（2.9）式和（2.11）式分别得到最优状态值函数和最优状态-行动值函数的贝尔曼最优方程：

$$\upsilon^*(s) = \max_a R_s^a + \gamma \sum_{s' \in S} P_{ss'}^a \upsilon^*(s') \tag{2.12}$$

$$q^{*}(s,a)=R_{s}^{a}+\gamma\sum_{s'\in S}P_{ss'}^{a}\max_{a'}q^{*}(s',a') \tag{2.13}$$

若已知最优状态-动作值函数，最优策略可通过直接最大化 $q^{*}(s,a)$ 来决定。

$$\pi_{*}(a|s)=\begin{cases}1 & \text{if } a=\arg\max\limits_{a\in A} q_{*}(s,a)\\ 0 & \text{otherwise}\end{cases} \tag{2.14}$$

如图 2.7 所示为最优状态值函数示意图，图中虚线箭头所示的动作为最优策略。

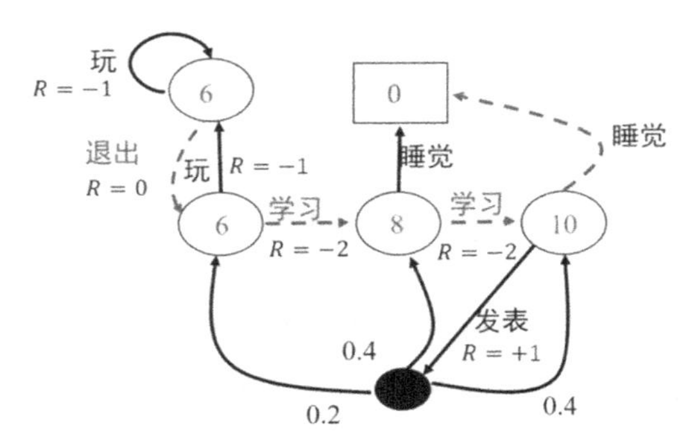

图 2.7　最优值函数和最优策略

至此，我们将强化学习的基本理论即马尔科夫决策过程介绍完毕。现在该对强化学习算法进行形式化描述了。

我们定义一个离散时间有限范围的折扣马尔科夫决策过程 $M=(S,A,P,r,\rho_0,\gamma,T)$，其中 S 为状态集，A 为动作集，$P:S\times A\times S\rightarrow R$ 是转移概率，$r:S\times A\rightarrow[-R_{\max},R_{\max}]$ 为立即回报函数，ρ_0：$S\rightarrow R$ 是初始状态分布，$\gamma\in[0,1]$ 为折扣因子，T 为水平范围（其实就是步数）。τ 为一个轨迹序列，即 $\tau=(s_0,a_o,s_1,a_1,\cdots)$，累积回报为 $R=\sum_{t=0}^{T}\gamma^{t}r_{t}$，强化学习的目标是找到最优策略 π，使得该策略下的累积回报期望最大，即 $\max\limits_{\pi}\int R(\tau)p_{\pi}(\tau)d\tau$。

2.2　MDP 中的概率学基础讲解

本节解释公式（2.1）随机策略的定义。在强化学习算法中，随机策略得到广泛应用，因为随机策略耦合了探索。后面要介绍的很多强化学习算法的策略都采用随机策略，所以，很有必要理解什么是随机策略。随机策略常用符号 π 表示，它是指给定状态 s 时动作集上的一个分布。要理解分布首先要理解随机变量[2]。

（1）随机变量。

随机变量是指可以随机地取不同值的变量，常用小写字母表示。在 MDP 中随机变量指的是当前的动作，用字母$\boldsymbol{a}$表示。在图 2.3 的例子中，随机变量$\boldsymbol{a}$可取的值为“玩”、“退出”、“学习”、“发表”和“睡觉”。随机变量可以是离散的也可以是非离散的，在该例子中随机变量是离散的。有了随机变量，我们就可以描述概率分布了。

（2）概率分布。

概率分布用来描述随机变量在每个可能取到的值处的可能性大小。离散型随机变量的概率分布常用概率质量函数来描述，即随机变量在离散点处的概率。连续型随机变量的概率分布则用概率密度函数来描述。在图 2.3 的例子中，指定一个策略$\boldsymbol{\pi}$就是指定取每个动作的概率。

（3）条件概率。

策略$\pi(a|s)$是条件概率。条件概率是指在其他事件发生时，我们所关心的事件所发生的概率。在我们的例子中$\pi(a|s)$是指在当前状态$\boldsymbol{s}$处，采取某个动作$\boldsymbol{a}$的概率。当给定随机变量后，状态$\boldsymbol{s}$处的累积回报$\boldsymbol{G(s)}$也是随机变量，而且其分布由随机策略$\boldsymbol{\pi}$决定。状态值函数定义为该累积回报的期望。下面我们再看看期望和方差的概念。

（4）期望和方差。

函数$\boldsymbol{f(x)}$关于某分布$\boldsymbol{P(x)}$的期望是指，当 x 由分布$\boldsymbol{P(x)}$产生、$\boldsymbol{f}$作用于$\boldsymbol{x}$时，$\boldsymbol{f(x)}$的平均值。对于离散型随机变量，期望公式为

$$E_{x\sim P}[f(x)]=\sum_{x}P(x)f(x)$$

对于连续型随机变量，期望通过积分求得

$$E_{x\sim P}[f(x)]=\int p(x)f(x)dx$$

期望的运算是线性的，即

$$E_x[\alpha f(x)+\beta g(x)]=\alpha E_x[f(x)]+\beta E_x[g(x)]$$

期望的线性运算在后面的很多推导中都会用到。

（5）方差。

方差是衡量利用当前概率分布采样时，采样值差异的大小，可用如下公式得到：

$$Var(f(x)) = E\left[\left(f(x) - E[f(x)]\right)^2\right]$$

从定义我们可以看到，方差越小，采样值离均值越近，不确定性越小。尤其是方差很小时，采样值都集中在均值附近，因此不确定性很小（这时，你猜测采样值是均值，那么该猜测离实际采样点很近）。方差的平方根被称为标准差。有了均值和方差，我们现在就可以谈一谈在强化学习中最常用的概率分布了。

最常用的概率分布也就是最常用的随机策略。

（1）贪婪策略。

$$\pi_*(a \mid s) = \begin{cases} 1 & \text{if} \quad a = \arg\max\limits_{a \in A} q_*(s,a) \\ 0 & \text{otherwise} \end{cases}$$

贪婪策略是一个确定性策略，即只有在使得动作值函数 $q_*(s,a)$ 最大的动作处取概率 1，选其他动作的概率为 0。

（2）ε－greedy 策略。

$$\pi(a|s) \leftarrow \begin{cases} 1 - \varepsilon + \frac{\varepsilon}{|A(s)|} & if\ a = \text{argmax}_a Q(s,a) \\ \frac{\varepsilon}{|A(s)|} & if\ a \neq \text{argmax}_a Q(s,a) \end{cases}$$

ε－greedy 策略是强化学习最基本最常用随机策略。其含义是选取使得动作值函数最大的动作的概率为$1 - \varepsilon + \frac{\varepsilon}{|A(s)|}$，而其他动作的概率为等概率，都为 $\frac{\varepsilon}{|A(s)|}$。$\varepsilon$－greedy 平衡了利用（exploitation）和探索（exploration），其中选取动作值函数最大的部分为利用，其他非最优动作仍有概率为探索部分。

（3）高斯策略。

一般高斯策略可以写成$\pi_\theta = \mu_\theta + \varepsilon$，$\varepsilon \sim N(0, \sigma^2)$。其中$\mu_\theta$为确定性部分，$\varepsilon$为零均值的高斯随机噪声。高斯策略也平衡了利用和探索，其中利用由确定性部分完成，探索由ε完成。高斯策略在连续系统的强化学习中应用广泛。

（4）玻尔兹曼分布。

对于动作空间是是离散的或者动作空间并不大的情况，可采用玻尔兹曼分布作为随机策略，即

$$\pi(a|s,\theta)=\frac{\exp(Q(s,a,\theta))}{\Sigma_b \exp(h(s,b,\theta))}$$

其中$Q(s,a,\theta)$为动作值函数。该策略的含义是，动作值函数大的动作被选中的概率大，动作值函数小的动作被选中的概率小。

2.3 基于 gym 的 MDP 实例讲解

本节我们以机器人找金币为例子，构建其 MDP 框架。

如图 2.8 所示为机器人找金币的例子。该网格世界一共 8 个状态，其中状态 6 和状态 8 是死亡区域，状态 7 是金币区域。机器人的初始位置为网格世界中的任意一个状态，机器人从初始状态出发寻找金币，机器人每探索一次，进入死亡区域或找到金币，本次探索结束。

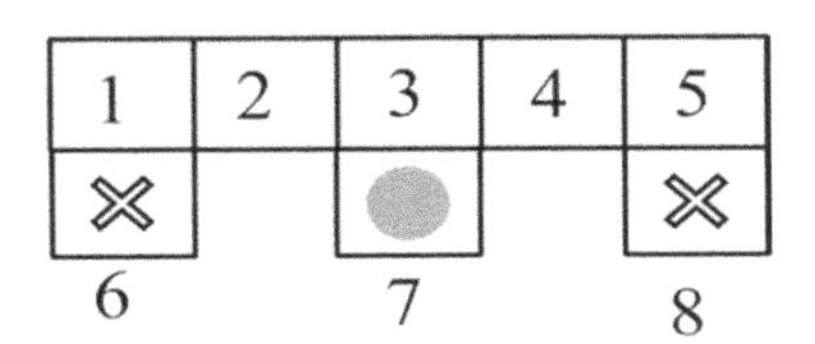

图 2.8 机器人找金币

在 2.1 节我们已经定义了一个马尔科夫决策过程。我们知道马尔科夫决策过程由元组(S,A,P,R,γ)来描述。下面我们将机器人找金币的例子建模为 MDP。

状态空间：$S=\{1,2,3,4,5,6,7,8\}$；动作空间：$A=\{$东，南，西，北$\}$；状态转移概率为机器人的运动方程，回报函数为：找到金币的回报为 1，进入死亡区域的回报为-1，机器人在状态 1~5 之间转换时，回报为 0。

下面，我们基于 gym 构建机器人找金币的 gym 环境。

一个 gym 的环境文件，其主体是个类，在这里我们定义类名为：GridEnv，其初始化为环境的基本参数，该部分代码在 https://github.com/gxnk/reinforcement-learning-code 的 grid_mdp.py 文件中。我们先看下源代码。

状态空间：

```
self.states = [1,2,3,4,5,6,7,8]
```

动作空间：

```
self.actions = ['n','e','s','w']
```

回报函数：

```
self.rewards = dict();          #回报的数据结构为字典
self.rewards['1_s'] = -1.0
self.rewards['3_s'] = 1.0
self.rewards['5_s'] = -1.0
```

状态转移概率：

```
self.t = dict();                #状态转移的数据格式为字典
self.t['1_s'] = 6
self.t['1_e'] = 2
self.t['2_w'] = 1
self.t['2_e'] = 3
self.t['3_s'] = 7
self.t['3_w'] = 2
self.t['3_e'] = 4
self.t['4_w'] = 3
self.t['4_e'] = 5
self.t['5_s'] = 8
self.t['5_w'] = 4
```

有了状态空间、动作空间和状态转移概率，我们便可以写step(a)函数了。这里特别要注意的是，step()函数的输入是动作，输出是下一个时刻的动作、回报、是否终止和调试信息。尤其需要注意不要弄错了输出的顺序。对于调试信息，可以为空，但不能缺少，否则会报错，常用{}来代替。我们看下源代码。

```
def _step(self, action):
    #系统当前状态
    state = self.state
    #判断系统当前状态是否为终止状态
    if state in self.terminate_states:
        return state, 0, True, {}
    key = "%d_%s"%(state, action)   #将状态和动作组成字典的键值
    #状态转移
    if key in self.t:
        next_state = self.t[key]
```

```
    else:
        next_state = state
    self.state = next_state
    is_terminal = False
    if next_state in self.terminate_states:
        is_terminal = True
    if key not in self.rewards:
        r = 0.0
    else:
        r = self.rewards[key]
    return next_state, r,is_terminal,{}
```

step()函数就是这么简单。下面我们重点介绍如何写 render()函数。从图 2.8 机器人找金币的示意图我们可以看到，网格世界是由一些线和圆组成的。因此，我们可以调用 rendering 中的画图函数来绘制这些图像。

整个图像是一个 600×400 的窗口，可用如下代码实现：

```
from gym.envs.classic_control import rendering
self.viewer = rendering.Viewer(screen_width, screen_height)
```

创建网格世界，一共包括 11 条直线，事先算好每条直线的起点和终点坐标，然后绘制这些直线，代码如下：

```
#创建网格世界
self.line1 = rendering.Line((100,300),(500,300))
self.line2 = rendering.Line((100, 200), (500, 200))
self.line3 = rendering.Line((100, 300), (100, 100))
self.line4 = rendering.Line((180, 300), (180, 100))
self.line5 = rendering.Line((260, 300), (260, 100))
self.line6 = rendering.Line((340, 300), (340, 100))
self.line7 = rendering.Line((420, 300), (420, 100))
self.line8 = rendering.Line((500, 300), (500, 100))
self.line9 = rendering.Line((100, 100), (180, 100))
self.line10 = rendering.Line((260, 100), (340, 100))
self.line11 = rendering.Line((420, 100), (500, 100))
```

接下来创建死亡区域，我们用黑色实心圆代表死亡区域，源代码如下：

```
#创建第一个骷髅
self.kulo1 = rendering.make_circle(40)
self.circletrans = rendering.Transform(translation=(140,150))
self.kulo1.add_attr(self.circletrans)
self.kulo1.set_color(0,0,0)
#创建第二个骷髅
self.kulo2 = rendering.make_circle(40)
```

```
self.circletrans = rendering.Transform(translation=(460, 150))
self.kulo2.add_attr(self.circletrans)
self.kulo2.set_color(0, 0, 0)
```

创建金币区域，用浅色的圆圈来表示：

```
#创建金币
self.gold = rendering.make_circle(40)
self.circletrans = rendering.Transform(translation=(300, 150))
self.gold.add_attr(self.circletrans)
self.gold.set_color(1, 0.9, 0)
```

创建机器人，我们依然用圆来表示机器人，为了跟死亡区域和金币区域不同，我们可以设置不同的颜色：

```
#创建机器人
self.robot= rendering.make_circle(30)
self.robotrans = rendering.Transform()
self.robot.add_attr(self.robotrans)
self.robot.set_color(0.8, 0.6, 0.4)
```

创建完之后，给 11 条直线设置颜色，并将这些创建的对象添加到几何中，代码如下：

```
self.line1.set_color(0, 0, 0)
self.line2.set_color(0, 0, 0)
self.line3.set_color(0, 0, 0)
self.line4.set_color(0, 0, 0)
self.line5.set_color(0, 0, 0)
self.line6.set_color(0, 0, 0)
self.line7.set_color(0, 0, 0)
self.line8.set_color(0, 0, 0)
self.line9.set_color(0, 0, 0)
self.line10.set_color(0, 0, 0)
self.line11.set_color(0, 0, 0)
self.viewer.add_geom(self.line1)
self.viewer.add_geom(self.line2)
self.viewer.add_geom(self.line3)
self.viewer.add_geom(self.line4)
self.viewer.add_geom(self.line5)
self.viewer.add_geom(self.line6)
self.viewer.add_geom(self.line7)
self.viewer.add_geom(self.line8)
self.viewer.add_geom(self.line9)
self.viewer.add_geom(self.line10)
self.viewer.add_geom(self.line11)
```

```
self.viewer.add_geom(self.kulo1)
self.viewer.add_geom(self.kulo2)
self.viewer.add_geom(self.gold)
self.viewer.add_geom(self.robot)
```

接下来，开始设置机器人的位置。机器人的位置根据其当前所处的状态不同，所在的位置也不同。我们事先计算出每个状态点机器人位置的中心坐标，并存储到两个向量中，在类初始化中给出：

```
self.x=[140,220,300,380,460,140,300,460]
self.y=[250,250,250,250,250,150,150,150]
```

根据这两个向量和机器人当前的状态，我们就可以设置机器人当前的圆心坐标了，即

```
if self.state is None: return None
self.robotrans.set_translation(self.x[self.state-1],
self.y[self.state- 1])
```

最后还需要一个返回语句：

```
return self.viewer.render(return_rgb_array=mode == 'rgb_array')
```

以上便完成了 render()函数的建立。

下面我们再看一下 reset()函数的建立。

reset()函数常常用随机的方法初始化机器人的状态，即

```
def _reset(self):
    self.state = self.states[int(random.random() *
len(self.states))]
    return self.state
```

全部的代码可以上 github 下载学习。下面重点讲一讲如何注册建好的环境，以便通过 gym 的标准形式进行调用。其实环境的注册很简单，只需要三步，分述如下。

第一步，将我们自己的环境文件（笔者创建的文件名为 grid_mdp.py)拷贝到你的 gym 安装目录/gym/gym/envs/classic_control 文件夹中（拷贝在此文件夹中是因为要使用 rendering 模块。当然本方法并不是唯一的，也可以采用其他办法。）。

第二步，打开该文件夹（第一步中的文件夹）下的__init__.py 文件，在文件末尾加入语句：

```
from gym.envs.classic_control.grid_mdp import GridEnv
```

第三步，进入文件夹的gym安装目录/gym/gym/envs，打开该文件夹下的__init__.py文件，添加代码：

```
register(
    id='GridWorld-v0',
    entry_point='gym.envs.classic_control:GridEnv',
    max_episode_steps=200,
    reward_threshold=100.0,
)
```

第一个参数 id 就是你调用 gym.make('id')时的 id，这个 id 可以随便选取，笔者取的名字是 GridWorld-v0。

第二个参数就是函数路口了，后面的参数原则上来说可以不必写。

经过以上三步，就完成了注册。下面，我们用一个简单的 demo 来测试下环境的效果。

我们依然写个终端程序，代码如下。

```
source activate gymlab
python
env = gym.make('GridWorld-v0')
env.reset()
env.render()
```

代码运行后会出现如图 2.9 所示的效果。

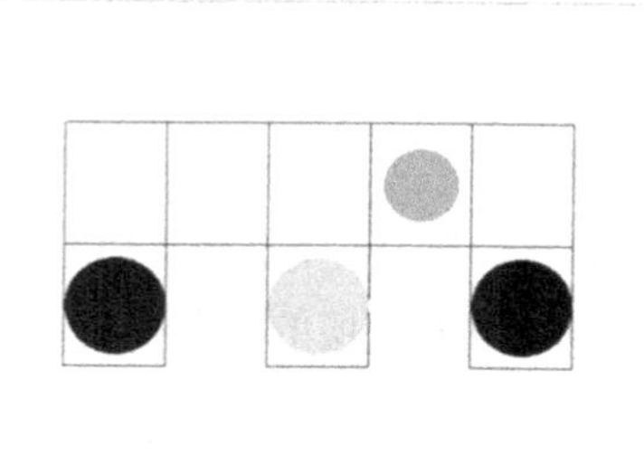

图 2.9　机器人找金币仿真环境

2.4　习题

1. 马尔科夫过程与马尔科夫决策过程的区别。

2. 随机策略的理解。

3. 安装 gym 并测试其中的 CartPole 实例。

4. 基于 gym 构建如下迷宫世界：

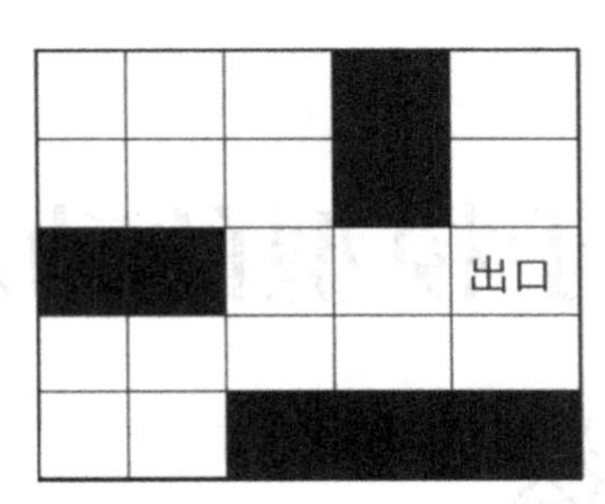

3 基于模型的动态规划方法

3.1 基于模型的动态规划方法理论

上一章我们将强化学习的问题纳入到马尔科夫决策过程的框架下解决。一个完整的已知模型的马尔科夫决策过程可以利用元组(S,A,P,r,γ)来表示。其中S为状态集，A为动作集，P为转移概率，也就是对应着环境和智能体的模型，r为回报函数，γ为折扣因子用来计算累积回报R。累积回报公式为$R=\sum_{t=0}^{T}\gamma^t r_t$，其中$0\le\gamma\le1$，当$T$为有限值时，强化学习过程称为有限范围强化学习，当$T=\infty$时，称为无穷范围强化学习。我们以有限范围强化学习为例进行讲解。

强化学习的目标是找到最优策略π使得累积回报的期望最大。所谓策略是指状态到动作的映射π：$s\to a$，用τ表示从状态s到最终状态的一个序列τ：$s_t,s_{t+1}\cdots,s_T$，则累积回报$R(\tau)$是个随机变量，随机变量无法进行优化，无法作为目标函数，我们采用随机变量的期望作为目标函数，即$\int R(\tau)p_\pi(\tau)d\tau$作为目标函数。用公式来表示强化学习的目标：$\max_\pi\int R(\tau)p_\pi(\tau)d\tau$。强化学习的最终目标是找到最优策略为$\pi^*$：$s\to u^*$，我们看一下这个表达式的直观含义。

如图 3.1 所示，最优策略的目标是找到决策序列 $u_0^* \to u_1^* \to \cdots u_T^*$ ，因此从广义上来讲，强化学习可以归结为序贯决策问题。即找到一个决策序列，使得目标函数最优。这里的目标函数 $\int R(\tau)p_\pi(\tau)d\tau$ 是累积回报的期望值，累积回报的含义是评价策略完成任务的总回报，所以目标函数等价于任务。强化学习的直观目标是找到最优策略，目的是更好地完成任务。回报函数对应着具体的任务，所以强化学习所学到的最优策略是与具体的任务相对应的。从这个意义上来说，强化学习并不是万能的，它无法利用一个算法实现所有的任务。

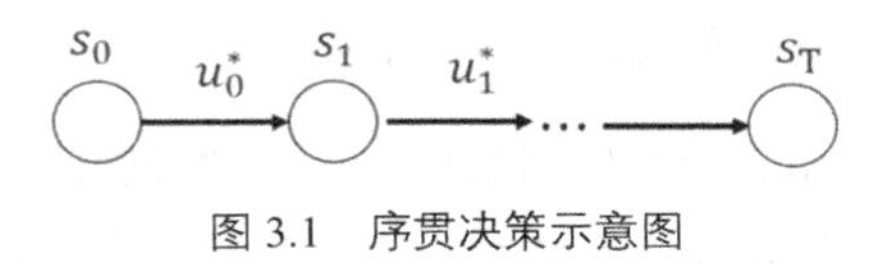

图 3.1　序贯决策示意图

从广义上讲，强化学习是序贯决策问题。但序贯决策问题包含的内容更丰富。它不仅包含马尔科夫过程的决策，而且包括非马尔科夫过程的决策。在上一节，我们已经将强化学习纳入到马尔科夫决策过程 MDP 的框架之内。马尔科夫决策过程可以利用元组 (S,A,P,r,γ) 来描述，根据转移概率 P 是否已知，可以分为基于模型的动态规划方法和基于无模型的强化学习方法，如图 3.2 所示。两种类别都包括策略迭代算法，值迭代算法和策略搜索算法。不同的是，在无模型的强化学习方法中，每类算法又分为 online 和 offline 两种。online 和 offline 的具体含义，我们会在下一章中详细介绍。

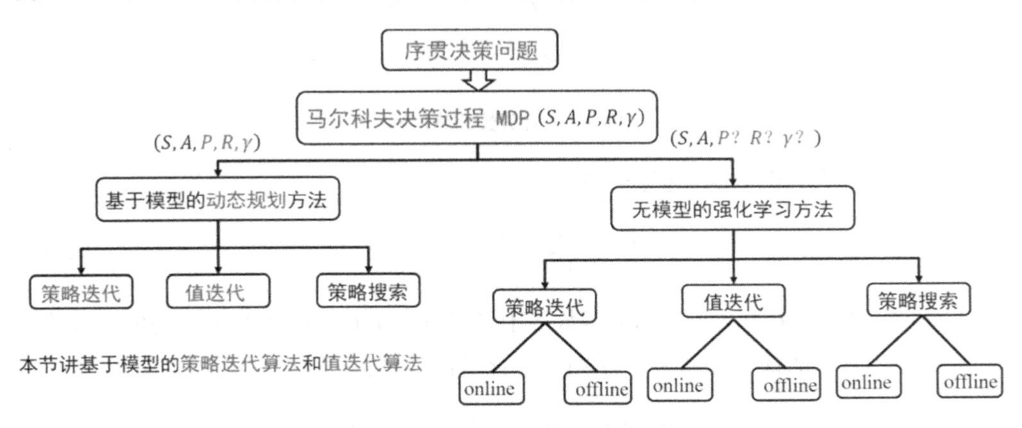

图 3.2　强化学习分类

基于模型的强化学习可以利用动态规划的思想来解决。顾名思义，动态规划中的“动态”蕴含着序列和状态的变化；“规划”蕴含着优化，如线性优化，二次优化或者非线性优化。利用动态规划可以解决的问题需要满足两个条件：一是整个优化问题可以分解为多个子优化问题；二是子优化问题的解可以被存储和重复利用。前面已经讲过，强化学习可以利用马尔科夫决策过程来描述，利用贝尔曼最优性原理得到贝尔曼最优化方程：

$$\begin{aligned} \upsilon^*(s) &= \max_a R_s^a + \gamma \sum_{s' \in S} P_{ss'}^a \upsilon^*(s') \\ q^*(s,a) &= R_s^a + \gamma \sum_{s' \in S} P_{ss'}^a \max_{a'} q^*(s',a') \end{aligned} \tag{3.1}$$

从方程（3.1）中可以看到，马尔科夫决策问题符合使用动态规划的两个条件，因此可以利用动态规划解决马尔科夫决策过程的问题。

贝尔曼方程（3.1）指出，动态规划的核心是找到最优值函数。那么，第一个问题是：给定一个策略π，如何计算在策略π下的值函数？其实上章已经讲过，此处再重复一遍，如图 3.3 所示：

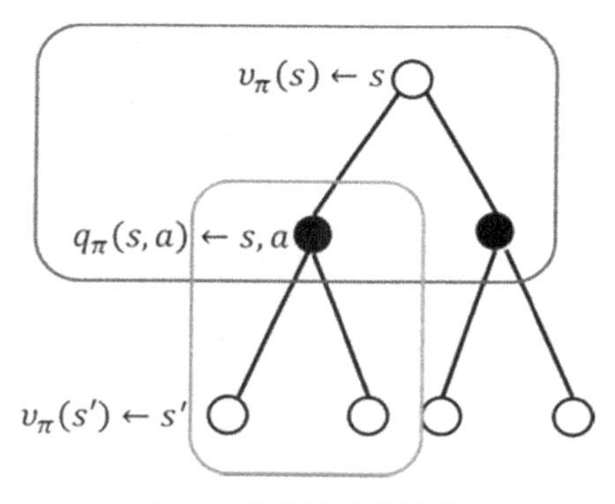

图 3.3　值函数计算过程

图中上部大方框内的计算公式为

$$\upsilon_\pi(s) = \sum_{a \in A} \pi(a|s) q_\pi(s,a) \tag{3.2}$$

该方程表示，在状态s处的值函数等于采用策略π时，所有状态-行为值函数的总和。下面小方框的计算公式为状态-行为值函数的计算：

$$q_\pi(s,a) = R_s^a + \gamma \sum_{s'} P_{ss'}^a \upsilon_\pi(s') \tag{3.3}$$

该方程表示，在状态s采用动作a的状态值函数等于回报加上后续状态值函数。

将方程（3.3）代入方程（3.2）便得到状态值函数的计算公式：

$$\upsilon_{\pi}(s)=\sum_{a\in A}\pi(a\mid s)\left(R_{s}^{a}+\gamma\sum_{s'\in S}P_{ss'}^{a}\upsilon_{\pi}(s')\right) \tag{3.4}$$

状态s 处的值函数$\upsilon_{\pi}(s)$，可以利用后继状态的值函数$\upsilon_{\pi}(s')$来表示。可是有人会说，后继状态的值函数$\upsilon_{\pi}(s')$也是未知的，那么怎么计算当前状态的值函数，这不是自己抬自己吗？如图 3.4 所示。没错，这正是 bootstrapping 算法（自举算法)!

图 3.4　自举示意图

如何求解（3.4）的方程？首先，我们从数学的角度去解释方程（3.4）。对于模型已知的强化学习算法，方程（3.4）中的$P_{ss'}^{a}$，γ和R_{s}^{a}都是已知数，$\pi(a\mid s)$为要评估的策略是指定的，也是已知值。方程（3.4）中唯一的未知数是值函数，从这个角度理解方程（3.4）可知，方程（3.4）是关于值函数的线性方程组，其未知数的个数为状态的总数，用$|S|$ 来表示。

此处，我们使用高斯-赛德尔迭代算法进行求解。即：

$$\upsilon_{k+1}(s)=\sum_{a\in A}\pi(a\mid s)\left(R_{s}^{a}+\gamma\sum_{s'\in S}P_{ss'}^{a}\upsilon_{k}(s')\right) \tag{3.5}$$

高斯-赛德尔迭代法的讲解请参看 3.2 节。建议读者先去学习和了解高斯-赛德尔迭代法再回来继续学习。下面我们给出策略评估算法的伪代码，如图 3.5 所示：

策略评估算法

[1] **输入：需要评估的策略** π **状态转移概率** $P_{ss'}^{a}$ **回报函数** R_s^a **，折扣因子** γ

[2] **初始化值函数：** $V(s)=0$

[3] Repeat k=0,1,...

一次状态扫描

[4] for every s do

[5] $$\upsilon_{k+1}(s)=\sum_{a\in A}\pi(a|s)\left(R_s^a+\gamma\sum_{s'\in S}P_{ss'}^{a}\upsilon_k(s')\right)$$

[6] end for

[7] Until $\upsilon_{k+1}=\upsilon_k$

[8] **输出：** $\upsilon(s)$

图 3.5 策略评估算法的伪代码

需要注意的是，每次迭代都需要对状态集进行一次遍历（扫描）以便评估每个状态的值函数。

接下来，我们举个策略评估的例子。

如图 3.6 所示为网格世界，其状态空间为 $S=\{1,2,\cdots,14\}$ ，动作空间为 $A=\{$东，南，西，北$\}$ ，回报函数为 $r\equiv-1$ ，需要评估的策略为均匀随机策略：

$$\pi(东|\cdot)=0.25,\ \pi(南|\cdot)=0.25,\ \pi(西|\cdot)=0.25,\ \pi(北|\cdot)=0.25$$

	1	2	3
4	5	6	7
8	9	10	11
12	13	14	

图 3.6 网格世界

图 3.7 为值函数迭代过程中值函数的变化。为了进一步说明，我们举个具体的例子，如从 K=1 到 K=2 时，状态 1 处的值函数计算过程。

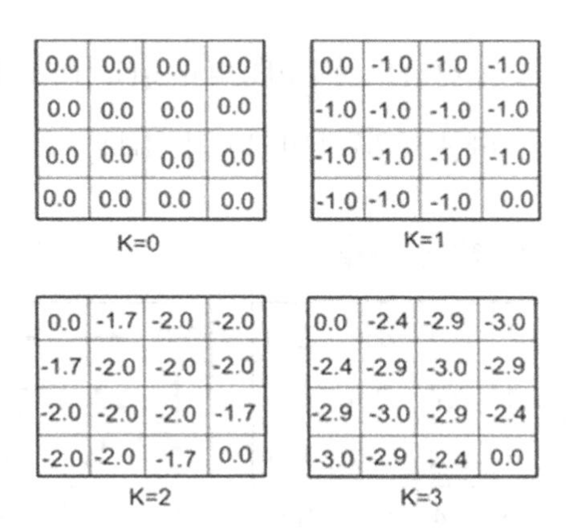

图 3.7　值函数迭代中间图

由公式（3.5）得到：

$\upsilon_2(1) = 0.25*(-1-1)+0.25*(-1-1)+0.25*(-1-1)+0.25*(-1+0) = 0.25*(-7) = -1.75$

保留两位有效数字便是−1.7。

计算值函数的目的是利用值函数找到最优策略。第二个要解决的问题是：如何利用值函数进行策略改善，从而得到最优策略？

一个很自然的方法是当已知当前策略的值函数时，在每个状态采用贪婪策略对当前策略进行改善，即 $\pi_{l+1}(s) \in \arg\max_{a} q^{\pi_l}(s,a)$

如图 3.8 给出了贪婪策略示意图。图中虚线为最优策略选择。

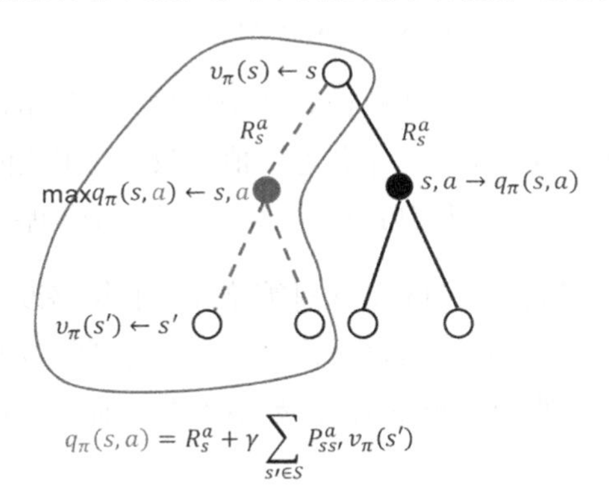

图 3.8　贪婪策略计算

如图 3.9 所示为方格世界贪婪策略的示意图。我们仍然以状态 1 为例得到改善的贪婪策略：

$$\pi_1(1)=\arg\max_a\{q(1,\ 东),q(1,南),\ q(1,\ 西),q(1,北)\}$$
$$=\arg\max_a\{-1-8.4,-1-7.7,-1+0,-1-6.1\}=\{西\}$$

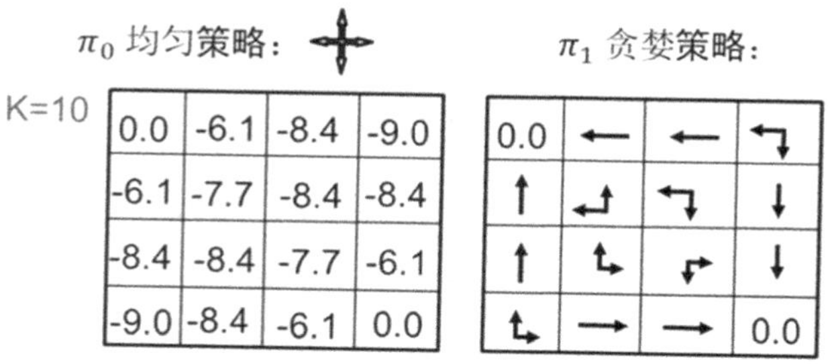

π_0 均匀策略： π_1 贪婪策略：

K=10

0.0	-6.1	-8.4	-9.0
-6.1	-7.7	-8.4	-8.4
-8.4	-8.4	-7.7	-6.1
-9.0	-8.4	-6.1	0.0

0.0	←	←	←↓
↑	←↑	←↓	↓
↑	↑→	↓→	↓
↑→	→	→	0.0

图 3.9　方格世界贪婪策略选取

至此，我们已经给出了策略评估算法和策略改善算法。万事已具备，将策略评估算法和策略改善算法合起来便组成了策略迭代算法，如图 3.10 所示。

策略迭代算法

[1] 输入：状态转移概率 $P_{ss'}^a$ 回报函数 R_s^a ，折扣因子 γ
初始化值函数：$V(s)=0$ 初始化策略 π_0

[2] Repeat l=0,1,…

[3] find V^{π_l} Policy evaluation

[4] $\pi_{l+1}(s)\in\arg\max_a q^{\pi_l}(s,a)$ Policy improvement

[5] Until $\pi_{l+1}=\pi_l$

[6] 输出：$\pi^*=\pi_l$

图 3.10　策略迭代算法

策略迭代算法包括策略评估和策略改善两个步骤。在策略评估中，给定策略，通过数值迭代算法不断计算该策略下每个状态的值函数，利用该值函数和贪婪策略得到新的策略。如此循环下去，最终得到最优策略。这是一个策略收敛的过程。

如图 3.11 所示为值函数收敛过程，通过策略评估和策略改善得到最优值函数。从策略迭代的伪代码我们看到，进行策略改善之前需要得到收敛的值函数。值函数的收敛往往需要很多次迭代，现在的问题是进行策略改善之前一定要等到策略值函数收敛吗？

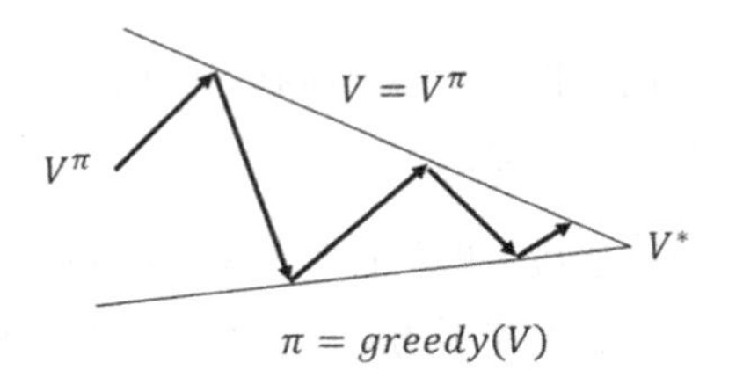

图 3.11 值函数收敛

对于这个问题，我们还是先看一个例子。如图 3.12 所示，策略评估迭代 10 次和迭代无穷次所得到的贪婪策略是一样的。因此，对于上面的问题，我们的回答是不一定等到策略评估算法完全收敛。如果我们在评估一次之后就进行策略改善，则称为值函数迭代算法。

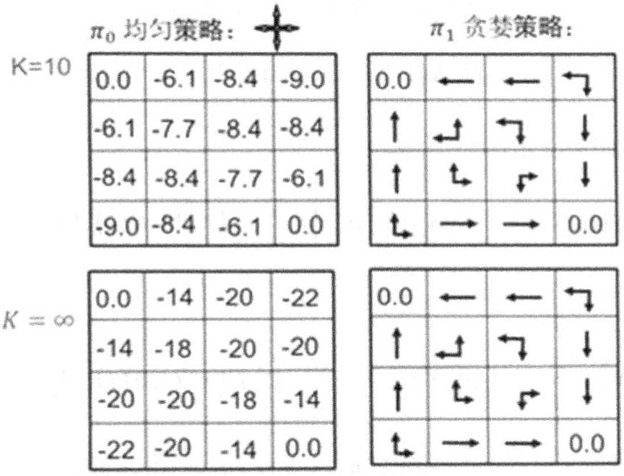

π_0 均匀策略： π_1 贪婪策略：

K=10

0.0	-6.1	-8.4	-9.0
-6.1	-7.7	-8.4	-8.4
-8.4	-8.4	-7.7	-6.1
-9.0	-8.4	-6.1	0.0

0.0	←	←	←↓
↑	←↑	←↓	↓
↑	↑→	↓→	↓
↑→	→	→	0.0

$K = \infty$

0.0	-14	-20	-22
-14	-18	-20	-20
-20	-20	-18	-14
-22	-20	-14	0.0

0.0	←	←	←↓
↑	←↑	←↓	↓
↑	↑→	↓→	↓
↑→	→	→	0.0

图 3.12 策略改善

值函数迭代算法（如图 3.13 所示）的伪代码为

[1] 输入：状态转移概率 $P_{ss'}^{a}$,回报函数R_s^a ，折扣因子γ

初始化值函数：$v(s) = 0$ 初始化策略 π_0

[2] Repeat l=0,1,...

[3] for every s do

[4] $$v_{l+1}(s) = \max_a R_s^a + \gamma \sum_{s' \in S} P_{ss'}^{a} v_l(s')$$

[5] Until $v_{l+1} = v_l$

[6] 输出：$\pi(s) = \operatorname{argmax}_a R_s^a + \gamma \sum_{s' \in S} P_{ss'}^{a} v_l(s')$

图 3.13 值函数迭代算法

需要注意的是在每次迭代过程中，需要对状态空间进行一次扫描，同时在每个状态对动作空间进行扫描以便得到贪婪的策略。

值函数迭代是动态规划算法最一般的计算框架，我们接下来阐述最优控制理论与值函数迭代之间的联系。解决最优控制的问题往往有三种思路：变分法原理、庞特里亚金最大值原理和动态规划的方法。三种方法各有优缺点。

基于变分法的方法是最早的方法，其局限性是无法求解带有约束的优化问题。基于庞特里亚金最大值原理的方法在变分法基础上进行发展，可以解决带约束的优化问题。相比于这两种经典的方法，动态规划的方法相对独立，主要是利用贝尔曼最优性原理。

对于一个连续系统，往往有一组状态方程来描述：

$$\dot{X}=f\left(t,X,U\right) \qquad X\left(t_0\right)=X_0 \tag{3.6}$$

性能指标往往由积分给出：

$$J\left[x\left(t_0\right),t_0\right]=\phi\left[X\left(t_f\right),t_f\right]+\int_{t_0}^{t_f}L\left(x\left(t\right),u\left(t\right),t\right) \tag{3.7}$$

最优控制的问题是

$$V\left(X,t\right)=\min_{u\in\Omega}\left\{\phi\left[X\left(t_f\right),t_f\right]+\int_{t_0}^{t_f}L\left(x\left(t\right),u\left(t\right),t\right)\right\} \tag{3.8}$$

由贝尔曼最优性原理得到哈密尔顿-雅克比-贝尔曼方程：

$$-\frac{\partial V}{\partial t}=\min_{u(t)\in U}\left\{L\left(x\left(t\right),u\left(t\right),t\right)+\frac{\partial V}{\partial X^T}f\left[x\left(t\right),u\left(t\right),t\right]\right\} \tag{3.9}$$

方程（3.9）是一个偏微分方程，一般不存在解析解。对于偏微分方程（3.9），有三种解决思路：第一种思路是将值函数进行离散，求解方程（3.9）的数值解，然后利用贪婪策略得到最优控制。这对应于求解微分方程的数值求解方法；第二种思路是利用变分法，将微分方程转化成变分代数方程，在标称轨迹展开，得到微分动态规划 DDP；第三种思路是利用函数逼近理论，对方程中的回报函数和控制函数进行函数逼近，利用优化方法得到逼近系数，这类方法称为伪谱的方法。

前两种方法都是以值函数为中心，其思路与值函数迭代类似，我们在此介绍前两种方法。

第一个思路：将函数进行数值离散化，也就是 HJB 方程的数值算法。

如图 3.14 所示为平面移动机器人的移动规划部分的代码，从代码中我们看到，图 3.14 框线内节点处的值在计算时选取的也是最小值函数。

```
for iter in range(iter_num):
        for s1 in rg:
            for s2 in rg:
                for s3 in rg:
                    for i in index[s1]:
                        for j in index[s2]:
                            for k in index[s3]:
```

$$V_{ijk}^{iter} = \min(V_1, V_2, V_3, V_4, V_{ijk}^{iter-1})$$

图 3.14　平面移动机器人移动规划

第二个思路是采用变分法。下面我们给出 DDP 方法的具体推导公式和伪代码。

由贝尔曼最优性原理得

$$\begin{aligned} &V(X,t) = \min_{u\in\Omega}\left\{\phi\left[X(t_f),t_f\right] + \int_{t_0}^{t_f} L\left(x(t),u(t),t\right)dt\right\} \\ &\min_{u\in\Omega}\left\{\int_{t_0}^{t_0+dt} L\left(x(\tau),u(\tau),\tau\right)d\tau + V\left(X+\Delta X,t+dt\right)\right\} \end{aligned} \tag{3.10}$$

假设

$$\begin{aligned} x_{k+1} &= f(x_k,u_k) \\ V_k &= \min_u\left[l(x_k,u_k) + V_{k+1}(x_{k+1})\right] \end{aligned}$$

令 $Q(\delta x,\delta u) = V(x+\delta x) - V(x)$，则 Q 在标称轨迹 (x_k,u_k) 展开：

$$\begin{aligned} &Q(\delta x,\delta u) = V(x+\delta x) - V(x) \\ &= l(x_k+\delta x_k, u_k+\delta u_k) + V_{k+1}(x_{k+1}+\delta x_{k+1}) - \left(l(x_k,u_k) + V_{k+1}(x_{k+1})\right) \\ &\approx \delta x_k^T l_{x_k} + \delta u_k^T l_{u_k} + \frac{1}{2}\left(\delta x_k^T l_{xx_k}\delta x_k + 2\delta x_k^T l_{xu_k}\delta u_k + \delta u_k^T l_{uu_k}\delta u_k\right) + \delta x_{k+1}^T V_{x_{k+1}} + \frac{1}{2}\delta x_{k+1}^T V_{xx_{k+1}}\delta x_{k+1} \end{aligned} \tag{3.11}$$

又 $x_{k+1} = f(x_k,u_k)$，得到：

$$\delta x_{k+1} = \delta f(x_k,u_k) = f_{x_k}\delta x_k + f_{u_k}\delta u_k + \frac{1}{2}\left(\delta x_k^T f_{xx_k}\delta x + 2\delta x_k^T f_{xu_k}\delta u_k + \delta u_k^T f_{uu_k}\delta u\right) \tag{3.12}$$

将（3.12）代入（3.11）可以得到：

$$Q(\delta x,\delta u)=\frac{1}{2}\left[\begin{array}{l}\delta u^T Q_{uu}\delta u+\left(\delta u^T Q_{ux}\delta x+\delta x^T Q_{xu}\delta u\right)+Q_u^T\delta u+\delta u^T Q_u+\delta x^T Q_{xx}\delta x+\\ \delta x^T Q_x+Q_x^T\delta x\end{array}\right] \tag{3.13}$$

其中：

$$\begin{aligned}
Q_x &= l_{x_k}+f_{x_k}^T V_{x_{k+1}}\\
Q_u &= l_{u_k}+f_{u_k}^T V_{x_{k+1}}\\
Q_{xx} &= l_{xx_k}+f_{x_k}^T V_{xx_k} f_{x_k}+V_{x_{k+1}} f_{x_k x_k}\\
Q_{uu} &= l_{uu_k}+f_{u_k}^T V_{xx_{k+1}} f_{u_k}+V_{x_{k+1}} f_{u_k u_k}\\
Q_{ux} &= l_{ux_k}+f_{u_k}^T V_{xx_{k+1}} f_{x_k}+V_{x_{k+1}} f_{ux_k}
\end{aligned} \tag{3.14}$$

将（3.13）视为 δu 的函数，则 $Q(\delta x,\delta u)$ 是 δu 的二次函数。

如图 3.15 所示，$\delta u^*=\arg\min\limits_{\delta u} Q(\delta x,\delta u)=-Q_{uu}^{-1}(Q_u+Q_{ux}\delta x)$ 。

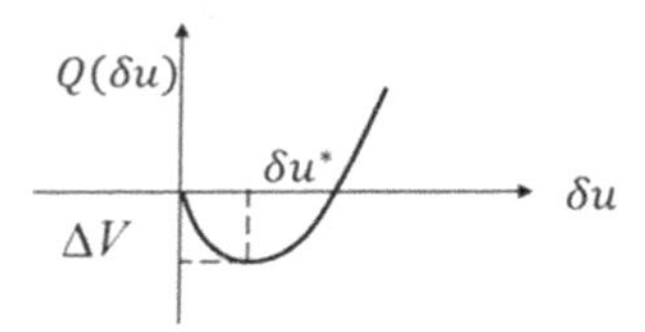

图 3.15　值函数变分函数

我们令

$$k=-Q_{uu}^{-1}Q_u,\ K=-Q_{uu}^{-1}Q_{ux} \tag{3.15}$$

则 $\delta u^*=\arg\min\limits_{\delta u} Q(\delta x,\delta u)=k+K\delta x$

$$\begin{aligned}
\Delta V &= -\frac{1}{2}Q_u Q_{uu}^{-1} Q_u\\
V_{x_k} &= Q_x-Q_u Q_{uu}^{-1} Q_{ux}\\
V_{xx_k} &= Q_{xx}-Q_{xu} Q_{uu}^{-1} Q_{ux}
\end{aligned} \tag{3.16}$$

微分动态规划的伪代码为

- 前向迭代：给定初始控制序列 $\bar{u}_k$ ，正向迭代计算标称轨迹。

$$\bar{x}_{k+1}=f(\bar{x}_k,\bar{u}_k),l_{x_k},f_{u_k},l_{xx_k},l_{xu_k},l_{uu_k}$$

- 反向迭代：由代价函数边界条件 V_{x_N},V_{xx_N} 反向迭代计算（3.14），（3.15）和（3.16）

得到贪婪策略δu^*。

- 正向迭代新的控制序列：

$$x_1 = \bar{x}(1)$$
$$u_k = \bar{u}_k + k_k + K_k\left(x_k - \bar{x}_k\right)$$
$$x_{k+1} = f\left(x_k, u_k\right)$$

从第二步反向迭代计算贪婪策略δu^*的过程我们可以看到，贪婪策略通过最小化值函数得到。

3.2 动态规划中的数学基础讲解

3.2.1 线性方程组的迭代解法

利用（3.4）计算策略已知的状态值函数时，方程（3.4）为一个线性方程组。因此策略的评估就变成了线性方程组的求解。线性方程组的数值求解包括直接法（如高斯消元法，矩阵三角分解法，平方根法、追赶法等）和迭代解法。策略评估中采用线性方程组的迭代解法。

1．何为迭代解法

不失一般性，用方程（3.17）表示一般的线性方程组。

$$\boldsymbol{A}\boldsymbol{X} = \boldsymbol{b} \tag{3.17}$$

所谓迭代解法是根据（3.17）式设计一个迭代公式，任取初试值$\boldsymbol{X}^{(0)}$，将其代入到设计的迭代公式中，得到$\boldsymbol{X}^{(1)}$，再将$\boldsymbol{X}^{(1)}$代入迭代公式中得到$\boldsymbol{X}^{(2)}$，如此循环最终得到收敛的$\boldsymbol{X}$。

那么，根据（3.17）式如何设计迭代公式？

（1）方法一：雅克比（Jacobi）迭代法。[1]

雅克比迭代法假设系数矩阵的对角元素$a_{ii} \neq 0$。从（3.17）的第i个方程分离出x_i，以此构造迭代方程：

$$\begin{cases} x_1 = \dfrac{1}{a_{11}}(-a_{12}x_2 - a_{13}x_3 - \cdots - a_{1n}x_n + b_1) \\ x_2 = \dfrac{1}{a_{22}}(-a_{21}x_1 - a_{23}x_3 - \cdots - a_{2n}x_n + b_2) \\ \cdots \\ x_n = \dfrac{1}{a_{nn}}(-a_{n1}x_1 - a_{n2}x_2 - \cdots - a_{n,n-1}x_{n-1} + b_n) \end{cases} \tag{3.18}$$

方程（3.18）写成矩阵的形式为

$$X = -D^{-1}(L+U)X + D^{-1}b \tag{3.19}$$

其中：

$$D = \begin{bmatrix} a_{11} & & & \\ & a_{22} & & \\ & & \ddots & \\ & & & a_{nn} \end{bmatrix}, \quad L = \begin{bmatrix} 0 & & & & \\ a_{21} & 0 & & & \\ a_{31} & a_{32} & 0 & & \\ \vdots & \vdots & & \ddots & \\ a_{n1} & a_{n2} & a_{n3} & \cdots & 0 \end{bmatrix}, \quad U = \begin{bmatrix} 0 & a_{12} & a_{13} & \cdots & a_{1n} \\ & 0 & a_{23} & \cdots & a_{2n} \\ & & \ddots & & \vdots \\ & & & 0 & a_{n-1,n} \\ & & & & 0 \end{bmatrix}$$

若记$B = -D^{-1}(L+U)$，$d = D^{-1}b$，则迭代公式为

$$X = BX + d \tag{3.20}$$

在进行迭代计算时，（3.18）式变为

$$\begin{cases} x_1^{(k+1)} = \dfrac{1}{a_{11}}(-a_{12}x_2^{(k)} - a_{13}x_3^{(k)} - \cdots - a_{1n}x_n^{(k)} + b_1) \\ x_2^{(k+1)} = \dfrac{1}{a_{22}}(-a_{21}x_1^{(k)} - a_{23}x_3^{(k)} - \cdots - a_{2n}x_n^{(k)} + b_2) \\ \cdots \\ x_n^{(k+1)} = \dfrac{1}{a_{nn}}(-a_{n1}x_1^{(k)} - a_{n2}x_2^{(k)} - \cdots - a_{n,n-1}x_{n-1}^{(k)} + b_n) \end{cases} \tag{3.21}$$

利用迭代公式（3.20）求解线性方程组（3.17）的方法称为雅克比迭代法。矩阵 B 称为迭代矩阵。

雅克比迭代法解线性方程很快，还能不能更快？答案是肯定的。我们可以观察（3.21），不难发现第$k+1$次迭代计算分量$x_i^{(k+1)}$时，分量$x_1^{(k+1)}, x_2^{(k+1)}, \cdots, x_{i-1}^{(k-1)}$都已经求出来了，但是在计算 $x_i^{(k+1)}$时，雅克比迭代方法没有利用这些新计算出来的值。如果这些新计算出来的值能够被利用，计算速度肯定会提高，这就是高斯-赛德尔迭代法。

2．高斯-赛德尔迭代法

当求得新的分量之后，马上用来计算的迭代算法称为高斯-赛德尔迭代法。对于线性方程组，对应于雅克比迭代过程（3.21）的高斯-赛德尔迭代过程为

$$\begin{cases} x_1^{(k+1)} = \frac{1}{a_{11}}(-a_{12}x_2^{(k)} - a_{13}x_3^{(k)} - \cdots - a_{1n}x_n^{(k)} + b_1) \\ x_2^{(k+1)} = \frac{1}{a_{22}}(-a_{21}x_1^{(k+1)} - a_{23}x_3^{(k)} - \cdots - a_{2n}x_n^{(k)} + b_2) \\ \cdots \\ x_n^{(k+1)} = \frac{1}{a_{nn}}(-a_{n1}x_1^{(k+1)} - a_{n2}x_2^{(k+1)} - \cdots - a_{n,n-1}x_{n-1}^{(k+1)} + b_n) \end{cases} \tag{3.22}$$

用矩阵的形式可表示为

$$(D+L)X^{(k+1)} = -UX^{(k)} + b$$

写成迭代方程为

$$X^{(k+1)} = GX^{(k)} + d_1 \tag{3.23}$$

其中$G = -(D+L)^{-1}U$，$d_1 = (D+L)^{-1}b$

3.2.2 压缩映射证明策略评估的收敛性

首先，我们先从数学上了解什么是压缩映射（Contraction Mapping）。Contraction Mapping 中文可以译为压缩映射或压缩映像。这个概念来自于数学中的泛函分析。内容涉及不动点理论。不动点和压缩映射常用来解决代数方程，微分方程，积分方程等，为方程解的存在性、唯一性和讨论迭代收敛性证明提供有力的工具。本文用来证明迭代的收敛性。

定义：设X是度量空间，其度量用ρ表示。映射$T{:}X \to X$，若存在 a，$0 \leqslant a < 1$使得$\rho(Tx,Ty) \leqslant a\rho(x,y)$，$\forall x,y \in X$，则称$T$是$X$上的一个压缩映射；

若存在$x_0 \in X$使得$Tx_0 = x_0$，则称x_0是T的不动点。

定理 1 完备度量空间上的压缩映射具有唯一的不动点。

定理 1 是说，从度量空间任何一点出发，只要满足压缩映射，压缩映射的序列必定会收敛到唯一的不动点。因此证明一个迭代序列是不是收敛，只要证明该序列所对应的映射是不是压缩映射。

我们已经知道了什么是压缩映射，那么策略评估是如何跟压缩映射扯上关系的呢？

回答这个问题，我们还要追根溯源，看看基于模型的策略评估到底是什么东西。前面已经提过，从数学的角度来看，若将值函数看成是未知数，值函数的求解其实是解一组线性方程。为讲述方便，我们在这里再次列一下：

$$v_{\pi}(s)=\sum_{a\in A}\pi(a|s)\left(R_s^a+\gamma\sum_{s'\in S}P_{ss'}^a v_{\pi}(s')\right)$$

对这个线性方程组，我们使用的方法是高斯-赛德尔迭代：

$$v_{k+1}(s)=\sum_{a\in A}\pi(a|s)\left(R_s^a+\gamma\sum_{s'\in S}P_{ss'}^a v_k(s')\right)$$

高斯-赛德尔解线性方程组迭代收敛条件是右面的未知数矩阵的谱半径小于1，这个条件也是由压缩映射定理得来的。在这里，我们不去求系数矩阵的谱，而是找一个特殊的度量ρ以便简化证明，这个度量我们选为无穷范数，即

$$\|v\|_{\infty}=\max_{s\in S}\|v(s)\|$$

从当前值函数到下一个迭代值函数的映射可表示为

$$T^{\pi}(v)=R^{\pi}+\gamma P^{\pi}v$$

下面，我们证明该映射是一个压缩映射。

证明

$$\begin{aligned}
&\rho(T^{\pi}(u),T^{\pi}(v))=\|T^{\pi}(u)-T^{\pi}(v)\|_{\infty}\\
&=\|(R^{\pi}+\gamma P^{\pi}u)-(R^{\pi}+\gamma P^{\pi}v)\|_{\infty}\\
&=\|\gamma P^{\pi}(u-v)\|_{\infty}\\
&\leqslant\|\gamma P^{\pi}\|u-v\|_{\infty}\|_{\infty}\\
&\leqslant\gamma\|u-v\|_{\infty}
\end{aligned}$$

因为$0\leqslant\gamma<1$，所以$T^{\pi}(v)$是一个压缩映射，该迭代序列最终收敛到相应于策略π的值函数。上面是利用向量形式进行的推导，可能不是很直观，下面我们从值函数的定义出发进行证明。

根据图 3.16，值函数公式为：

$$v_\pi(s)=\sum_{a\in A}\pi(a|s)\left(R_s^a+\gamma\sum_{s'\in S}P_{ss'}^a v_\pi(s')\right)$$

$$T^\pi(u)=\sum_{a\in A}\pi(a|s)R^\pi(s,a)+\gamma\sum_{a\in A}\pi(a|s)\sum_{s'\in S}P_{ss'}^a u_\pi(s')$$

$$T^\pi(v)=\sum_{a\in A}\pi(a|s)R^\pi(s,a)+\gamma\sum_{a\in A}\pi(a|s)\sum_{s'\in S}P_{ss'}^a v_\pi(s')$$

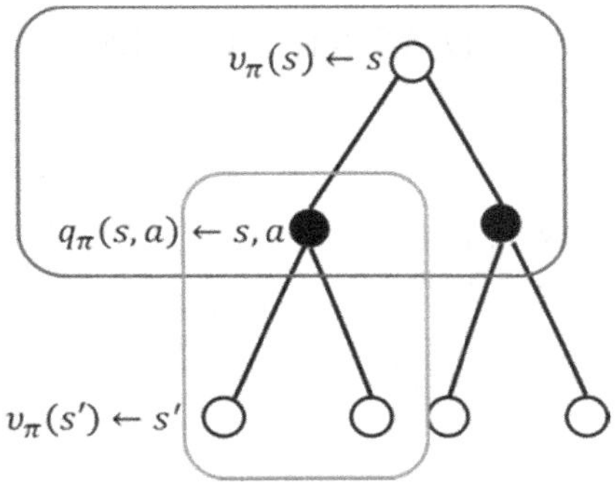

图 3.16　值函数定义图

如图 3.17 中的不等式证明所示：第一个不等号对应动作值函数差绝对值 $\max_a\|q_u(s,a)-q_v(s,a)\|$最大的那个分支；第二个不等式对应着下一级值函数差绝对值最大的那个，第三个不等号则是将s'推广到整个状态空间，即放大到整个状态空间中值函数差最大的那个。

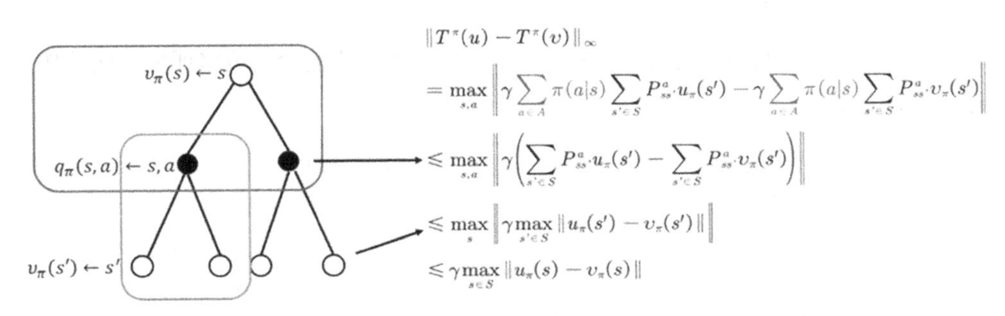

图 3.17　收敛性证明

如果将值函数看成是一个向量，无穷范数是该向量中绝对值最大的那个。

$$\|T^\pi(u)-T^\pi(v)\|_\infty\leqslant\gamma\|u_\pi(s)-v_\pi(s)\|_\infty$$

3.3 基于 gym 的编程实例

我们在本章的 3.1 节中已经介绍了基于策略迭代的方法和基于值函数的方法。在本节中，我们基于 Python 和 gym 实现策略迭代方法和值迭代方法。我们仍然以机器人找金币为例，其 MDP 模型在上一章已经给出了介绍。这一节我们先介绍策略迭代方法，再介绍值迭代方法。

1. 策略迭代方法

如 3.1 节中，策略迭代方法包括策略评估和策略改善。在 Python 中代码定义如图 3.18 所示。

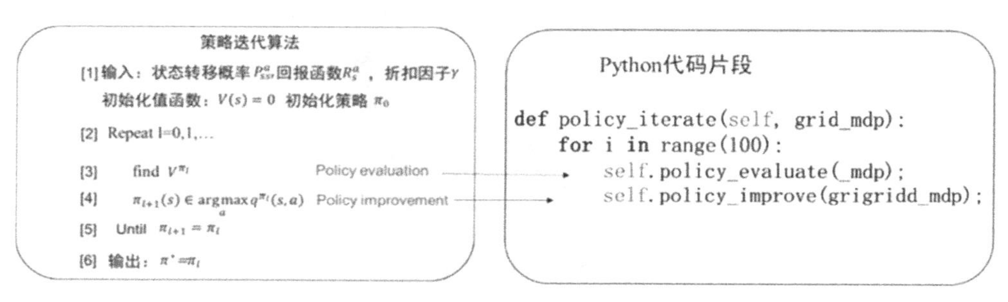

图 3.18　策略迭代伪代码及 Python 代码定义

在图 3.18 中，Python 代码包括策略评估和策略改善两个子程序。这两个子程序交替运行，使得策略逐渐优化收敛。下面我们需要分别实现策略评估和策略改善。

首先是策略评估。

策略评估算法的伪代码由图 3.5 给出。图 3.19 中，我们给出策略评估算法的伪代码及 Pyhon 实现。

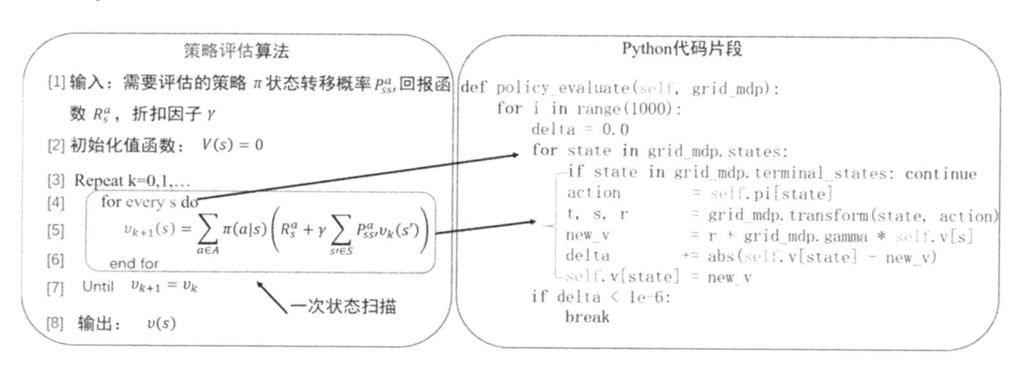

图 3.19　策略评估算法伪代码及 Python 实现

需要注意的一点是策略评估包括两个循环，第一个循环为 1000 次，保证值函数收敛到该策略所对应的真实值函数。第二个循环为整个状态空间的扫描，这样保证状态空间每一点的值函数都得到估计。在第二个循环中，用到了系统的模型，即$P_{ss'}^{a}$，由于模型已知，因此我们确切地知道采用相应的策略后下一个状态是什么。这个性质使得智能体无需实际采用这个动作然后看下一个状态是什么，而仅仅利用模型就能预测下个状态。这个良好的性质使得智能体能预测所有的动作，而无模型的方法则没有如此好的性质——这是基于模型方法和无模型方法的本质区别。无模型的方法只能利用各种方法来估计当前的行为好坏。

有了策略评估，策略改善就比较简单了，即基于当前的值函数得到贪婪策略，将贪婪策略作为更新的策略，策略改善用公式表示为

$$\pi_{l+1}(s) \in \arg\max_{a} q^{\pi_l}(s,a) \tag{3.24}$$

图 3.20 为策略改善的 Python 代码，该代码包括两个循环，外循环对整个状态空间进行遍历，内循环对每个状态空间所对应的动作空间进行遍历，通过动作值函数得到贪婪策略。

整个策略改善的代码其实是为了实现公式（3.24）。

Python代码片段

```
def policy_improve(self, grid_mdp):
    for state in grid_mdp.states:
        if state in grid_mdp.terminal_states: continue
        a1      = grid_mdp.actions[0]
        t, s, r = grid_mdp.transform( state, a1 )
        v1      = r + grid_mdp.gamma * self.v[s]
        for action in grid_mdp.actions:
            t, s, r = grid_mdp.transform( state, action )
            if v1 < r + grid_mdp.gamma * self.v[s]:
                a1 = action
                v1 = r + grid_mdp.gamma * self.v[s]
        self.pi[state] = a1
```

贪婪策略

图 3.20 策略迭代算法中的策略改善

2. 值迭代方法

基于策略迭代的方法是交替进行策略评估和策略改善。其中策略评估中需要迭代多次，以保证当前策略评估收敛。值迭代的方法则是在策略评估步只迭代一次。其伪代码和 Python 代码实现如图 3.21 所示。

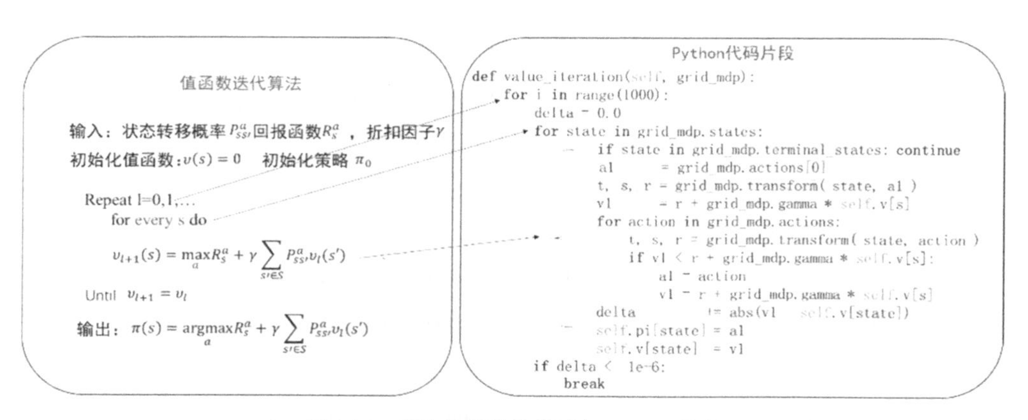

图 3.21　值迭代算法伪代码与 Python 代码

值迭代需要三重循环，第一重大循环用来保证值函数收敛，第二重中间的循环用来遍历整个状态空间，对应着一次策略评估，第三重最里面的循环则是遍历动作空间，用来选最优动作。

3.4　最优控制与强化学习比较

当模型已知时，强化学习问题可转化为最优控制问题。本节我们给出最优控制的计算方法。一般而言，最优控制的数值计算方法分为间接法和直接法。其分类如图 3.18 所示。

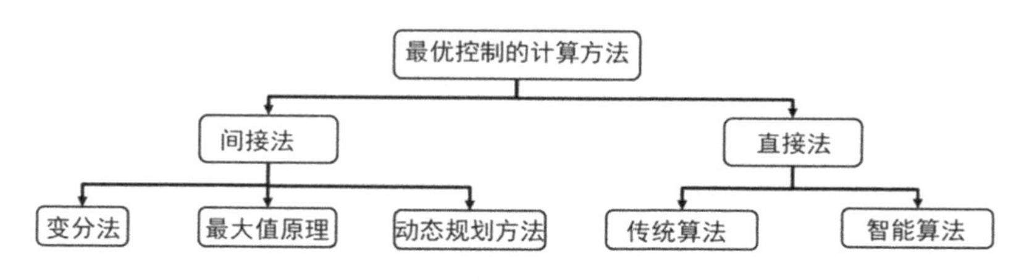

图 3.18　最优控制的计算方法分类

最优控制问题的数学形式化，可由方程（3.6）和（3.8）给出。为了表述方便，我们在这里重复写下最优控制的数学形式化：

$$V(X,t)=\min_{u\in\Omega}\left\{\phi\left[X(t_f),t_f\right]+\int_{t_0}^{t_f}L\big(x(t),u(t),t\big)\right\}$$

$$\text{subject to}\quad \dot{X}=f(t,X,U)\qquad X(t_0)=X_0$$

1. 什么是间接法

所谓间接法，是指首先利用变分法、最大值原理或者动态规划方法得到求解最优问题的一组微分方程（如本章 3.1 节利用动态规划的方法得到了一组偏微分方程），之后，利用数值求解方法求出此微分方程组的解，此解即为原最优问题的解。如本文介绍的微分动态规划的方法就属于间接法。

2. 什么是直接法

直接法与间接法不同，它不需要首先利用最优控制理论（如变分原理，最大值原理或动态规划方法）得到一组微分方程，而是直接在可行控制集中搜索，找到最优的解。直接方法也分为两类，一类是将状态变量和控制变量参数化，将最优控制问题转化为参数优化问题；第二类是引入函数空间中的内积与泛函的梯度，将静态的优化方法推广到函数空间中。

在直接法中，最常用的是伪谱的方法。伪谱的方法是指在正交配置点处将连续最优控制问题离散化，通过全局差值多项式逼近状态量和输入控制量，直接将最优控制问题转化为非线性规划问题，再利用非线性规划问题的各种优化方法求解。常用的伪谱方法有 Gauss（高斯）伪谱法、Legendre（勒让德）伪谱法、Radau（拉道）伪谱法和 Chebyshev（切比雪夫）伪谱法。

最优控制方法在那些模型已知的序贯决策问题中已经取得了很好的结果。若是你面对的问题可以用精确的模型来描述，便可直接采用最优控制的方法。至于采用最优控制的哪种方法，可根据具体问题选用。

可能有人疑惑，这本书讲的是强化学习，怎么又讲开了最优控制，是不是跑题了？

没有跑题。

最优控制经过几十年的发展，已有很多优秀的成果。在模型已知的强化学习算法中，这些优秀的成果可直接拿来应用。如何应用？在基于模型的强化学习算法中，智能体会先利用交互数据拟合一个模型，有了模型，我们就可以利用最优控制的计算方法计算当前最优解，产生当前的最优控制率。智能体会利用当前的最优控制率与环境交互，进一步优化行为。

结合最优控制的强化学习算法在机器人等领域取得了很多优秀的成果，最典型的是引导策略搜索的算法。本书第 10 章会详细介绍该方法。

3.5 习题

1. 什么是策略迭代算法，什么是值迭代算法，两者的区别和联系是什么。
2. 高斯赛德尔迭代算法和雅克比迭代算法的区别是什么。
3. 利用动态规划的方法求解如下迷宫问题：

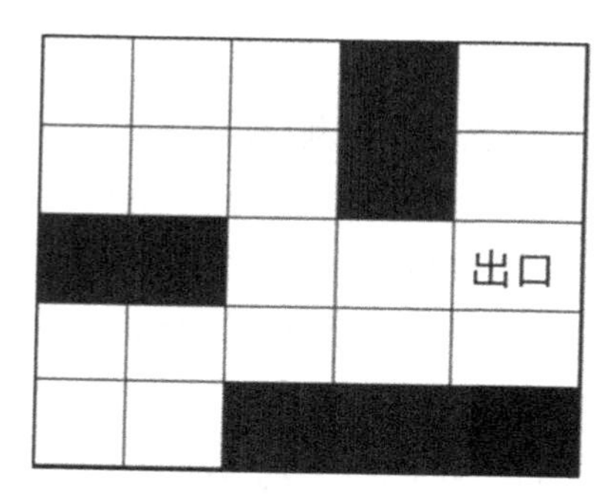

4. 基于 HJB 方程分别用数值法和 DDP 的方法分别求解如下带有非完整约束使得机器人路径最优的规划问题：

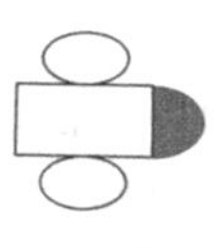

第二篇
基于值函数的强化学习方法

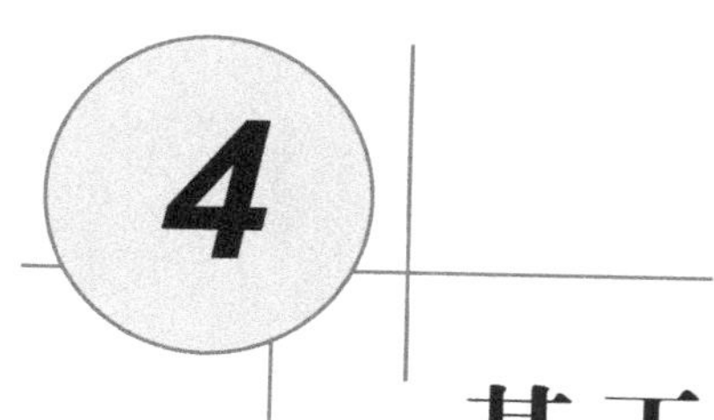

4 基于蒙特卡罗的强化学习方法

4.1 基于蒙特卡罗方法的理论

本章我们学习无模型的强化学习算法。

强化学习算法的精髓之一是解决无模型的马尔科夫决策问题。如图 4.1 所示，无模型的强化学习算法主要包括蒙特卡罗方法和时间差分方法。本章我们阐述蒙特卡罗方法。

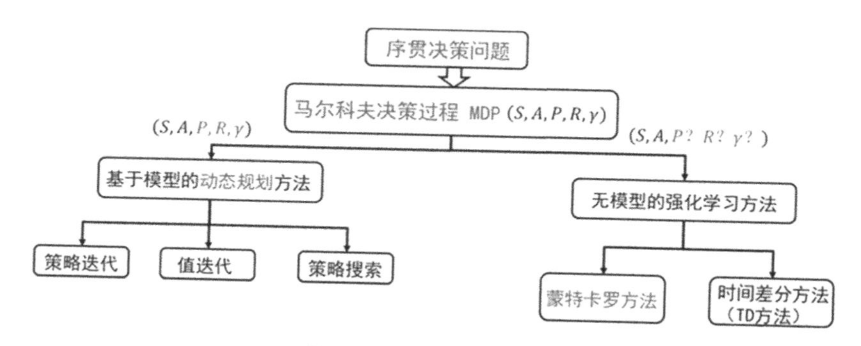

图 4.1　强化学习方法分类

学习蒙特卡罗方法之前，我们先梳理强化学习的研究思路。首先，强化学习问题可以纳入马尔科夫决策过程中，这方面的知识已在第2章阐述。在已知模型的情况下，可以利用动态规划的方法（动态规划的思想是无模型强化学习研究的根源，因此重点阐述）解决马尔科夫决策过程。第3章，阐述了两种动态规划的方法：策略迭代和值迭代。这两种方法可以用广义策略迭代方法统一：即先进行策略评估，也就是计算当前策略所对应的值函数，再利用值函数改进当前策略。无模型的强化学习基本思想也是如此，即：策略评估和策略改善。

在动态规划的方法中，值函数的计算方法如图4.2所示。

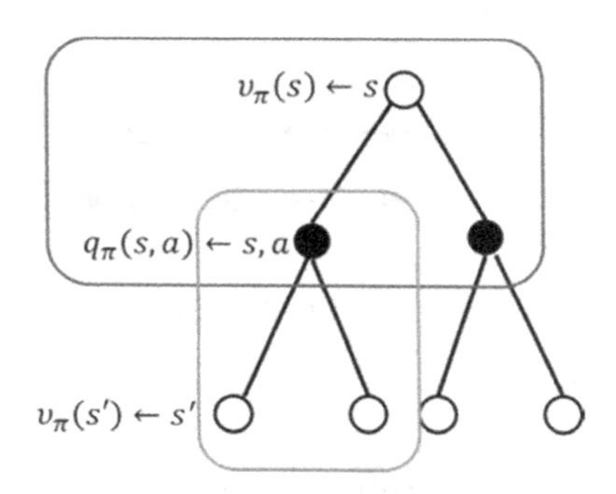

图4.2 值函数计算方法

$$v_\pi(s)=\sum_{a\in A}\pi(a|s)\left(R_s^a+\gamma\sum_{s'\in S}P_{ss'}^a v_\pi(s')\right) \tag{4.1}$$

动态规划方法计算状态s处的值函数时利用了模型$P_{ss'}^a$，而在无模型强化学习中，模型$P_{ss'}^a$是未知的。无模型的强化学习算法要想利用策略评估和策略改善的框架，必须采用其他的方法评估当前策略（计算值函数）。

我们回到值函数最原始的定义公式（参见第2章）：

$$v_\pi(s)=E_\pi[G_t|S_t=s]=E_\pi\left[\sum_{k=0}^{\infty}\gamma^k R_{t+k+1}|S_t=s\right] \tag{4.2}$$

$$q_\pi(s)=E_\pi\left[\sum_{k=0}^{\infty}\gamma^k R_{t+k+1}|S_t=s,A_t=a\right] \tag{4.3}$$

状态值函数和行为值函数的计算实际上是计算返回值的期望（参见图4.2），动态规划的方法是利用模型计算该期望。在没有模型时，我们可以采用蒙特卡罗的方法计算该期望，即利用随机样本估计期望。在计算值函数时，蒙特卡罗方法是利用经验平均代替随机变量的期望。此处，我们要理解两个词：经验和平均。

首先来看下什么是“经验”。

当要评估智能体的当前策略π时，我们可以利用策略π产生很多次试验，每次试验都是从任意的初始状态开始直到终止，比如一次试验（an episode）为$S_1,A_1,R_2,\cdots,S_T$，计算一次试验中状态s处的折扣回报返回值为$G_t(s)=R_{t+1}+\gamma R_{t+2}+\cdots+\gamma^{T-1}R_T$，

那么“经验”就是指利用该策略做很多次试验，产生很多幕数据（这里的一幕是一次试验的意思），如图 4.3 所示。

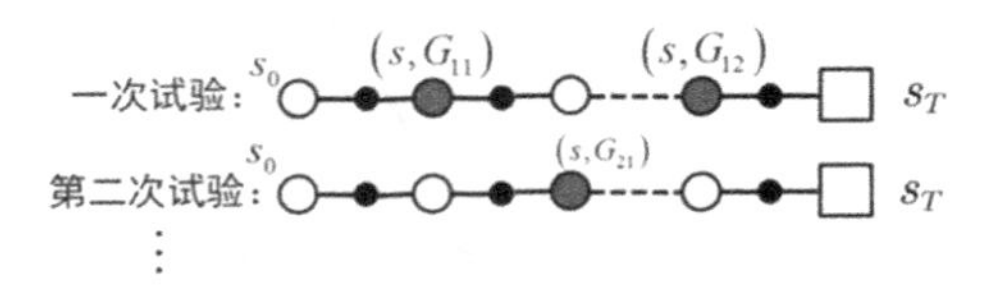

图 4.3　蒙特卡罗中的经验

再来看什么是“平均”。

这个概念很简单，平均就是求均值。不过，利用蒙特卡罗方法求状态s处的值函数时，又可以分为第一次访问蒙特卡罗方法和每次访问蒙特卡罗方法。

第一次访问蒙特卡罗方法是指在计算状态s处的值函数时，只利用每次试验中第一次访问到状态s时的返回值。如图 4.3 中第一次试验所示，计算状态s处的均值时只利用G_{11}，因此第一次访问蒙特卡罗方法的计算公式为

$$v(s)=\frac{G_{11}(s)+G_{21}(s)+\cdots}{N(s)}$$

每次访问蒙特卡罗方法是指在计算状态s处的值函数时，利用所有访问到状态s时的回报返回值，即$v(s)=\frac{G_{11}(s)+G_{12}(s)+\cdots+G_{21}(s)+\cdots}{N(s)}$，根据大数定律：$v(s)\to v_\pi(s)\text{ as }N(s)\to\infty$。

由于智能体与环境交互的模型是未知的，蒙特卡罗方法是利用经验平均来估计值函数，而能否得到正确的值函数，则取决于经验——因此，如何获得充足的经验是无模型强化学习的核心所在。

在动态规划方法中，为了保证值函数的收敛性，算法会逐个扫描状态空间中的状态。无模型的方法充分评估策略值函数的前提是每个状态都能被访问到，因此，在蒙

特卡洛方法中必须采用一定的方法保证每个状态都能被访问到，方法之一是探索性初始化。

探索性初始化是指每个状态都有一定的几率作为初始状态。在学习基于探索性初始化的蒙特卡罗方法前，我们还需要先了解策略改善方法，以及便于进行迭代计算的平均方法。下面我们分别介绍蒙特卡罗策略改善方法和可递增计算均值的方法。

（1）蒙特卡罗策略改善。

蒙特卡罗方法利用经验平均估计策略值函数。估计出值函数后，对于每个状态s，它通过最大化动作值函数来进行策略的改善。即$\pi(s)=\underset{a}{\arg\max}\ q(s,a)$

（2）递增计算均值的方法如（4.4）式所示。

$$\begin{aligned} v_k(s) &= \frac{1}{k}\sum_{j=1}^{k} G_j(s) \\ &= \frac{1}{k}\left(G_k(s)+\sum_{j=1}^{k-1} G_j(s)\right) \\ &= \frac{1}{k}\left(G_k(s)+(k-1)v_{k-1}(s)\right) \\ &= v_{k-1}(s)+\frac{1}{k}\left(G_k(s)-v_{k-1}(s)\right) \end{aligned} \tag{4.4}$$

如图4.4所示是探索性初始化蒙特卡罗方法的伪代码，需要注意的是：

第一，第2步中，每次试验的初始状态和动作都是随机的，以保证每个状态行为对都有机会作为初始状态。在评估状态行为值函数时，需要对每次试验中所有的状态行为对进行估计；

第二，第3步完成策略评估，第4步完成策略改善。

[1] 初始化所有：
$s \in S, a \in A(s), Q(s,a) \leftarrow arbitrary,$
$\pi(s) \leftarrow arbitrary, Returns(s,a) \leftarrow empty\ list$

[2] Repeat:
随机选择 $S_0 \in S, A_0 \in A(S_0)$ ，从 S_0, A_0 开始以策略 V 生成一个实验(episode)，对每对在这个实验中出现的状态和动作，s, a:

策略评估

[3] $G \leftarrow s,a$第一次出现后的回报
将G附加于回报Returns(s, a)上
$Q(s,a) \leftarrow average(Returns(s,a))$对回报取均值

[4] 对该实验中的每一个s:
$\pi(s) \leftarrow \arg\max_a Q(s,a)$ 策略改进

图 4.4 探索性初始化蒙特卡罗方法

我们再来讨论一下探索性初始化。

探索性初始化在迭代每一幕时，初始状态是随机分配的，这样可以保证迭代过程中每个状态行为对都能被选中。它蕴含着一个假设：假设所有的动作都被无限频繁选中。对于这个假设，有时很难成立，或无法完全保证。

我们会问，如何保证在初始状态不变的同时，又能保证每个状态行为对可以被访问到？

答：精心设计你的探索策略，以保证每个状态都能被访问到。

可是如何精心地设计探索策略？符合要求的探索策略应该是什么样的？

答：策略必须是温和的，即对所有的状态s和a满足：$\pi(a|s)>0$。也就是说，温和的探索策略是指在任意状态下，采用动作集中每个动作的概率都大于零。典型的温和策略是$\varepsilon-\mathrm{soft}$策略：

$$\pi(a|s) \leftarrow \begin{cases} 1-\varepsilon+\dfrac{\varepsilon}{|A(s)|} & if\ a=argmax_a Q(s,a) \\ \dfrac{\varepsilon}{|A(s)|} & if\ a\neq argmax_a Q(s,a) \end{cases} \tag{4.5}$$

根据探索策略（行动策略）和评估的策略是否为同一个策略，蒙特卡罗方法又分为 on-policy 和 off-policy 两种方法。

若行动策略和评估及改善的策略是同一个策略，我们称为 on-policy，可翻译为同策略。

若行动策略和评估及改善的策略是不同的策略，我们称为 off-policy，可翻译为异策略。

接下来我们重点理解这 on-policy 方法和 off-policy 方法。

（1）同策略。

同策略（on-policy）是指产生数据的策略与评估和要改善的策略是同一个策略。比如，要产生数据的策略和评估及要改善的策略都是$\varepsilon-$soft 策略。其伪代码如图 4.5 所示。

[1] 初始化所有：$s\in S, a\in A(s), Q(s,a)\leftarrow arbitrary$

$Returns(s,a)\leftarrow empty\ list$

$\pi(s)\leftarrow arbitrary\ \varepsilon\text{-}soft$策略,

Repeat:

[2] 从 S_0, A_0 开始以策略 π 生成一次实验(episode),

[3] 对每对在这个实验中出现的状态和动作，s, a:

$G\leftarrow s,a$第一次出现后的回报

将G附加于回报Returns(s, a)上

$Q(s,a)\leftarrow average(Returns(s,a))$对回报取均值

策略评估

[4] 对该实验中的每一个s:

策略改进

$$\pi(a|s)\leftarrow\begin{cases}1-\varepsilon+\dfrac{\varepsilon}{|A(s)|} & if\ a=\arg\max_a Q(s,a)\\ \dfrac{\varepsilon}{|A(s)|} & if\ a\neq\arg\max_a Q(s,a)\end{cases}$$

图 4.5　同策略蒙特卡罗强化学习方法

图 4.5 中产生数据的策略以及评估和要改善的策略都是$\varepsilon-$soft 策略。

（2）异策略。异策略（off-policy）是指产生数据的策略与评估和改善的策略不是同一个策略。我们用π表示用来评估和改善的策略，用μ表示产生样本数据的策略。

异策略可以保证充分的探索性。例如用来评估和改善的策略π是贪婪策略，用于产生数据的探索性策略μ为探索性策略，如$\varepsilon-$soft 策略。

用于异策略的目标策略π和行动策略μ并非任意选择的，而是必须满足一定的条件。这个条件是覆盖性条件，即行动策略μ产生的行为覆盖或包含目标策略π产生的行为。利用式子表示：满足$\pi(a|s)>0$的任何(s,a)均满足$\mu(a|s)>0$。

利用行为策略产生的数据评估目标策略需要利用重要性采样方法。下面，我们介绍重要性采样。

我们用图 4.6 描述重要性采样的原理。重要性采样来源于求期望，如图 4.6 所示：

$$E[f]=\int f(z)p(z)dz \tag{4.6}$$

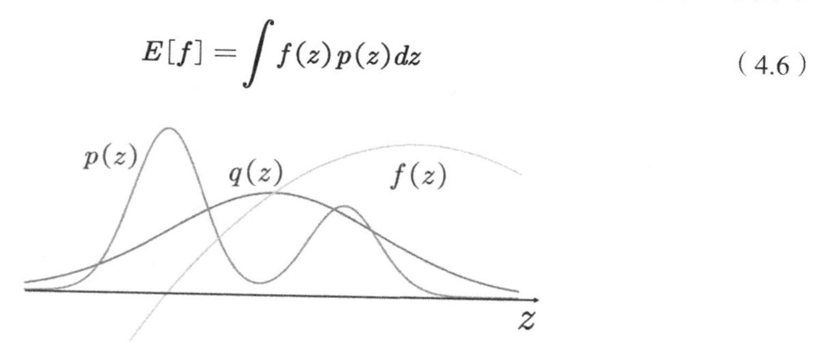

图 4.6　重要性采样

如图 4.6 所示，当随机变量 z 的分布非常复杂时，无法利用解析的方法产生用于逼近期望的样本，这时，我们可以选用一个概率分布很简单，很容易产生样本的概率分布$q(z)$，比如正态分布。原来的期望可变为

$$\begin{aligned}E[f]&=\int f(z)p(z)dz\\&=\int f(z)\frac{p(z)}{q(z)}q(z)dz\\&\approx\frac{1}{N}\sum_n\frac{p(z^n)}{q(z^n)}f(z^n),z^n\sim q(z)\end{aligned} \tag{4.7}$$

定义重要性权重：$\omega^n=p(z^n)/q(z^n)$ ，普通的重要性采样求积分如方程（4.7）所示为

$$E[f]=\frac{1}{N}\sum_n\omega^n f(z^n) \tag{4.8}$$

由式（4.7）可知，基于重要性采样的积分估计为无偏估计，即估计的期望值等于真实的期望。但是，基于重要性采样的积分估计的方差无穷大。这是因为原来的被积函数乘了一个重要性权重，改变了被积函数的形状及分布。尽管被积函数的均值没有发生变化，但方差明显发生改变。

在重要性采样中，使用的采样概率分布与原概率分布越接近，方差越小。然而，被积函数的概率分布往往很难求得、或很奇怪，因此没有与之相似的简单采样概率分布，如果使用分布差别很大的采样概率对原概率分布进行采样，方差会趋近于无穷大。一种减小重要性采样积分方差的方法是采用加权重要性采样：

$$E[f] \approx \sum_{n=1}^{N} \frac{\omega^n}{\Sigma_{m=1}^{N}\omega^m} f(z^n) \tag{4.9}$$

在异策略方法中，行动策略μ即用来产生样本的策略，所产生的轨迹概率分布相当于重要性采样中的$q[z]$，用来评估和改进的策略π所对应的轨迹概率分布为$p[z]$，因此利用行动策略μ所产生的累积函数返回值来评估策略π时，需要在累积函数返回值前面乘以重要性权重。

在目标策略π下，一次试验的概率为

$$Pr(A_t,S_{t+1},\cdots,S_T) = \prod_{k=t}^{T-1} \pi(A_k|S_k)p(S_{k+1}|S_k,A_k)$$

在行动策略μ下，相应的试验的概率为

$$Pr(A_t,S_{t+1},\cdots,S_T) = \prod_{k=t}^{T-1} \mu(A_k|S_k)p(S_{k+1}|S_k,A_k)$$

因此重要性权重为

$$\rho_t^T = \frac{\prod_{k=t}^{T-1} \pi(A_k|S_k)p(S_{k+1}|S_k,A_k)}{\prod_{k=t}^{T-1} \mu(A_k|S_k)p(S_{k+1}|S_k,A_k)} = \prod_{k=t}^{T-1} \frac{\pi(A_k|S_k)}{\mu(A_k|S_k)} \tag{4.10}$$

普通重要性采样的值函数估计如图 4.7 所示：

$$V(s) = \frac{\Sigma_{t\in\mathcal{T}(s)}\rho_t^{T(t)}G_t}{|\mathcal{T}(s)|} \tag{4.11}$$

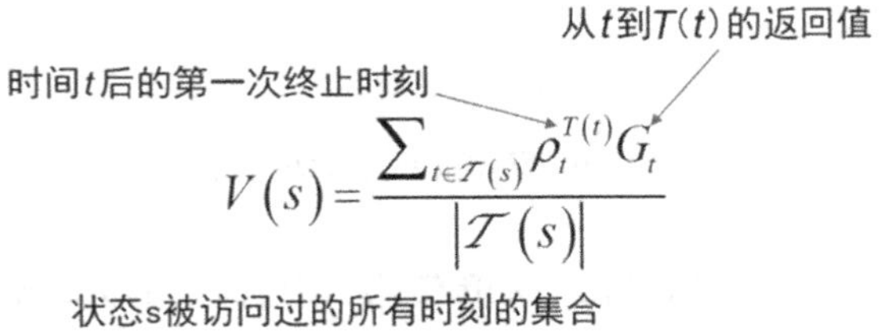

从t到$T(t)$的返回值

时间t后的第一次终止时刻

$$V(s) = \frac{\sum_{t\in\mathcal{T}(s)}\rho_t^{T(t)}G_t}{|\mathcal{T}(s)|}$$

状态s被访问过的所有时刻的集合

图 4.7　普通重要性采样计算公式

现在举例说明公式（4.11）中各个符号的具体含义。

如图 4.8 所示，t是状态s访问的时刻，$T(t)$是访问状态s相对应的试验的终止状

态所对应的时刻。$\mathcal{T}(s)$ 是状态 s 发生的所有时刻集合。在该例中，$T(4)=7$，$T(15)=19$，$\mathcal{T}(s)=\{4,15\}$。

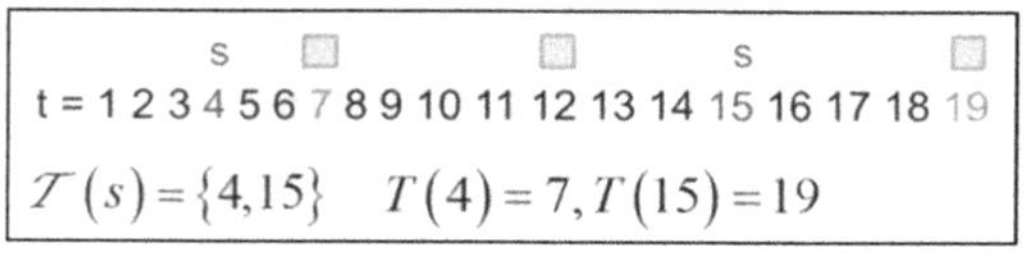

s　□　□　s　□
t = 1 2 3 4 5 6 7 8 9 10 11 12 13 14 15 16 17 18 19
$\mathcal{T}(s)=\{4,15\}$　$T(4)=7, T(15)=19$

图 4.8　重要性采样公式举例解释

加权重要性采样值函数估计为

$$V(s)=\frac{\Sigma_{t\in\mathcal{T}(s)}\rho_t^{T(t)}G_t}{\Sigma_{t\in\mathcal{T}(s)}\rho_t^{T(t)}} \tag{4.12}$$

最后，我们给出异策略每次访问蒙特卡罗算法的伪代码，如图 4.9 所示。

[1] 初始化，对于所有的

$s\in S, a\in A(s)$:

$Q(s,a)\leftarrow$ 任意

$C(s,a)\leftarrow 0$

$\pi(s)\leftarrow$ 相对于Q的贪婪策略

[2] Repeat forever:

利用软策略 μ 产生一次实验：

$S_0, A_0, R_1, \cdots, S_{T-1}, A_{T-1}, R_T, S_T$

$G\leftarrow 0$

$W\leftarrow 1$

[3] For $t=T-1, T-2, \cdots$ downto 0:

$G\leftarrow \gamma G+R_{t+1}$

$C(S_t,A_t)\leftarrow C(S_t,A_t)+W$　策略评估

$Q(S_t,A_t)\leftarrow Q(S_t,A_t)+\frac{W}{C(S_t,A_t)}\left[G-Q(S_t,A_t)\right]$

$\pi(S_t)\leftarrow \arg\max_a Q(S_t,a)$　策略改善

如果 $A_t\neq\pi(S_t)$ 则退出for循环

$W\leftarrow W\frac{1}{\mu(A_t|S_t)}$

图 4.9　蒙特卡罗方法伪代码

注意：此处的软策略 μ 为 $\varepsilon-$soft 策略，需要改善的策略 π 为贪婪策略。

总结一下：本节重点讲解了如何利用 MC 的方法估计值函数。与基于动态规划的方法相比，基于 MC 的方法只是在值函数估计上有所不同，在整个框架上则是相同的，即评估当前策略，再利用学到的值函数进行策略改善。本节需要重点理解 on-policy 和

off-policy 的概念，并学会利用重要性采样来评估目标策略的值函数。

4.2 统计学基础知识

为什么要讲统计学?

我们先看一下统计学的定义。统计学是关于数据的科学，它提供的是一套有关数据收集、处理、分析、解释并从数据中得出结论的方法。

联系我们关于强化学习算法的概念：强化学习是智能体通过与环境交互产生数据，并把从中学到的知识内化为自身行为的过程。学习的过程其实就是数据的处理和加工过程。尤其是值函数的估计，更是利用数据估计真实值的过程 ，涉及样本均值，方差，有偏估计等，这些都是统计学的术语。下面做些简单介绍。

总体：包含所研究的全部数据的集合。

样本：从总体中抽取的一部分元素的集合。在 episode 强化学习中，一个样本是指一幕数据。

统计量：用来描述样本特征的概括性数字度量。如样本均值，样本方差，样本标准差等。在强化学习中，我们用样本均值衡量状态值函数。

样本均值：

设$X_1,X_2,\cdots,X_n$为样本容量为 n 的随机样本，它们是独立同分布的随机变量，则样本均值为

$\bar{X}=\dfrac{X_1+X_2+\cdots+X_n}{n}$，样本均值也是随机变量。

样本方差：

设$X_1,X_2,\cdots,X_n$为样本容量为 n 的随机样本，它们是独立同分布的随机变量，则样本方差为

$$\hat{S}^2=\frac{\left(X_1-\bar{X}\right)^2+\left(X_2-\bar{X}\right)^2+\cdots+\left(X_n-\bar{X}\right)^2}{n}$$

无偏估计：

若样本的统计量等于总体的统计量，则称该样本的统计量所对应的值为无偏估计。

如总体的均值和方差分别为μ和σ^2时，若$E\left(\bar{X}\right)=\mu$，$E\left(\hat{S}^2\right)=\sigma^2$，则$\bar{X}$和$\hat{S}^2$称为无偏估计。

蒙特卡罗积分与随机采样方法[3]：

蒙特卡罗方法常用来计算函数的积分，如计算下式积分。

$$\int_a^b f(x)dx \tag{4.13}$$

如果$f(x)$的函数形式非常复杂，则（4.13）式无法应用解析的形式计算。这时，我们只能利用数值的方法计算。利用数值的方法计算（4.13）式的积分需要取很多样本点，计算$f(x)$在这些样本点处的值，并对这些值求平均。那么问题来了：如何取这些样本点？如何对样本点处的函数值求平均呢？

针对这两个问题，我们可以将（4.13）式等价变换为

$$\int_a^b \frac{f(x)}{\pi(x)}\pi(x)dx \tag{4.14}$$

其中$\pi(x)$为已知的分布。将（4.13）式变换为等价的（4.14）式后，我们就可以回答上面的两个问题了。

问题一：如何取样本点？

答：因为$\pi(x)$是一个分布，所以可根据该分布进行随机采样，得到采样点x_i。

问题二：如何求平均？

答：根据分布$\pi(x)$采样x_i后，在样本点处计算$\frac{f(x_i)}{\pi(x_i)}$，并对所有样本点处的值求均值：

$$\frac{1}{n}\sum_i \frac{f(x_i)}{\pi(x_i)} \tag{4.15}$$

以上就是利用蒙特卡罗方法计算积分的原理。

我们再来看看期望的计算。设 X 表示随机变量，且服从概率分布$\pi(x)$，计算函数$g(x)$的期望。

函数$g(x)$的期望计算公式为

$$\int g(x)\pi(x)dx \text{。}$$

利用蒙特卡罗的方法计算该式很简单，即不断地从分布$\pi(x)$中采样x_i，然后对这些$g(x_i)$取平均便可近似$g(x)$的期望。这也是4.1节中估计值函数的方法。只不过那里的一个样本是一个episode，每个episode 产生一个状态值函数，蒙特卡罗的方法估计状态值函数就是把这些样本点处的状态值函数加起来求平均，也就是经验平均。

然而，当目标分布$\pi(x)$非常复杂或未知时，我们无法得到目标分布的采样点，无法得到采样点就无法计算（4.15）式，也就无法计算平均值。这时，我们需要利用统计学中的各种采样技术。

常用的采样方法有两类。第一类是指定一个已知的概率分布$p(x)$用于采样，指定的采样概率分布称为提议分布。这类采样方法包括拒绝采样和重要性采样。此类方法只适用于低维情况，针对高维情况常采用第二类采样方法，即马尔科夫链蒙特卡罗的方法。该方法的基本原理是从平稳分布为π的马尔科夫链中产生非独立样本。下面我们简单介绍这些方法。

（1）拒绝采样。

当目标分布$\pi(x)$非常复杂或未知时，无法利用目标分布给出采样点，那么怎么办呢？一种方法是采用一个易于采样的提议分布$p(x)$，如高斯分布进行采样。可是，如果用提议分布$p(x)$采样，那么所产生的样本服从提议分布$p(x)$而不服从目标分布$\pi(x)$。所以，为了得到符合目标分布$\pi(x)$的样本，需要加工由提议分布$p(x)$得到的样本。接收符合目标分布的样本，拒绝不符合目标分布的样本。

（2）重要性采样。

重要性采样我们已经在4.1节做了比较详细的介绍。

（3）MCMC 方法。

MCMC 方法被视为二十世纪 Top 10 的算法。MCMC 方法全称为马尔科夫链蒙特卡罗方法。当采样空间的维数比较高时，拒绝采样和重要性采样都不实用。MCMC采样的方法原理与拒绝采样、重要性采样的原理有本质的区别。拒绝采样和重要性采样利用提议分布产生样本点，当维数很高时难以找到合适的提议分布，采样效率差。MCMC 的方法则不需要提议分布，只需要一个随机样本点，下一个样本会由当前的随机样本点产生，如此循环源源不断地产生很多样本点。最终，这些样本点服从目标分布。

如何通过当前样本点产生下一个样本点，并保证如此产生的样本服从原目标分布呢?

它背后的定理是：目标分布为马氏链平稳分布。那么，何为马氏链平稳分布?

简单说就是该目标分布存在一个转移概率矩阵P，且该转移概率满足：

$\pi(j)=\sum_{i=0}^{\infty}\pi(i)P_{ij}$；$\pi$是方程$\pi P=\pi$的唯一非负解。

当转移矩阵P满足上述条件时，从任意初始分布π_0出发，经过一段时间迭代，分布π_t都会收敛到目标分布π。因此，假设我们已经知道了满足条件的状态转移概率矩阵P，那么我们只要给出任意一个初始状态x_0，则可以得到一个转移序列$x_0,x_1,\cdots,x_n,x_{n+1},\cdots$。如果该马氏链在第$n$步已经收敛到目标分布$\pi$，那么我们就得到了服从目标分布$\pi$的样本$x_n,x_{n+1},\cdots$。

现在问题转化为寻找与目标分布相对应的转移概率P，那么如何构造转移概率呢?

转移概率P和分布$\pi(x)$应该满足细致平稳条件。所谓细致平稳条件，即

$$\pi(i)P_{ij}=\pi(j)P_{ji}\quad for\ all\ i,j$$

接下来，如何利用细致平衡条件构造转移概率呢?

我们可以这样考虑：加入已有的一个转移矩阵为Q的马氏链，这样任意选的转移矩阵通常情况下并不满足细致平衡条件，也就是

$$p(i)q(i,j)\neq p(j)q(j,i)$$

既然不满足，我们就可以改造$q(i,j)$，使之满足。改造的方法是加入一项$\alpha(i,j)$使得

$$p(i)q(i,j)\alpha(i,j)=p(j)q(j,i)\alpha(j,i)$$

问题是如何取$\alpha(i,j)$呢？一个简单的想法是利用式子的对称性，即

$$\alpha(i,j)=p(j)q(j,i),\ \alpha(j,i)=p(i)q(i,j)$$

其中$\alpha(i,j)$被称为接受率。

MCMC 采样算法可总结为以下步骤。

① 初始化马氏链初始状态$X_0 = x_0$；

② 对$t = 0,1,2,\cdots$，循环以下第③~⑥步，不断采样；

③ 第 t 时刻的马氏链状态为$X_t = x_t$，采样$y \sim q(x|x_t)$；

④ 从均匀分布中采样$u \sim Uniform[0,1]$；

⑤ 如果$u < \alpha(x_t,y) = p(y)q(x_t|y)$，则接受转移$x_t \to y$，即下一时刻的状态$X_{t+1} = y$；

⑥ 否则不接受转移，即$X_{t+1} = x_t$。

为了提高接受率，使得样本多样化，MCMC 的第 5 行接受率通常可改写为$\alpha(x_t,y) = \min\left\{\frac{p(y)q(x_t|y)}{p(x_t)p(y|x_t)},1\right\}$，采样这种接受率的算法称为 Metropolis-Hastings 算法。

4.3 基于 Python 的编程实例

在这一节中，我们用 Python 和蒙特卡罗方法解决机器人找金币的问题。

蒙特卡罗方法解决的是无模型的强化学习问题，基本思想是利用经验平均代替随机变量的期望。因此，利用蒙特卡罗方法评估策略应该包括两个过程：模拟和平均。

模拟就是产生采样数据，平均则是根据数据得到值函数。下面我们以利用蒙特卡罗方法估计随机策略的值函数为例做详细说明。

1. 随机策略的样本产生：模拟

图 4.10 为蒙特卡罗方法的采样过程。该采样函数包括两个大循环，第一个大循环表示采样多个样本序列，第二个循环表示产生具体的每个样本序列。需要注意的是，每个样本序列的初始状态都是随机的。因为评估的是随机均匀分布的策略，所以在采样的时候，动作都是根据随机函数产生的。每个样本序列包括状态序列，动作序列和回报序列。

蒙特卡罗样本采集

```
def gen_randompi_sample(self, num):
    state_sample  = []
    action_sample = []
    reward_sample = []
    for i in range(num):
            s_tmp = []                                        随机初始化每回合的初始状态
            a_tmp = []
            r_tmp = []
            s = self.states[int(random.random() * len(self.states))]
            t = False
            while False == t:  <----------- 产生一个状态序列，如s1 → s2 → s3 → s7模拟
                a = self.actions[int(random.random() * len(self.actions))]
                t, s1, r  = self.transform(s,a)
                s_tmp.append(s)
                r_tmp.append(r)
                a_tmp.append(a)
                s = s1
            state_sample.append(s_tmp) <----------- 样本包含多个个状态序列
            reward_sample.append(r_tmp)
            action_sample.append(a_tmp)
    return state_sample, action_sample, reward_sample
```

图 4.10 蒙特卡罗样本采集

图 4.11 为蒙特卡罗方法进行策略评估的 Python 代码实现。该函数需要说明的地方有三处。

第一处：对于每个模拟序列逆向计算该序列的初始状态处的累积回报，也就是说从序列的最后一个状态开始往前依次计算，最终得到初始状态处的累积回报为G，计算公式为$G_t = R_{t+1} + \gamma G_{t+1}$

第二处：正向计算每个状态所对应的累积函数，计算公式为$G_{t+1} = (G_t - R_{t+1})/\gamma$。

第三处：求均值，即累积和对该状态出现的次数求均值。相应于第 1 节中的每次访问蒙特卡罗方法。

图（4.10）和图（4.11）中的 Python 代码合起来组成了基于蒙特卡罗方法的评估方法。下面，我们实现基于蒙特卡罗的强化学习算法。

如图 4.12 和图 4.13 所示为蒙特卡罗方法的伪代码，其中关键代码在图 4.13 中实现。比较图 4.13 和蒙特卡罗策略评估图 4.11，我们不难发现，蒙特卡罗强化学习每次迭代评估的都是ε－greedy 策略。

蒙特卡罗评估

```
def mc(gamma, state_sample, action_sample, reward_sample):
    vfunc = dict()
    nfunc = dict()
    for s in states:
        vfunc[s] = 0.0
        nfunc[s] = 0.0
    for iter1 in range(len(state_sample)):
        G = 0.0
        for step in range(len(state_sample[iter1])-1,-1,-1):
            G *= gamma
            G += reward_sample[iter1][step]
        for step in range(len(state_sample[iter1])):
            s         = state_sample[iter1][step]
            vfunc[s] += G
            nfunc[s] += 1.0
            G        -= reward_sample[iter1][step]
            G        /= gamma
    for s in states:
        if nfunc[s] > 0.000001:
            vfunc[s] /= nfunc[s]
    print ('mc')
    print (vfunc)
    return (vfunc)
```

第一处：→ 逆向计算初始状态的累积回报 $s_1 \rightarrow s_2 \rightarrow s_3 \rightarrow s_7$

第二处：→ 正向计算每个状态处的累积回报

第三处：→ 每个状态处求经验平均

图 4.11 蒙特卡罗策略评估

如图 4.12 和图 4.13 所示是蒙特卡罗强化学习算法的 Python 实现。

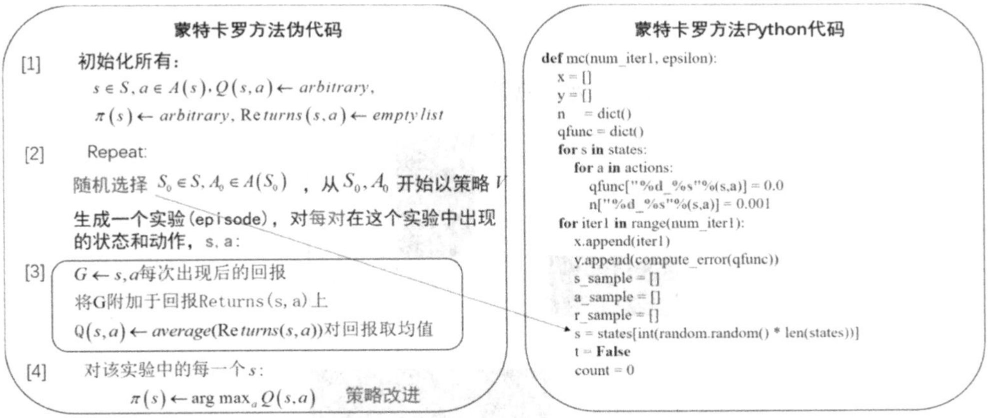

蒙特卡罗方法伪代码

[1] 初始化所有：
$s \in S, a \in A(s), Q(s,a) \leftarrow arbitrary,$
$\pi(s) \leftarrow arbitrary, Returns(s,a) \leftarrow empty\ list$

[2] Repeat:
随机选择 $S_0 \in S, A_0 \in A(S_0)$ ，从 S_0, A_0 开始以策略 π
生成一个实验(episode)，对每对在这个实验中出现的状态和动作，s, a:

[3] $G \leftarrow s,a$每次出现后的回报
将G附加于回报Returns(s, a)上
$Q(s,a) \leftarrow average(Returns(s,a))$对回报取均值

[4] 对该实验中的每一个s:
$\pi(s) \leftarrow \arg\max_a Q(s,a)$ 策略改进

蒙特卡罗方法Python代码

```
def mc(num_iter1, epsilon):
    x = []
    y = []
    n    = dict()
    qfunc = dict()
    for s in states:
        for a in actions:
            qfunc["%d_%s"%(s,a)] = 0.0
            n["%d_%s"%(s,a)] = 0.001
    for iter1 in range(num_iter1):
        x.append(iter1)
        y.append(compute_error(qfunc))
        s_sample = []
        a_sample = []
        r_sample = []
        s = states[int(random.random() * len(states))]
        t = False
        count = 0
```

图 4.12 蒙特卡罗方法伪代码及 Python 代码

蒙特卡罗方法伪代码

[1] 初始化所有：

$s \in S, a \in A(s), Q(s,a) \leftarrow arbitrary,$

$\pi(s) \leftarrow arbitrary, Returns(s,a) \leftarrow empty\ list$

[2] Repeat:

随机选择 $S_0 \in S, A_0 \in A(S_0)$ ，从 S_0, A_0 开始以策略 π

生成一个实验(episode)，对每对在这个实验中出现的状态和动作，s, a:

[3] $G \leftarrow s,a$ 每次出现后的回报

将G附加于回报Returns(s, a)上

$Q(s,a) \leftarrow average(Returns(s,a))$ 对回报取均值

[4] 对该实验中的每一个 s:

$\pi(s) \leftarrow \arg\max_a Q(s,a)$ 策略改进

蒙特卡罗方法Python代码续

```
while False == t and count < 100:
        a = epsilon_greedy(qfunc, s, epsilon)
        t, s1, r  = grid.transform(s,a)
        s_sample.append(s)
        r_sample.append(r)
        a_sample.append(a)
        s = s1
        count += 1
    g = 0.0
    for i in range(len(s_sample)-1, -1, -1):
        g *= gamma
        g += r_sample[i]
    for i in range(len(s_sample)):
        key = "%d_%s"%(s_sample[i], a_sample[i])
        n[key]     += 1.0
        qfunc[key]  = (qfunc[key] * (n[key]-1) + g) / n[key]
        g -= r_sample[i]
        g /= gamma
return qfunc
```

图 4.13 蒙特卡罗方法伪代码及 Python 代码

4.4 习题

1. 蒙特卡罗方法可以解决哪些强化学习问题。

2. 什么是同策略（on-policy），什么是异策略（off-pilicy），两者的优缺点各是什么。

3. 利用蒙特卡罗方法求解下列迷宫问题：

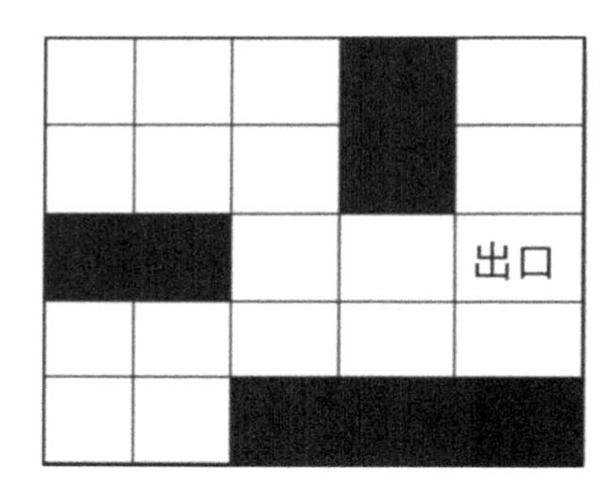

4. 手动编写正态分布的随机样本生成方法。

5 基于时间差分的强化学习方法

5.1 基于时间差分强化学习算法理论讲解

第 4 章我们已经阐述了无模型强化学习最基本的方法蒙特卡罗方法。本章我们阐述另外一个无模型的方法：时间差分方法。

时间差分（Temporal-Difference，简称 TD）方法（如图 5.1 所示）是另一种无模型强化学习方法，也是强化学习理论中最核心的内容。与动态规划的方法和蒙特卡罗的方法相比，时间差分方法的主要不同在于值函数的估计。

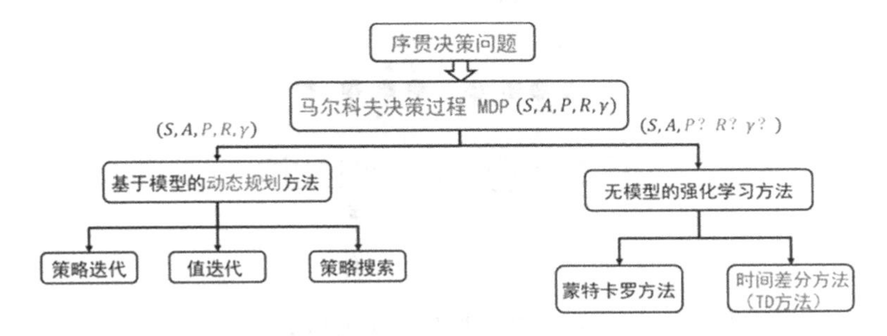

图 5.1　强化学习方法分类

如图 5.2 所示为用动态规划的方法计算值函数。

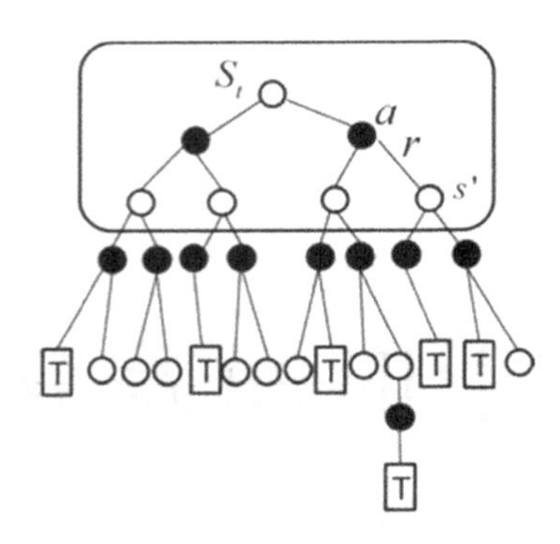

图 5.2　用动态规划方法计算值函数

下面的式（5.1）是值函数估计的计算公式，从中可以看到，用动态规划方法（DP）计算值函数时用到了当前状态 s 的所有后继状态 s'处的值函数。值函数的计算用到了 bootstrapping 的方法。所谓 bootstrpping 本意是指自举，此处是指当前值函数的计算用到了后继状态的值函数。即用后继状态的值函数估计当前值函数。要特别注意的是，此处后继的状态是由模型公式$p(s',r|S_t,a)$ 计算得到的。由模型公式和动作集，可以计算状态 s 所有的后继状态 s'。当没有模型时，后继状态无法全部得到，只能通过试验和采样的方法每次试验得到一个后继状态 s'。

$$V(S_t) \leftarrow E_\pi[R_{t+1} + \gamma V(S_{t+1})] = \sum_a \pi(a|S_t) \sum_{s',r} p(s',r|S_t,a)[r + \gamma V(s')] \tag{5.1}$$

无模型时，我们可以采用蒙特卡罗的方法利用经验平均来估计当前状态的值函数，用它计算值函数的过程如图 5.3 所示。

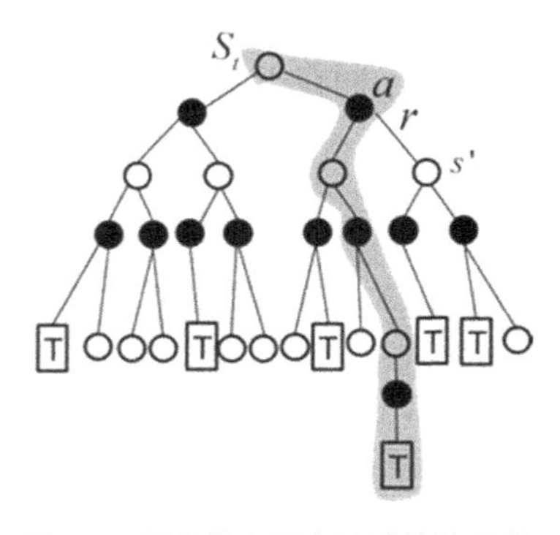

图 5.3　用蒙特卡罗方法计算值函数

蒙特卡罗方法利用经验平均估计状态的值函数。此处的经验是指一次试验，而一次试验要等到终止状态出现才结束（参见图 5.3）。公式（5.2）中的G_t是状态S_t处的折扣累积回报值。

$$V(S_t) \leftarrow V(S_t) + \alpha(G_t - V(S_t)) \tag{5.2}$$

相比于动态规划的方法，蒙特卡罗的方法需要等到每次试验结束，所以学习速度慢，学习效率不高。通过对两者的比较，我们很自然地会想到：能不能借鉴动态规划中 bootstrapping 的方法，在试验未结束时就估计当前的值函数呢?

答案是肯定的，这是时间差分方法的精髓。时间差分方法结合了蒙特卡罗的采样方法（即做试验）和动态规划方法的 bootstrapping（利用后继状态的值函数估计当前值函数），它的计算过程如图 5.4 所示。

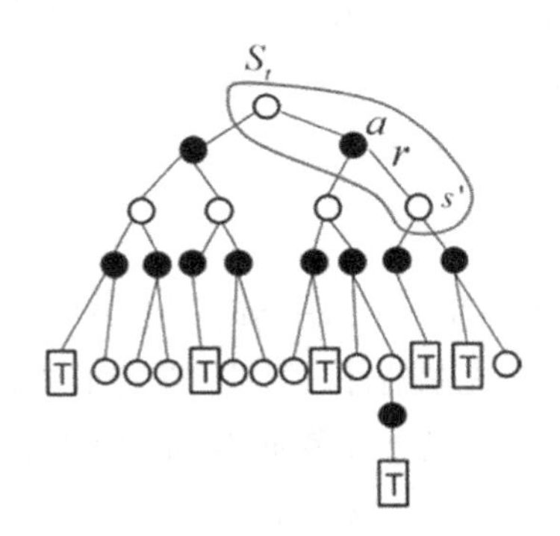

图 5.4　用时间差分方法计算值函数

用时间差分方法（TD）将值函数的公式更新为

$$V(S_t) \leftarrow V(S_t) + \alpha(R_{t+1} + \gamma V(S_{t+1}) - V(S_t)) \tag{5.3}$$

其中$R_{t+1} + \gamma V(S_{t+1})$称为 TD 目标，与（5.2）中的$G_t$相对应，两者不同之处是 TD 目标利用了 bootstrapping 方法估计当前值函数。$\delta_t = R_{t+1} + \gamma V(S_{t+1}) - V(S_t)$称为 TD 偏差。

下面我们从原始公式出发，了解动态规划（DP）、蒙特卡罗方法（MC）和时间差分方法（TD）的不同之处。

图 5.5 是用三种方法估计值函数的异同点。从中可以看到，蒙特卡罗的方法使用的是值函数最原始的定义，该方法利用所有回报的累积和估计值函数；动态规划方法和时间差分方法则利用一步预测方法计算当前状态值函数，它俩的共同点是利用了 bootstrapping 方法；不同的是，动态规划方法利用模型计算后继状态，时间差分方法

利用试验得到后继状态。

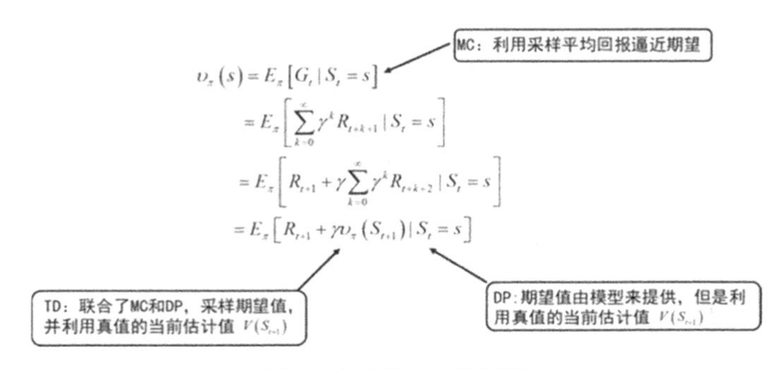

图 5.5　三种方法的异同

从统计学的角来看，蒙特卡罗方法（MC）和时间差分方法（TD）都是利用样本估计值函数的方法，哪种更好呢？既然都是统计方法，我们就可以从期望和方差两个指标对比两种方法。

首先我们先看看蒙特卡罗方法。

蒙特卡罗方法中的返回值$G_t=R_{t+1}+\gamma R_{t+2}+\cdots+\gamma^{T-1}R_T$，其期望便是值函数的定义，因此蒙特卡罗方法是无偏估计。但是，蒙特卡罗方法每次得到的G_t值要等到最终状态出现，在这个过程中会经历很多随机的状态和动作，每次得到的G_t随机性很大，因此尽管期望等于真值，但方差无穷大。

我们再来看下时间差分方法。

时间差分方法的 TD 目标为$R_{t+1}+\gamma V(S_{t+1})$，若$V(S_{t+1})$采用真实值，则 TD 估计也是无偏估计，然而在试验中$V(S_{t+1})$用的也是估计值，因此时间差分估计方法属于有偏估计。与蒙特卡罗方法相比，时间差分方法只用到了一步随机状态和动作，因此 TD 目标的随机性比蒙特卡罗方法中的G_t要小，相应的方差也比蒙特卡罗方法中的方差小。

时间差分方法包括同策略的 Sarsa 方法和异策略的 Qlearning 方法。如图 5.6 所示为同策略 Sarsa 强化学习算法，需要注意的是方框中代码表示同策略中的行动策略和评估的策略都是$\varepsilon-$greedy 策略。与蒙特卡罗方法不同的是，它的值函数更新不同。

1. 初始化 $Q(s,a), \forall s \in S, a \in A(s)$,给定参数$\alpha$，$\gamma$

2. Repeat:

给定起始状态 s，并根据ε贪婪策略在状态 s 选择动作 a　　行动策略和评估策略都是ε贪婪策略

Repeat（对于一幕的每一步）

(a) 根据 ε 贪婪策略在状态 s 选择动作 a，得到回报 r 和下一个状态s'，在状态 s' 根据 ε 贪婪策略得到动作a'

(b) $Q(s,a) \leftarrow Q(s,a) + \alpha\left[r + \gamma Q(s',a') - Q(s,a)\right]$

(c) s=s'，a=a'

Until s 是终止状态

Until 所有的$Q(s,a)$收敛

3. 输出最终策略：$\pi(s) = \underset{a}{\operatorname{argmax}}\, Q(s,a)$

图 5.6　同策略 Sarsa 强化学习算法

如图 5.7 所示为异策略的 Qlearning 方法。与 Sarsa 方法的不同之处在于，Qlearning 方法是异策略的方法。即行动策略采用$\varepsilon-$greedy 策略，而目标策略为贪婪策略。

1. 初始化 $Q(s,a), \forall s \in S, a \in A(s)$,给定参数$\alpha$，$\gamma$

2. Repeat:

给定起始状态 s，并根据ε贪婪策略在状态 s 选择动作 a

Repeat（对于一幕的每一步）　　行动策略为 s_t 贪婪策略

(a) 根据 ε 贪婪策略在状态 s_t 选择动作 a_t，得到回报 r_t和下一个状态s_{t+1}

(b) $Q(s_t,a_t) \leftarrow Q(s_t,a_t) + \alpha\left[r_t + \gamma \max_a Q(s_{t+1},a) - Q(s_t,a_t)\right]$　　目标策略为贪婪策略

(c) s=s'，a=a'

Until s 是终止状态

Until 所有的 $Q(s,a)$ 收敛

3. 输出最终策略：$\pi(s) = \underset{a}{\operatorname{argmax}}\, Q(s,a)$

图 5.7　异策略 Qlearning

TD 方法除了常用的 Sarsa 方法和 Qlearning 方法，还包括$TD(\lambda)$方法，下面我们详细阐述$TD(\lambda)$方法的来龙去脉。

从图 5.4 我们看到，在更新当前值函数时，用到了下一个状态的值函数。我们可以据此推理，能否利用后继第二个状态的值函数来更新当前状态的值函数呢？

答案是肯定的，那么如何利用公式计算呢？

我们用$G_t^{(1)} = R_{t+1} + \gamma V(S_{t+1})$ 表示 TD 目标，利用第二步值函数来估计当前值函数可表示为$G_t^{(2)} = R_{t+1} + \gamma R_{t+2} + \gamma^2 V(S_{t+1})$ 。

以此类推，利用第 n 步的值函数更新当前值函数可表示为

$$G_t^{(n)}=R_{t+1}+\gamma R_{t+2}+\cdots+\gamma^{n-1}R_{t+n}+\gamma^n V(S_{t+n})\quad。$$

如图 5.8 所示为利用 n 步值函数估计当前值函数的示意图。我们再审视一下刚才的结论：可以利用 n 步值函数来估计当前值函数，也就是说当前值函数有 n 种估计方法。

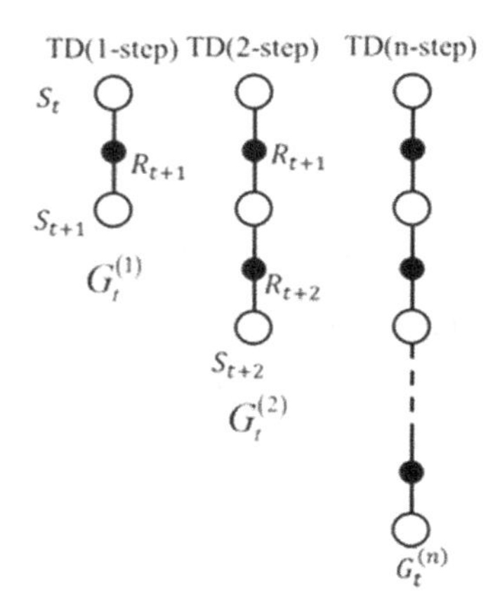

图 5.8　n 步预测估计值函数

哪种估计值更接近真实值呢?

我们并不知道,但是可否利用加权的方法融合这 n 个估计值？即$TD(\lambda)$的方法[4]。

在$G_t^{(n)}$前乘以加权因子$(1-\lambda)\lambda^{n-1}$ ，之所以要乘以加权，原因在于

$$\begin{aligned}G_t^\lambda&=(1-\lambda)G_t^{(1)}+(1-\lambda)\lambda G_t^{(2)}+\cdots+(1-\lambda)\lambda^{n-1}G_t^{(n)}\\&\approx[(1-\lambda)+(1-\lambda)\lambda+\cdots+(1-\lambda)\lambda^{n-1}]V(S_t)\\&=V(S_t)\end{aligned}\tag{5.4}$$

利用G_t^λ更新当前状态的值函数的方法称为$TD(\lambda)$的方法。一般可以从两个视角理解$TD(\lambda)$。

如图 5.9 所示为$TD(\lambda)$方法的前向视角解释。假设一个人坐在状态流上拿着望远镜看前方，前方是将来的状态。估计当前状态的值函数时，从$TD(\lambda)$的定义中可以看到，它需要用将来时刻的值函数。也就是说，$TD(\lambda)$前向观点通过观看将来状态的值函数来估计当前的值函数。

第一个视角是前向视角，该视角也是G_t^λ的定义。

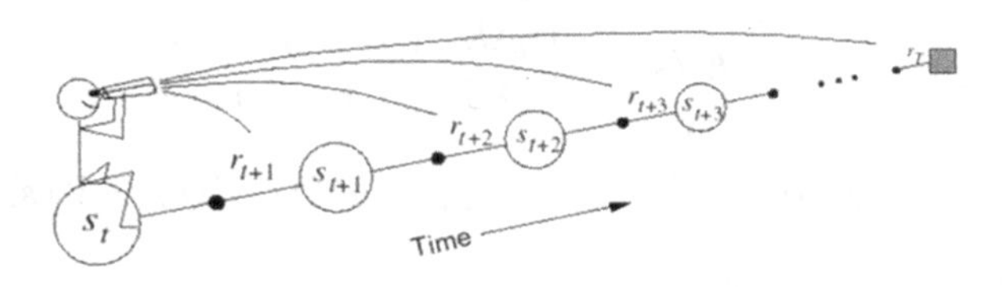

图 5.9 $TD(\lambda)$的前向视角

$$V(S_t) \leftarrow V(S_t) + \alpha(G_t^{(\lambda)} - V(S_t)) \tag{5.4}$$

其中$G_t^\lambda = (1-\lambda)\sum_{n=1}^{\infty}\lambda^{n-1}G_t^{(n)}$，而

$$G_t^{(n)} = R_{t+1} + \gamma R_{t+2} + \cdots + \gamma^{n-1}R_{t+n} + \gamma^n V(S_{t+n})$$

利用$TD(\lambda)$的前向观点估计值函数时，G_t^λ的计算用到了将来时刻的值函数，因此需要整个试验结束后才能计算，这和蒙特卡罗方法相似。是否有某种更新方法不需要等到试验结束就可以更新当前状态的值函数?

有！这种增量式的更新方法需要利用$TD(\lambda)$的后向观点。

如图 5.10 所示为$TD(\lambda)$后向观点示意图。人骑坐在状态流上，手里拿着话筒，面朝已经经历过的状态流,获得当前回报并利用下一个状态的值函数得到 TD 偏差后，此人会向已经经历过的状态喊话，告诉这些状态处的值函数需要利用当前时刻的 TD 偏差更新。此时过往的每个状态值函数更新的大小应该与距离当前状态的步数有关。假设当前状态为s_t，TD 偏差为δ_t，那么s_{t-1}处的值函数更新应该乘以一个衰减因子$\gamma\lambda$，状态s_{t-2}处的值函数更新应该乘以$(\gamma\lambda)^2$，以此类推。

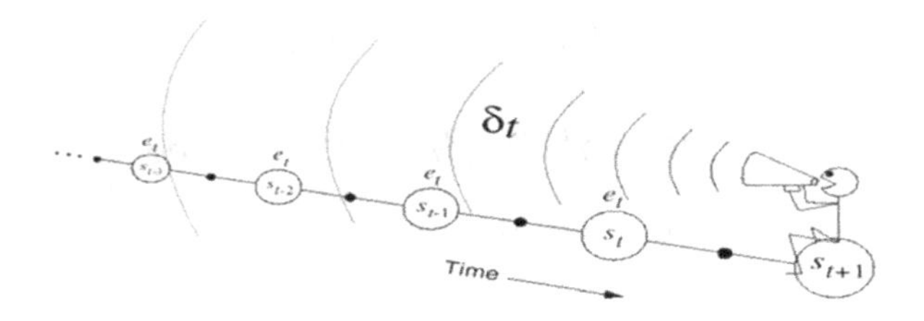

图 5.10 $TD(\lambda)$的后向观点

$TD(\lambda)$更新过程如下。

首先，计算当前状态的 TD 偏差：$\delta_t = R_{t+1} + \gamma V(S_{t+1}) - V(S_t)$

其次，更新适合度轨迹：$E_t(s)=\begin{cases}\gamma\lambda E_{t-1}, & if\ s\neq s_t\\ \gamma\lambda E_{t-1}+1, & if\ s=s_t\end{cases}$

最后，对于状态空间中的每个状态 s，更新值函数：$V(s)\leftarrow V(s)+\alpha\delta_t E_t(s)$

其中$E_t(s)$称为适合度轨迹。

现在我们比较一下$TD(\lambda)$的前向观点和后向观点的异同。

（1）前向观点需要等到一次试验之后再更新当前状态的值函数；后向观点不需要等到值函数结束后再更新值函数，而是每一步都在更新值函数，是增量式方法。

（2）前向观点在一次试验结束后更新值函数时，更新完当前状态的值函数后，此状态的值函数就不再改变。后向观点在每一步计算完当前的 TD 误差后，其他状态的值函数需要利用当前状态的 TD 误差更新。

（3）在一次试验结束后，前向观点和后向观点每个状态的值函数的更新总量是相等的，都是G_t^λ。

为了说明前向观点和后向观点的等价性，我们从公式上对其进行严格地证明。

首先，当$\lambda=0$时，只有当前状态值更新，此时等价于之前说的 TD 方法。所以 TD 方法又称为 TD(0)方法。

其次，当$\lambda=1$时，状态 s 值函数总的更新与蒙特卡罗方法下的更新总数相同：

$$\begin{aligned}&\delta_t+\gamma\delta_{t+1}+\gamma^2\delta_{t+2}+\cdots+\gamma^{T-1-t}\delta_{T-1}\\&=R_{t+1}+\gamma V(S_{t+1})-V(S_t)\\&+\gamma R_{t+2}+\gamma^2V(S_{t+2})-\gamma V(S_{t+1})\\&+\gamma^2R_{t+3}+\gamma^3V(S_{t+3})-\gamma^2V(S_{t+2})\\&\vdots\\&+\gamma^{T-1-t}R_T+\gamma^{T-t}V(S_T)-\gamma^{T-1-t}V(S_{T-1})\end{aligned}$$

对于一般的λ，前向观点等于后向观点：

$$
\begin{aligned}
&G_t^{\lambda} - V(S_t) = \\
&-V(S_t) + (1-\lambda)\lambda^0(R_{t+1} + \gamma V(S_{t+1})) \\
&\qquad\quad + (1-\lambda)\lambda^1(R_{t+1} + \gamma R_{t+2} + \gamma^2 V(S_{t+2})) \\
&\qquad\quad + (1-\lambda)\lambda^2(R_{t+1} + \gamma R_{t+2} + \gamma^2 R_{t+3} + \gamma^3 V(S_{t+2})) + \cdots \\
&= -V(S_t) + (\gamma\lambda)^0(R_{t+1} + \gamma V(S_{t+1}) - \gamma\lambda V(S_{t+1})) \\
&\qquad\quad + (\gamma\lambda)^1(R_{t+2} + \gamma V(S_{t+2}) - \gamma\lambda V(S_{t+2})) \\
&\qquad\quad + (\gamma\lambda)^2(R_{t+3} + \gamma V(S_{t+3}) - \gamma\lambda V(S_{t+3})) \\
&\qquad\quad + \cdots \\
&= (\gamma\lambda)^0(R_{t+1} + \gamma V(S_{t+1}) - V(S_t)) \\
&+ (\gamma\lambda)^1(R_{t+2} + \gamma V(S_{t+2}) - V(S_{t+1})) \\
&+ (\gamma\lambda)^2(R_{t+3} + \gamma V(S_{t+3}) - V(S_{t+2})) + \cdots \\
&= \delta_t + \gamma\lambda\delta_{t+1} + (\gamma\lambda)^2\delta_{t+2} + \cdots
\end{aligned}
$$

最后，我们给出$Sarsa(\lambda)$算法的伪代码，如图 5.11 所示。

1. 初始化 $Q(s,a), \forall s \in S, a \in A(s)$，给定参数 α γ
2. Repeat:　　　　行动策略和评估策略都是 ε 贪婪策略

   给定起始状态 s，并根据 ε 贪婪策略在状态 s 选择动作 a，对所有的 $s \in S, a \in A(s)$，$E(s,a) = 0$

   Repeat（对于一幕的每一步）

   (a) 根据 ε 贪婪策略在状态 s 选择动作 a，得到回报 r 和下一个状态s'，在状态 s' 根据 ε 贪婪策略得到动作a'

   (b) $\delta \leftarrow r + \gamma Q(s',a') - Q(s,a)$，$E(s,a) \leftarrow E(s,a) + 1$

   (c) 对所有的 $s \in S, a \in A(s)$：$Q(s,a) \leftarrow Q(s,a) + \alpha\delta E(s,a)$，$E(s,a) \leftarrow \gamma\lambda E(s,a)$

   (d) s=s'，a=a'

   Until s 是终止状态

   Until 所有的$Q(s,a)$收敛
3. 输出最终策略：$\pi(s) = \arg\max_a Q(s,a)$

图 5.11　Sarsa 算法的伪代码

5.2　基于 Python 和 gym 的编程实例

时间差分方法和蒙特卡罗方法都是无模型的方法，因此在策略评估时都需要随机模拟。和第 4 章介绍的蒙特卡罗方法一样，我们对时间差分的介绍也从策略评估开始。基于时间差分方法的模拟与基于蒙特卡罗方法的模拟类似，都需要从与环境的交互中获取数据。在做评估时，我们假设已经得到数据。如图 5.12 所示为时间差分方法对策略评估的 Python 代码。这里需要注意两个地方。

第一处：在最里层的 for 循环中，处理的是一个时间序列，即一幕数据。

第二处：TD 更新方程为$V(S_t)\leftarrow V(S_t)+\alpha(R_{t+1}+\gamma V(S_{t+1})-V(S_t))$。

时间差分方法评估

```
def td(alpha, gamma, state_sample, action_sample, reward_sample):
    vfunc = dict()
    for s in states:
        vfunc[s] = random.random()
    for iter1 in range(len(state_sample)):
第一处： ——→ for step in range(len(state_sample[iter1])): ——→ s1 → s2 → s3 → s7
            s = state_sample[iter1][step]
            r = reward_sample[iter1][step]
            if len(state_sample[iter1]) - 1 > step:
                s1 = state_sample[iter1][step+1]
                next_v = vfunc[s1]
            else:
                next_v = 0.0
第二处： ——→ vfunc[s] = vfunc[s] + alpha * (r + gamma * next_v - vfunc[s])
```

图 5.12 时间差分方法对策略的评估

有了策略评估，再加上策略改善，就可以构造出差分强化学习算法了。图 5.13 是 Sarsa 和 Qlearning 算法的伪代码和 Python 代码，我们比较它们的异同点。

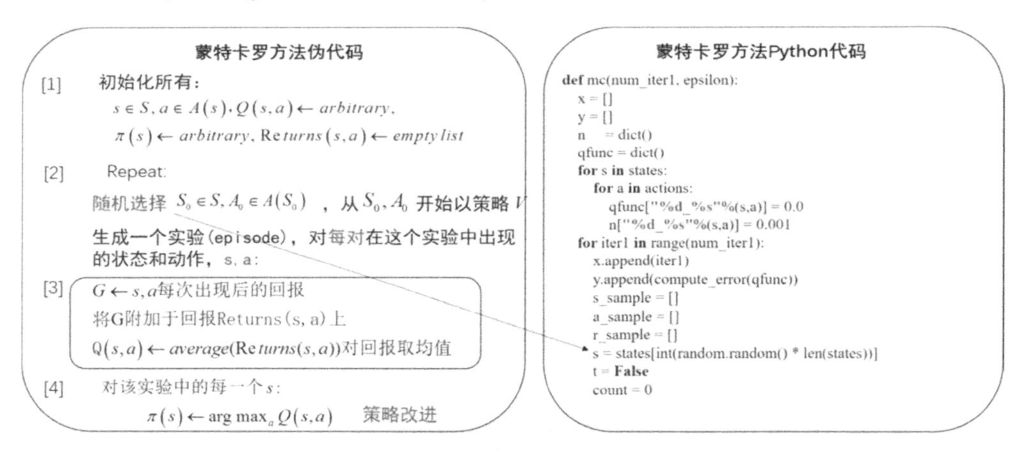

图 5.13 Sarsa 伪代码及 Python 实现

从 Python 实现中我们看到 Sarsa 算法的行动和评估策略都是$\varepsilon-$greedy 策略，对评估策略进行评估的方法是 TD 方法。下面我们提供异策略的 Qlearning 算法伪代码和 Python 实现。

如图 5.14 所示为 Qlearning 算法的伪代码和 Python 实现。与 Sarsa 算法不同的是，Qlearning 是异策略强化学习算法，即行动策略为$\varepsilon-$greedy 策略评估策略为贪婪策略。

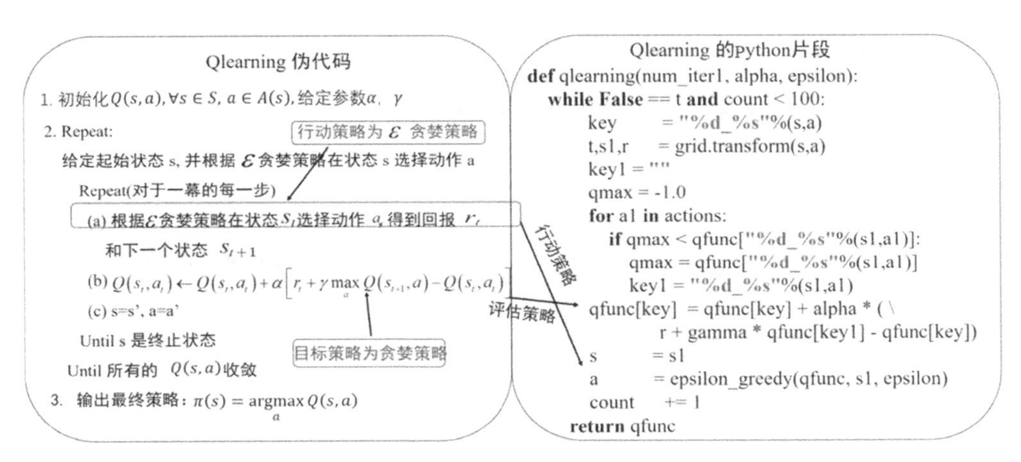

图 5.14 Qlearning 伪代码及 Python 实现

在 Qlearning 算法中，最关键的代码实现包括：行为值函数的表示，探索环境的策略，值函数更新时贪婪策略，值函数更新。下面我们一一介绍。

（1）Qlearning 的行为值函数表示。

对于表格型强化学习算法，值函数是一张表格。对于行为值函数，这张表可以看成是二维表，其中一维为状态，另一维为动作。下面以机器人找金币为例说明。

状态空间为[1,2,3,4,5,6,7,8]

动作空间为[‘n’, ‘e’, ’s’, ’w’]

行为值函数可以用字典数据类型来表示，其中字典的索引由状态-行为对来表示。因此行为值函数的初始化为

```
qfunc = dict()    #行为值函数为 qfun
for s in states:
for a in actions:
    key = ”d%_s%”%(s,a)
    qfun[key] = 0.0
```

（2）探索环境的策略：epsilon 贪婪策略。

智能体通过$\varepsilon-$greedy 策略来探索环境，$\varepsilon-$greedy 策略的数学表达式为

$$\pi(a|s) \leftarrow \begin{cases} 1-\varepsilon+\dfrac{\varepsilon}{|A(s)|} & if\ a=\arg\ \max_a Q(s,a) \\ \dfrac{\varepsilon}{|A(s)|} & if\ a\neq\arg\ \max_a Q(s,a) \end{cases}$$

该式子的 Python 代码实现如下。

```
def epsilon_greedy(qfunc, state, epsilon):
    #先找到最大动作
    amax = 0
    key = "%d_%s"%(state, actions[0])
    qmax = qfunc[key]
    for i in range(len(actions)):    #扫描动作空间得到最大动作值函数
        key = "%d_%s"%(state, actions[i])
        q = qfunc[key]
        if qmax < q:
            qmax = q
            amax = i
    #概率部分
    pro = [0.0 for i in range(len(actions))]
    pro[amax] += 1-epsilon
    for i in range(len(actions)):
        pro[i] += epsilon/len(actions)
    ##根据上面的概率分布选择动作
    r = random.random()
    s = 0.0
    for i in range(len(actions)):
        s += pro[i]
        if s>= r: return actions[i]
return actions[len(actions)-1]
```

（3）值函数更新时，选择动作的贪婪策略。

选择动作的贪婪策略就是选择状态为 s'时，值函数最大的动作。其 Python 实现为

```
def greedy(qfunc, state):
    amax = 0
    key = "%d_%s" % (state, actions[0])
    qmax = qfunc[key]
    for i in range(len(actions)):  # 扫描动作空间得到最大动作值函数
        key = "%d_%s" % (state, actions[i])
        q = qfunc[key]
        if qmax < q:
            qmax = q
            amax = i
    return actions[amax]
```

该段代码与上段代码几乎一样，不同的是所取的状态值不一样。该段代码的状态是当前状态 s 的下一个状态 s'。

（4）值函数的更新。

值函数更新公式为

$$Q(s_t,a_t) \leftarrow Q(s_t,a_t) + \alpha\left[r_t + \gamma \max_a Q(s_{t+1},a) - Q(s_t,a_t)\right]$$

代码实现为

```
key = "%d_%s"%(s, a)
#与环境进行一次交互，从环境中得到新的状态及回报
s1, r, t1, i =grid.step(a)
key1 = ""
#s1 处的最大动作
a1 = greedy(qfunc, s1)
key1 = "%d_%s"%(s1, a1)
#利用 Qlearning 方法更新值函数
qfunc[key] = qfunc[key] + alpha*(r + gamma * qfunc[key1]-qfunc[key])
```

5.3 习题

1. 时间差分方法与蒙特卡罗方法、动态规划方法的区别和联系。

2. 如何理解$TD(\lambda)$算法的前向视角和后向视角。

3. 利用 Sarsa 和 Qlearning 方法解决下列迷宫问题，并比较它们的差别。

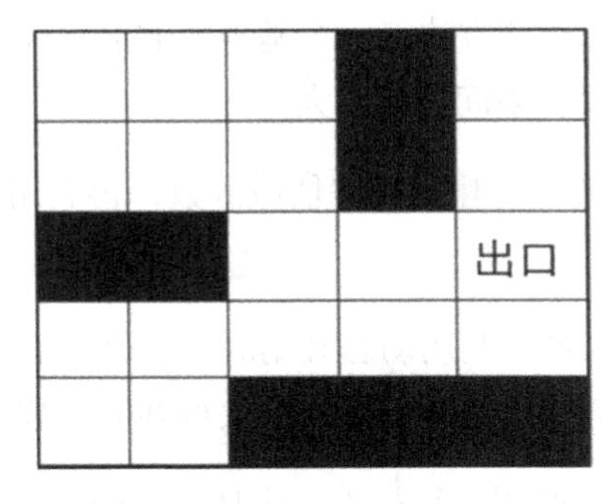

4. 修改 Qlearning 中的探索策略，如使用玻尔兹曼探索，解决上述迷宫问题，并试着比较两者的优劣。

6 基于值函数逼近的强化学习方法

6.1 基于值函数逼近的理论讲解

前面已经介绍了强化学习的基本方法：基于动态规划的方法，基于蒙特卡罗的方法和基于时间差分的方法。这些方法有一个基本的前提条件：状态空间和动作空间是离散的，而且状态空间和动作空间不能太大。

这些强化学习方法的基本步骤是先评估值函数，再利用值函数改善当前的策略。其中值函数的评估是关键。

对于模型已知的系统，可以利用动态规划的方法得到值函数；对于模型未知的系统，可以利用蒙特卡罗的方法或时间差分的方法得到值函数。

注意，这时的值函数其实是一个表格。对于状态值函数，其索引是状态；对于行为值函数，其索引是状态-行为对。值函数的迭代更新实际上就是这张表的迭代更新。因此，之前讲的强化学习算法又称为表格型强化学习。对于状态值函数，其表格的维数为状态的个数$|S|$，其中S为状态空间。若状态空间的维数很大，或者状态空间为连续空间，此时值函数无法用一张表格来表示。这时，我们需要利用函数逼近的方法表示值函数，如图 6.1 所示。当值函数利用函数逼近的方法表示后，可以利用策略迭代

和值迭代方法构建强化学习算法。

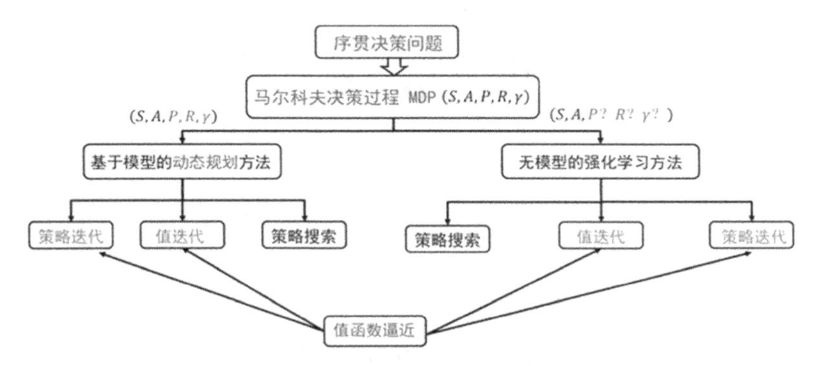

图 6.1　值函数逼近在强化学习算法中的应用

在表格型强化学习中，值函数对应着一张表。在值函数逼近方法中，值函数对应着一个逼近函数$\hat{v}(s)$。从数学角度来看，函数逼近方法可以分为参数逼近和非参数逼近，因此强化学习值函数估计可以分为参数化逼近和非参数化逼近。其中参数化逼近又分为线性参数化逼近和非线性化参数逼近。

本节我们主要介绍参数化逼近。所谓参数化逼近，是指值函数可以由一组参数 θ 来近似。我们将逼近的值函数写为$\hat{v}(s,\theta)$。

当逼近的值函数结构确定时（如线性逼近时选定了基函数，非线性逼近时选定了神经网络的结构），那么值函数的逼近就等价于参数的逼近。值函数的更新也就等价于参数的更新。也就是说，我们需要利用试验数据来更新参数值。那么，如何利用数据更新参数值呢，也就是说如何从数据中学到参数值呢？

我们回顾一下表格型强化学习值函数更新的公式，以便从中得到启发。

蒙特卡罗方法，值函数更新公式为

$$Q(s,a) \leftarrow Q(s,a) + \alpha(G_t - Q(s,a)) \tag{6.1}$$

TD 方法值函数更新公式为

$$Q(s,a) \leftarrow Q(s,a) + \alpha[r + \gamma Q(s',a') - Q(s,a)] \tag{6.2}$$

$TD(\lambda)$ 方法值函数更新公式为

$$Q(s,a) \leftarrow Q(s,a) + \alpha[G_t^{\lambda} - Q(s,a)] \tag{6.3}$$

从（6.1）~（6.3）式值函数的更新过程可以看出，值函数更新过程是向着目标值函数靠近。如图 6.2 所示为 TD 方法更新值函数的过程。

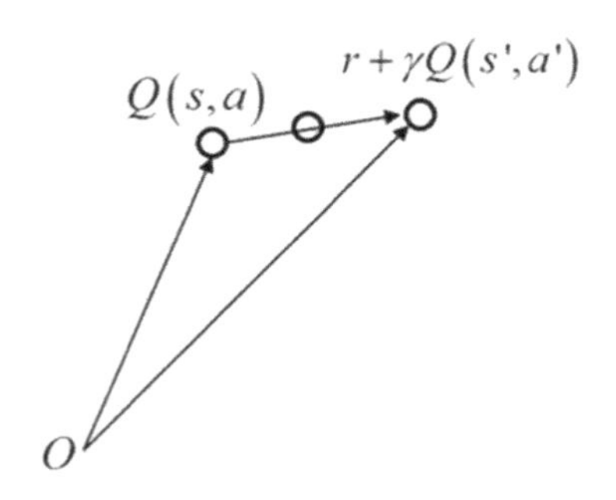

图 6.2　TD 方法值函数更新

从表格型值函数的更新过程，可以看出无论是蒙特卡罗方法还是时间差分方法，都是朝着一个目标值更新的，这个目标值在蒙特卡罗方法中是G_t，在时间差分方法中是$r+\gamma Q(s',a')$，在$TD(\lambda)$中是G_t^λ。

将表格型强化学习值函数的更新过程推广到值函数逼近过程，有如下形式。

函数逼近$\hat{v}(s,\theta)$的过程是一个监督学习的过程，其数据和标签对为(S_t,U_t)，其中U_t等价于蒙特卡罗方法中的G_t，时间差分方法中的$r+\gamma Q(s',a')$，以及$TD(\lambda)$中的G_t^λ。

训练的目标函数为

$$\arg\min_\theta \left(q(s,a)-\hat{q}(s,a,\theta)\right)^2 \tag{6.4}$$

下面我们比较总结一下表格型强化学习和函数逼近方法的强化学习值函数更新时的异同点。

（1）表格型强化学习在更新值函数时，只有当前状态S_t处的值函数改变，其他地方的值函数不改变。

（2）值函数逼近方法更新值函数时，更新的是参数θ，而估计的值函数为$\hat{v}(s,\theta)$，所以当参数θ发生改变，任意状态处的值函数都会发生改变。

值函数更新可分为增量式学习方法和批学习方法。我们先介绍增量式学习方法，其中随机梯度下降法是最常用的增量式学习方法。

1．增量式学习方法：随机梯度下降法

由（6.4）式我们得到参数的随机梯度更新为

$$\theta_{t+1}=\theta_t+\alpha[U_t-\hat{v}(S_t,\theta_t)]\nabla_\theta\hat{v}(S_t,\theta) \tag{6.5}$$

基于蒙特卡罗方法的函数逼近，具体过程如下。

给定要评估的策略π，产生一次试验：

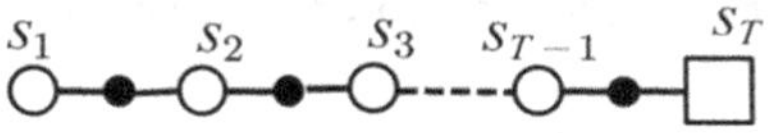

s_1　s_2　s_3　s_{T-1}　s_T

值函数的更新过程实际是一个监督学习的过程，其中监督数据集从蒙特卡罗的试验中得到，其数据集为$\langle s_1,G_1\rangle,\langle s_2,G_2\rangle,\cdots,\langle s_T,G_T\rangle$。

值函数的更新如下。

$$\Delta\theta=\alpha(G_t-\hat{v}(S_t,\theta))\nabla_\theta\hat{v}(S_t,\theta) \tag{6.6}$$

其中α值比较小。在随机梯度下降法中，似乎并不清楚为什么每一步采用很小的更新。难道我们不能在梯度的方向上移动很大的距离甚至完全消除误差吗？在很多情况下确实可以这样做，但是通常这并不是我们想要的。请记住，我们的目的并不是在所有的状态找到精确的值函数，而是一个能平衡所有不同状态误差的值函数逼近。如果我们在一步中完全纠正了偏差，那么我们就无法找到这样的一个平衡了。因此较小的α值可以维持这种平衡。

如图 6.3 所示为基于梯度的蒙特卡罗值函数逼近更新过程。蒙特卡罗方法的目标值函数使用一次试验的整个回报返回值。

基于梯度的蒙特卡罗值函数评估算法

输入：要评估的策略π，一个可微逼近函数 $\hat{v}:S\times R^n\rightarrow R$

恰当地初始化的值函数权重θ （例如 $\theta=0$ ）

Repeat:

　利用策略　产生一幕数据

　$For\ t=0,1,\cdots,T-1$

　　$\theta\leftarrow\theta+\alpha[G_t-\hat{v}(S_t,\theta)]\nabla\hat{v}(S_t,\theta)$

图 6.3　基于梯度的蒙特卡罗值函数逼近

我们再看时间差分方法。根据方程（6.5），TD(0)方法中目标值函数为 $U_t = R_{t+1} + \gamma\hat{v}(S_{t+1},\theta)$，即目标值函数用到了 bootstrapping 的方法。

我们注意到此时要更新的参数 θ 不仅出现在要估计的值函数 $\hat{v}(S_t,\theta)$ 中，还出现在目标值函数 U_t 中。若只考虑参数 θ 对估计值函数 $\hat{v}(S_t,t)$ 的影响而忽略对目标值函数 U_t 的影响，这种方法就不是完全的梯度法（只有部分梯度），因此也称为基于半梯度的 TD(0)值函数评估算法，如图 6.4 所示。

$$\theta_{t+1} = \theta_t + \alpha[R + \gamma\hat{v}(S',\theta) - \hat{v}(S_t,\theta_t)]\nabla\hat{v}(S_t,\theta_t) \tag{6.7}$$

基于半梯度的TD(0)值函数评估算法

输入：要评估的策略 π，一个可微逼近函数 $\hat{v}: S\times R^n \to R$

恰当地初始化的值函数权重 θ （例如 $\theta = 0$ ）

Repeat:

  初始化状态S,

  Repeat（对于一幕中的每一步）

   选择动作 $A\sim\pi(\cdot|S)$

   采用动作 A 并观测回报 R, S'

   $\theta_{t+1} = \theta_t + \alpha[R + \gamma\hat{v}(S',\theta) - \hat{v}(S_t,\theta_t)]\nabla\hat{v}(S_t,\theta_t)$

   $S \leftarrow S'$

   直到 S' 是终止状态

图 6.4 基于半梯度的 TD(0)值函数评估算法

如图 6.5 所示为基于半梯度的 Sarsa 算法。与表格型强化学习相比，值函数逼近方法中把对值函数的更新换成了对参数的更新，参数的学习过程为监督学习。

输入：一个要逼近的可微动作值函数：$\hat{q}: S\times A\times R^n \to R$ 任意地初始化的值函数权重 θ（例如 $\theta = 0$）

Repeat（for each episode）：

  初始化状态行为对 S，A

  Repeat（对于每一幕数据中的每一步）：

   采用动作 A，得到回报 R，和下一个状态 S'

   如果 S' 是终止状态：$\theta \leftarrow \theta + \alpha[R - \hat{q}(S,A,\theta)]\nabla\hat{q}(S,A,\theta)$

    进入下一幕

   利用软策略选择一个动作 A'，以便估计动作值函数 $\hat{q}(S',A',\theta)$

   $\theta \leftarrow \theta + \alpha[R + \gamma\hat{q}(S',A',\theta) - \hat{q}(S,A,\theta)]\nabla\hat{q}(S,A,\theta)$

   $S \leftarrow S'$

   $A \leftarrow A'$

图 6.5 基于半梯度的 Sarsa 算法

到目前为止，我们还没有讨论要逼近的值函数的形式。值函数可以采用线性逼近也可采用非线性逼近。非线性逼近常用的是神经网络。

下面我们仅讨论线性逼近：$\hat{v}(s,\theta)=\theta^T\phi(s)$

相比于非线性逼近，线性逼近的好处是只有一个最优值，因此可以收敛到全局最优。其中$\phi(s)$为状态 s 处的特征函数，或者称为基函数。

常用的基函数的类型如下。

多项式基函数，如$(1,s_1,s_2,s_1s_2,s_1^2,s_2^2,\cdots)$ 。

傅里叶基函数：$\phi_i(s)=\cos(i\pi s)$，$s\in[0,1]$

径向基函数：$\phi_i(s)=\exp\left(-\frac{\|s-c_i\|^2}{2\sigma_i^2}\right)$

将线性逼近值函数代入随机梯度下降法和半梯度下降法中，可以得到参数的更新公式，不同强化学习方法更新公式如下。

蒙特卡罗方法值函数更新公式：

$$\begin{aligned}\Delta\theta&=\alpha[U_t(s)-\hat{v}(S_t,\theta_t)]\nabla\hat{v}(S_t,\theta_t)\\&=\alpha[G_t-\theta^T\phi]\phi\end{aligned}$$

TD(0)线性逼近值函数更新公式：

$$\begin{aligned}\Delta\theta&=\alpha[R+\gamma\theta^T\phi(s')-\theta^T\phi(s)]\phi(s)\\&=\alpha\delta\phi(s)\end{aligned}$$

正向视角的$TD(\lambda)$ 更新公式：

$$\Delta\theta=\alpha(G_t^\lambda-\theta^T\phi)\phi$$

后向视角的$TD(\lambda)$更新公式：

$$\begin{aligned}&\delta_t=R_{t+1}+\gamma\theta^T\phi(s')-\theta^T\phi(s)\\&E_t=\gamma\lambda E_{t-1}+\phi(s)\\&\Delta\theta=\alpha\delta_tE_t\end{aligned}$$

前面讨论的是增量式方法更新。增量式方法参数更新过程随机性比较大，尽管计算简单，但样本数据的利用效率并不高。

我们再来看下批的方法，尽管它计算复杂，但计算效率高。

所谓批的方法是指给定经验数据集$D=\{\langle s_1,v_1^\pi\rangle,\ \langle s_2,v_2^\pi\rangle,\ \cdots,\ \langle s_T,v_T^\pi\rangle\}$，找到最好的拟合函数$\hat{v}(s,\theta)$，使得$LS(\theta)=\sum_{t=1}^{T}\left(v_t^\pi-\hat{v}_t^\pi(s_t,\theta)\right)^2$最小。

可利用线性最小二乘逼近：

$$\Delta\theta=\alpha\sum_{t=1}^{T}[v_t^\pi-\theta^T\phi(s_t)]\phi(s_t)=0$$

最小二乘蒙特卡罗方法参数为

$$\theta=\left(\sum_{t=1}^{T}\phi(s_t)\phi(s_t)^T\right)^{-1}\sum_{t=1}^{T}\phi(s_t)G_t$$

最小二乘差分方法为

$$\theta=\left(\sum_{t=1}^{T}\phi(s_t)\left(\phi(s_t)-\gamma\phi(\mathrm{s}_{t+1})\right)^T\right)^{-1}\sum_{t=1}^{T}\phi(s_t)R_{t+1}$$

最小二乘$TD(\lambda)$方法为

$$\theta=\left(\sum_{t=1}^{T}\mathrm{E}_t\left(\phi(s_t)-\gamma\phi(\mathrm{s}_{t+1})\right)^T\right)^{-1}\sum_{t=1}^{T}E_tR_{t+1}$$

6.2 DQN 及其变种

6.2.1 DQN 方法

强化学习逐渐引起公众的注意要归功于谷歌的 DeepMind 公司。DeepMind 公司最初是由 Demis Hassabis, Shane Legg 和 Mustafa Suleyman 于 2010 年创立的。创始人 Hassabis 有三重身份：游戏开发者，神经科学家以及人工智能创业者。Hassabis 游戏开发者的身份使人不难理解 DeepMind 在 *Nature* 上发表的第一篇论文是以雅达利(atari)游戏为背景的。同时，Hassabis 又是国际象棋高手，他在挑战完简单的雅达利游戏后再挑战深奥的围棋游戏也就不难理解了。这就有了 AlphaGo 和李世石的 2016 之战，以及他在 *Nature* 发表的第二篇论文。一战成名之后，深度强化学习再次博得世人的眼球。当然，DeepMind 的成功离不开近几年取得突破进展的深度学习技术。本节主要讲解 DQN，也就是 DeepMind 发表在 *Nature* 上的第一篇论文，名字是 *Human-level Control through Deep Reinforcement Learning*。

平心而论，这篇论文只有两个创新点，即经验回放和设立单独的目标网络，后面我们会详细介绍。算法的大体框架是传统强化学习中的 Qlearning。我们已经在第 5 章时间差分方法中阐述了。为了前后理解方便，我们再重新梳理下。

Qlearning 方法是异策略时间差分方法。其伪代码如图 6.6 所示。

1. 初始化 $Q(s,a), \forall s \in S, a \in A(s)$，给定参数 α，γ
2. Repeat:
3. 给定起始状态 s，并根据 ε 贪婪策略在状态 s 选择动作 a
4. Repeat（对于一幕的每一步）
5. (a) 根据 ε 贪婪策略在状态 s_t 选择动作 a_t，得到回报 r_t 和下一个状态 s_{t+1}
6. (b) $Q(s_t,a_t) \leftarrow Q(s_t,a_t) + \alpha\left[r_t + \gamma \max_a Q(s_{t+1},a) - Q(s_t,a_t)\right]$
7. (c) s=s'，a=a'
8. Until s 是终止状态
9. Until 所有的 $Q(s,a)$ 收敛
10. 输出最终策略：$\pi(s) = \underset{a}{\operatorname{argmax}}\, Q(s,a)$

行动策略为 ε 贪婪策略

目标策略为贪婪策略

图 6.6 Qlearning 方法的伪代码

掌握 Qlearning 方法一定要明白两个概念——异策略和时间差分，以及这两个概念在 Qlearning 算法是中如何体现的。下面我们一一介绍。

异策略，是指行动策略（产生数据的策略）和要评估的策略不是一个策略。在图 6.6 的 Qlearning 伪代码中，行动策略（产生数据的策略）是第 5 行的 $\varepsilon-$greedy 策略，而要评估和改进的策略是第 6 行的贪婪策略（每个状态取值函数最大的那个动作）。

时间差分方法，是指利用时间差分目标来更新当前行为值函数。在图 6.6 的 Qlearning 伪代码中，时间差分目标为 $r_t + \gamma \max_a Q(s_{t+1},a)$。

Qlearning 算法是 1989 年由 Watkins 提出来的，2015 年 *Nature* 论文提到的 DQN 就是在 Qlearning 的基础上修改得到的。

DQN 对 Qlearning 的修改主要体现在以下三个方面。

（1）DQN 利用深度卷积神经网络逼近值函数；

（2）DQN 利用了经验回放训练强化学习的学习过程；

（3）DQN 独立设置了目标网络来单独处理时间差分算法中的 TD 偏差。

下面，我们对这三个方面做简要介绍。

（1）DQN 利用卷积神经网络逼近行为值函数。

如图 6.7 所示为 DQN 的行为值函数逼近网络。我们在 6.1 节已经介绍了值函数的逼近。只不过 6.1 节中讲的是线性逼近，即值函数由一组基函数和一组与之对应的参数相乘得到，值函数是参数的线性函数。而 DQN 的行为值函数利用神经网络逼近，属于非线性逼近。虽然逼近方法不同，但都属于参数逼近。请记住，此处的值函数对应着一组参数，在神经网络里参数是每层网络的权重，我们用θ表示。用公式表示的话值函数为$Q(s,a;\theta)$。请留意，此时更新值函数时其实是更新参数θ，当网络结构确定时，θ就代表值函数。DQN 所用的网络结构是三个卷积层加两个全连接层，整体框架如图 6.7 所示。

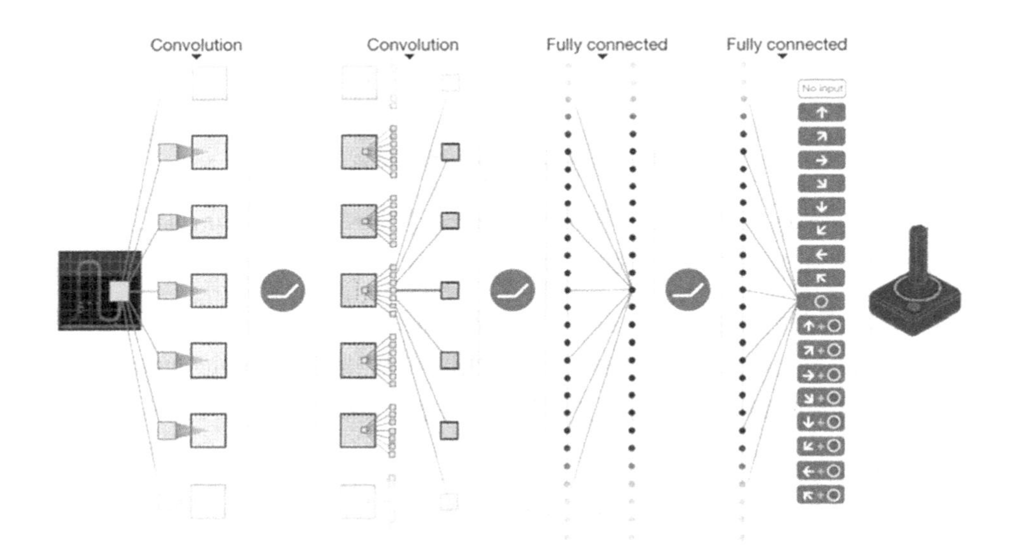

图 6.7　DQN 行为值函数逼近网络

利用神经网络逼近值函数的做法在强化学习领域早就存在了，可以追溯到上个世纪 90 年代。当时学者们发现利用神经网络，尤其是深度神经网络逼近值函数不太靠谱，因为常常出现不稳定不收敛的情况，所以在这个方向上一直没有突破，直到 DeepMind 的出现。

我们要问，DeepMind 到底做了什么？

别忘了 DeepMind 的创始人 Hassabis 是神经科学的博士。早在 2005 年，Hassabis 就开始琢磨如何利用人的学习过程提升游戏的智能水平，为此他去伦敦大学开始攻读认知神经科学方向的博士，并很快有了突出成就，在 *Science*、*Nature* 等顶级期刊狂发论文。他当时的研究方向是海马体——那么，什么是海马体？为什么要选海马体？

海马体是人类大脑中负责记忆和学习的主要部分，从 Hassabis 学习认知神经科学的目的来看，他选海马体作为研究方向就是水到渠成的事儿了。

现在我们就可以回答，DeepMind 到底做了什么？

他们将认识神经科学的成果应用到了深度神经网络的训练之中！

（2）DQN 利用经验回放训练强化学习过程。

我们睡觉的时候，海马体会把一天的记忆重放给大脑皮层。利用这个启发机制，DeepMind 团队的研究人员构造了一种神经网络的训练方法：经验回放。

通过经验回放为什么可以令神经网络的训练收敛且稳定？

原因是：训练神经网络时，存在的假设是训练数据是独立同分布的，但是通过强化学习采集的数据之间存在着关联性，利用这些数据进行顺序训练，神经网络当然不稳定。经验回放可以打破数据间的关联，如图 6.8 所示。

$\langle s_1, a_1, r_2, s_2 \rangle$
$\langle s_2, a_2, r_3, s_3 \rangle$
$\langle s_3, a_3, r_4, s_4 \rangle$
$\langle s_4, a_4, r_5, s_5 \rangle$
$\langle s_5, a_5, r_6, s_6 \rangle$
$\vdots$

图 6.8　经验回放

在强化学习过程中，智能体将数据存储到一个数据库中，再利用均匀随机采样的方法从数据库中抽取数据，然后利用抽取的数据训练神经网络。

这种经验回放的技巧可以打破数据之间的关联性，该技巧在 2013 年的 NIPS 已经发布了，2015 年的 *Nature* 论文则进一步提出了目标网络的概念，以进一步降低数据间的关联性。

（3）DQN 设置了目标网络来单独处理时间差分算法中的 TD 偏差。

与表格型的 Qlearning 算法（图 6.6）不同的是，利用神经网络对值函数进行逼近时，值函数的更新步更新的是参数$\boldsymbol{\theta}$（如图 6.9 所示），DQN 利用了卷积神经网络。其更新方法是梯度下降法。因此图 6.6 中第 6 行值函数更新实际上变成了监督学习的一次更新过程，其梯度下降法为

$$\theta_{t+1}=\theta_t+\alpha\left[r+\gamma\max_{a'}Q(s',a';\theta)-Q(s,a;\theta)\right]\nabla Q(s,a;\theta)$$

其中，$r+\gamma\max_{a'}Q(s',a';\theta)$为 TD 目标，在计算$\max_{a'}Q(s',a';\theta)$值时用到的网络参数为$\boldsymbol{\theta}$。

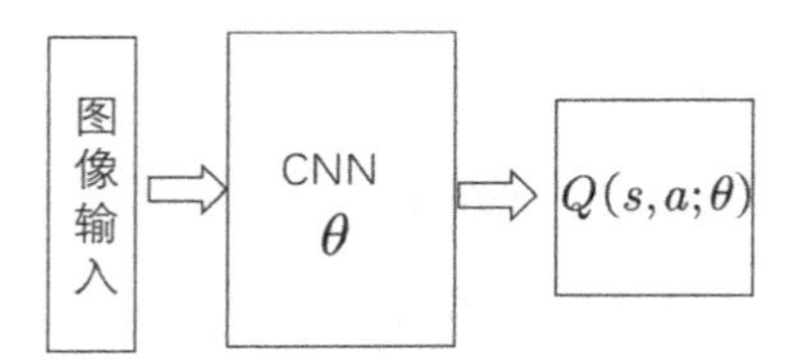

图 6.9　行为值函数逼近网络

我们称计算 TD 目标时所用的网络为 TD 网络。在 DQN 算法出现之前，利用神经网络逼近值函数时，计算 TD 目标的动作值函数所用的网络参数$\boldsymbol{\theta}$，与梯度计算中要逼近的值函数所用的网络参数相同，这样就容易导致数据间存在关联性，从而使训练不稳定。为了解决此问题，DeepMind 提出计算 TD 目标的网络表示为$\boldsymbol{\theta}^-$；计算值函数逼近的网络表示为$\boldsymbol{\theta}$；用于动作值函数逼近的网络每一步都更新，而用于计算 TD 目标的网络则是每个固定的步数更新一次。

因此值函数的更新变为

$$\theta_{t+1}=\theta_t+\alpha\left[r+\gamma\max_{a'}Q(s',a';\theta^-)-Q(s,a;\theta)\right]\nabla Q(s,a;\theta)$$

最后我们给出 DQN 的伪代码，如图 6.10a 所示。

```
[1]  Initialize replay memory D to capacity N
[2]  Initialize action-value function Q with random weights θ
[3]  Initialize target action-value function Q̂ with weights θ⁻ = θ
[4]  For episode = 1, M do
[5]     Initialize sequence s_1 = {x_1} and preprocessed sequence φ_1 = φ(s_1)
[6]     For t = 1,T do
[7]        With probability ε select a random action a_t
[8]        otherwise select a_t = argmax_a Q(φ(s_t),a;θ)
[9]        Execute action a_t in emulator and observe reward r_t and image x_{t+1}
[10]       Set s_{t+1} = s_t,a_t,x_{t+1} and preprocess φ_{t+1} = φ(s_{t+1})
[11]       Store transition (φ_t,a_t,r_t,φ_{t+1}) in D
[12]       Sample random minibatch of transitions (φ_j,a_j,r_j,φ_{j+1}) from D
[13]       Set y_j = { r_j                                  if episode terminates at step j+1
                     { r_j + γ max_a' Q̂(φ_{j+1},a';θ⁻)      otherwise
[14]       Perform a gradient descent step on (y_j − Q(φ_j,a_j;θ))^2 with respect to the
[15]       network parameters θ
[16]       Every C steps reset Q̂ = Q
[17]    End For
[18] End For
```

图 6.10a　DQN 的伪代码

下面我们对 DQN 的伪代码逐行说明。

第[1]行，初始化回放记忆 D，可容纳的数据条数为 N；

第[2]行，利用随机权值 $\boldsymbol{\theta}$ 初始化动作-行为值函数 Q；

第[3]行，令 $\boldsymbol{\theta}^{-}=\boldsymbol{\theta}$ 初始化，计算 TD 目标的动作行为值 Q；

第[4]行，循环每次事件；

第[5]行，初始化事件的第一个状态 s_1，通过预处理得到状态对应的特征输入；

第[6]行，循环每个事件的每一步；

第[7]行，利用概率 ε 选一个随机动作 $\boldsymbol{a_t}$；

第[8]行，若小概率事件没发生，则用贪婪策略选择当前值函数最大的那个动作 $a_t=\arg\max\limits_{a} Q(\phi(s_t),a;\theta)$；

注意：这里选最大动作时用到的值函数网络与逼近值函数所用的网络是一个网络，都对应 $\boldsymbol{\theta}$。

注意：第[7]行和第[8]行是行动策略，即 $\varepsilon-$greedy 策略。

第[9]行，在仿真器中执行动作a_t，观测回报r_t以及图像x_{t+1}；

第[10]行，设置$s_{t+1}=s_t,a_t,x_{t+1}$，预处理$\phi_{t+1}=\phi(s_{t+1})$；

第[11]行，将转换$(\phi_t,a_t,r_t,\phi_{t+1})$储存在回放记忆 D 中；

第[12]行，从回放记忆 D 中均匀随机采样一个转换样本数据，用$(\phi_j,a_j,r_j,\phi_{j+1})$表示；

第[13]行，判断是否是一个事件的终止状态，若是则 TD 目标为r_j，否则利用 TD 目标网络θ^-计算 TD 目标$r+\gamma\max_{a'}Q(s',a';\theta^-)$；

第[14]行，执行一次梯度下降算法$\Delta\theta=\alpha\left[r+\gamma\max_{a'}Q(s',a';\theta^-)-Q(s,a;\theta)\right]\nabla Q(s,a;\theta)$；

第[15]行，更新动作值函数逼近的网络参数$\theta=\theta+\Delta\theta$；

第[16]行，每隔 C 步更新一次 TD 目标网络权值，即令$\theta^-=\theta$；

第[17]行，结束每次事件内循环；

第[18]行，结束事件间循环。

我们可以看到，在第[12]行利用了经验回放；在第[13]行利用了独立的目标网络θ^-；第[15]行更新动作值函数逼近网络参数；第[17]行更新目标网络参数。

6.2.2 Double DQN

上一节我们讲了第一个深度强化学习方法 DQN，DQN 的框架仍然是 Qlearning。DQN 只是利用了卷积神经网络表示动作值函数，并利用了经验回放和单独设立目标网络这两个技巧。DQN 无法克服 Qlearning 本身所固有的缺点——过估计。

那么什么是过估计？Qlearning 为何具有过估计的缺点呢？

过估计是指估计的值函数比真实值函数要大。一般来说，Qlearning 之所以存在过估计的问题，根源在于 Qlearning 中的最大化操作。

Qlearning 评估值函数的数学公式如下有两类。

- 对于表格型，值函数评估的更新公式为

$$Q(s_t,a_t) \leftarrow Q(s_t,a_t) + \alpha\left[r_t + \gamma \max_a Q(s_{t+1},a) - Q(s_t,a_t)\right]$$

- 对于基于函数逼近的方法的值函数更新公式为

$$\theta_{t+1} = \theta_t + \alpha\left(R_{t+1} + \gamma \max_a Q(S_{t+1},a;\theta_t) - Q(S_t,A_t;\theta_t)\right)\nabla_{\theta_t} Q(S_t,A_t;\theta_t)$$

从以上两个式子我们知道，不管是表格型还是基于函数逼近的方法，值函数的更新公式中都有 max 操作。

max 操作使得估计的值函数比值函数的真实值大。如果值函数每一点的值都被过估计了相同的幅度，即过估计量是均匀的，那么由于最优策略是贪婪策略，即找到最大的值函数所对应的动作，这时候最优策略是保持不变的。也就是说，在这种情况下，即使值函数被过估计了，也不影响最优的策略。强化学习的目标是找到最优的策略，而不是要得到值函数，所以这时候就算是值函数被过估计了，最终也不影响我们解决问题。然而，在实际情况中，过估计量并非是均匀的，因此值函数的过估计会影响最终的策略决策，从而导致最终的策略并非最优，而只是次优。

为了解决值函数过估计的问题，Hasselt 提出了 Double Qlearning 的方法。所谓 Double Qlearning 是将动作的选择和动作的评估分别用不同的值函数来实现。

那么，什么是动作的选择？什么是动作的评估？我们做些简要的说明。

- 动作选择

在 Qlearning 的值函数更新中，TD 目标为

$$Y_t^Q = R_{t+1} + \gamma \max_a Q(S_{t+1},a;\theta_t)$$

在求 TD 目标Y_t^Q的时候，我们首先需要选择一个动作即$a*$，该动作a^*应该满足在状态S_{t+1}处$Q(S_{t+1},a)$最大，这就是动作选择。

- 动作评估

动作评估是指选出a^*后，利用a^*处的动作值函数构造 TD 目标。

一般 Qlearning 利用同一个参数θ_t来选择和评估动作。

Double Qlearning 分别用不同的行为值函数选择和评估动作。Double Qlearning 的 TD 目标公式为

$$Y_t^{\text{DoubleQ}}=R_{t+1}+\gamma Q\left(S_{t+1},\arg\max_a Q(S_{t+1},a;\theta_t);\theta_t^{'}\right)$$

从该公式我们看到，动作的选择所用的动作值函数为

$$\arg\max_a Q(S_{t+1},a;\theta_t),$$

这时动作值函数网络的参数为θ_t。当选出最大的动作a^*后，动作评估的公式为

$$Y_t^{\text{DoubleQ}}=R_{t+1}+\gamma Q(S_{t+1},a^*;\theta_t^{'})$$

动作评估所用的动作值函数网络参数为$\theta_t^{'}$。

将 Double Qlearning 的思想应用到 DQN 中，则得到 Double DQN 即 DDQN，其 TD 目标为

$$Y_t^{\text{Double}}\equiv R_{t+1}+\gamma Q\left(S_{t+1},\arg\max_a Q(S_{t+1},a;\theta_t^{-});\theta_t{'}\right)$$

6.2.3 优先回放（Prioritized Replay）

DQN 的成功归因于经验回放和独立的目标网络。Double DQN 改进了 Qlearning 中的 max 操作，经验回放仍然采用均匀分布。经验回放时利用均匀分布采样并不是高效利用数据的方法。因为，智能体的经验即经历过的数据，对于智能体的学习并非具有同等重要的意义。智能体在某些状态的学习效率比其他状态的学习效率高。优先回放的基本思想就是打破均匀采样，赋予学习效率高的状态以更大的采样权重。

如何选择权重？一个理想的标准是智能体学习的效率越高，权重越大。符合该标准的一个选择是 TD 偏差δ。TD 偏差越大，说明该状态处的值函数与 TD 目标的差距越大，智能体的更新量越大，因此该处的学习效率越高。

我们设样本i处的 TD 偏差为δ_i，则该样本处的采样概率为

$$P(i)=\frac{p_i^\alpha}{\Sigma_k p_k^\alpha}$$

其中p_i^α由 TD 偏差δ_i决定。一般有两种方法，第一种方法是$p_i=|\delta_i|+\epsilon$；第二种方法是$p_i=\frac{1}{rank(i)}$，其中$rank(i)$根据$|\delta_i|$的排序得到。

当我们采用优先回放的概率分布采样时，动作值函数的估计值是一个有偏估计。

因为采样分布与动作值函数的分布是两个完全不同的分布，为了矫正这个偏差，我们需要乘以一个重要性采样系数$w_i=\left(\frac{1}{N}\cdot\frac{1}{P(i)}\right)^{\beta}$。

带有优先回放的 Double DQN 的伪代码如图 6.10b 所示。

Algorithm 1 Double DQN with proportional prioritization

1: **Input:** minibatch k, step-size η, replay period K and size N, exponents α and β, budget T.
2: Initialize replay memory $\mathcal{H}=\emptyset$, $\Delta=0$, $p_1=1$
3: Observe S_0 and choose $A_0\sim\pi_\theta(S_0)$
4: **for** $t=1$ **to** T **do**
5: Observe S_t, R_t, γ_t
6: Store transition $(S_{t-1}, A_{t-1}, R_t, \gamma_t, S_t)$ in $\mathcal{H}$ with maximal priority $p_t=\max_{i<t} p_i$
7: **if** $t\equiv 0 \mod K$ **then**
8: **for** $j=1$ **to** k **do**
9: Sample transition $j\sim P(j)=p_j^\alpha/\sum_i p_i^\alpha$
10: Compute importance-sampling weight $w_j=(N\cdot P(j))^{-\beta}/\max_i w_i$
11: Compute TD-error $\delta_j=R_j+\gamma_j Q_{\text{target}}(S_j, \arg\max_a Q(S_j,a))-Q(S_{j-1},A_{j-1})$
12: Update transition priority $p_j\leftarrow|\delta_j|$
13: Accumulate weight-change $\Delta\leftarrow\Delta+w_j\cdot\delta_j\cdot\nabla_\theta Q(S_{j-1},A_{j-1})$
14: **end for**
15: Update weights $\theta\leftarrow\theta+\eta\cdot\Delta$, reset $\Delta=0$
16: From time to time copy weights into target network $\theta_{\text{target}}\leftarrow\theta$
17: **end if**
18: Choose action $A_t\sim\pi_\theta(S_t)$
19: **end for**

图 6.10 b 带有经验回放的 Double DQN 伪代码

下面我们逐行说明该伪代码。

第[1]行，输入：确定 minibatch 的大小$\boldsymbol{k}$，步长$\boldsymbol{\eta}$，回放周期$\boldsymbol{K}$，存储数据的总大小 N，常数$\boldsymbol{\alpha},\boldsymbol{\beta}$，总时间$\boldsymbol{T}$；

第[2]行，初始化回放记忆库$\mathcal{H}=\varnothing$，$\triangle=0$，$p_1=0$；

第[3]行，观测初试状态$\boldsymbol{S_0}$，选择动作$\boldsymbol{A_0}$~$\boldsymbol{\pi_\theta(S_0)}$；

第[4]行，时间从 t=1 到总时间 T，进入循环；

第[5]行，利用动作 A 作用于环境，环境返回观测$\boldsymbol{S_t,R_t,\gamma_t}$；

第[6]行，将数据$(\boldsymbol{S_{t-1},A_{t-1},R_t,\gamma_t,S_t})$存储到记忆库$\mathcal{H}$中，且令其优先级为$\boldsymbol{p_t=\max_{i<t}p_i}$，采用该优先级初始化的目的是保证每个样本至少被利用一次；

第[7]行，每隔 K 步回放一次；

第[8]行：依次采集 k 个样本；

第[9]行，根据概率分布$\boldsymbol{j}$~$\boldsymbol{P(j)=p_j^\alpha/\Sigma_i p_i^\alpha}$采样一个样本点；

第[10]行，计算样本点的重要性权重$w_j=(N\cdot P(j))^{-\beta}/\max_i w_i$；

第[11]行，计算该样本点处的 TD 偏差

$$\delta_j=R_j+\gamma_j Q_{\text{target}}(S_j,\arg\max_a Q(S_j,a))-Q(S_{j-1},A_{j-1})；$$

第[12]行，更新该样本的优先级$p_j\leftarrow|\delta_j|$；

第[13]行，累积权重的改变量$\triangle\leftarrow\triangle+w_j\cdot\delta_j\cdot\nabla_\theta Q(S_{j-1},A_{j-1})$；

第[14]行，结束本样本的处理，采样下一个样本；

第[15]行，采样并处理完 k 个样本后更新权重值$\theta\leftarrow\theta+\eta\cdot\Delta$，重新设置$\Delta=0$；

第[16]行，偶尔地复制新权重到目标网络中，即$\theta_{\text{target}}\leftarrow\theta$；

第[17]行，结束一次更新；

第[18]行，根据新的策略$A_t\sim\pi_\theta(S_t)$选择下一个动作；

第[19]行，利用新的动作作用于环境，得到新数据，进入新循环。

需要注意的是第[9]行的采样方法需要对 P 的所有样本排序，这非常消耗计算能力，为了更好地采样，可以利用更高级的算法，如 SumTree 的方法，具体可参看相关论文。

6.2.4 Dueling DQN

不管是最初的 DQN，还是由 DQN 演化出的 Double DQN、经验优先回放 DQN 在值函数逼近时所用的神经网络都是卷积神经网络。Dueling DQN 则从网络结构上改进了 DQN。动作值函数可以分解为状态值函数和优势函数（本书第 8 章有形象的解释），即

$$Q^\pi(s,a)=V^\pi(s)+A^\pi(s,a)$$

前面介绍的各类 DQN 方法，直接利用神经网络逼近$Q^\pi(s,a)$，Dueling DQN 则对$V^\pi(s)$和$A^\pi(s,a)$分别利用神经网络逼近，其网络结构如图 6.10c 所示。

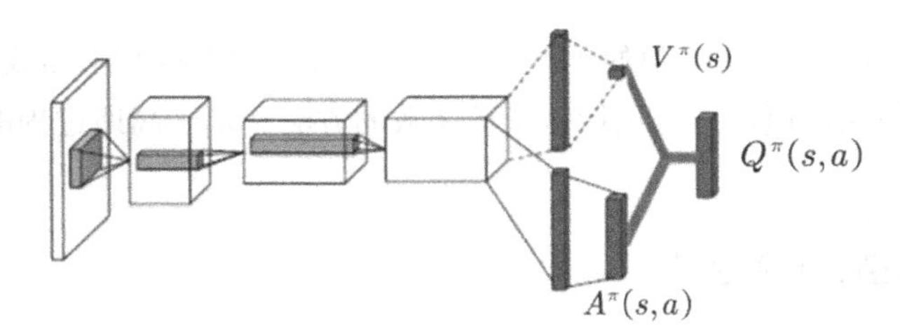

图 6.10c Dueling DQN 网络结构

6.3 函数逼近方法

本章第一节介绍了基于值函数逼近的强化学习算法。这一节我们扩展视野，从数学的角度去全面了解函数逼近方法。函数逼近方法可以分为基于参数的函数逼近方法和基于非参数的函数逼近方法。下面我们详细介绍。

6.3.1 基于非参数的函数逼近

基于非参数的函数逼近，并非指没有任何参数的函数逼近，而是指参数的个数和基底的形式并非固定、由样本决定的逼近方法。

我们举个例子。比如已知训练样本为 N 个的数据集 $T=\{(x_1,y_1),(x_2,y_2),\cdots,(x_N,y_N)\}$，求逼近这些样本点的函数。

我们先看看基于参数的方法是怎么做的。

正如前面所说，基于参数的方法是先选一组基函数$\boldsymbol{\phi_i(x)}$，然后设函数的形式为$\boldsymbol{f(x)=\sum_{i=1}^{m}\theta_i\phi_i(x)}$，利用训练数据集和优化方法得到参数$\boldsymbol{\theta_1,\cdots,\theta_m}$。这种基于参数的方法，不管训练集数据量的多少，基函数的形式、参数的个数都是事先给定的。

基于非参数的函数逼近方法则不同，在非参数的函数逼近中，每个样本都会成为函数逼近的一部分。如基于核的函数逼近，最终逼近的函数形式为

$$\boldsymbol{f(x)=\sum_{i=1}^{N}\alpha_i y_i K(x,x_i)+b}$$

从上式中我们看到，最后的函数逼近形式$\boldsymbol{f(x)}$由 N 个基函数组成，这里的 N 为样本的数目，每个基函数$\boldsymbol{y_i K(x,x_i)}$对应着训练数据集中的一个样本点$\boldsymbol{(x_i,y_i)}$，因此样

本数越多，函数项越多。非参数的函数逼近是基于样本数据推测未知数据的一种方法。常用的非参数的函数逼近方法包括基于核函数的方法和基于高斯过程的方法。下面我们一一介绍。

1．基于核函数的方法[11]

核函数的提出与支持向量机（SVM）有密切的联系。所以，我们先了解支持向量机求解问题的推导过程。

如图 6.11 所示为二分类问题，其目标是找到一条线分开不同类别的数据。对于高维数据，分类问题可归结为寻找超平面问题，即给定训练数据集 $T=\{(x_1,y_1),(x_2,y_2),\cdots,(x_N,y_N)\}$，找到可分开数据集的超平面：

$$w^*\cdot x+b^*=0 \tag{6.8}$$

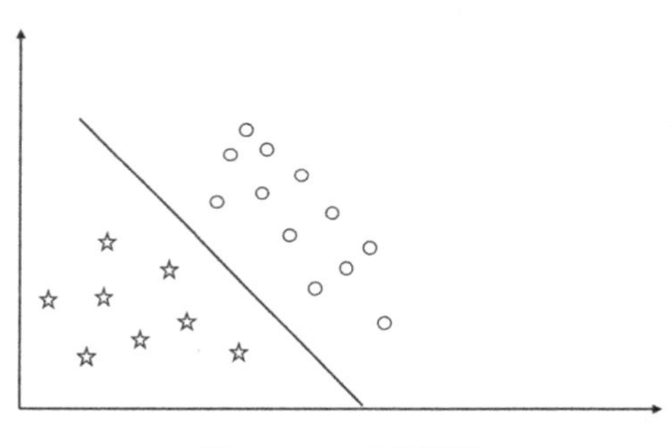

图 6.11　二分类问题

经过一系列转换，该分类问题可转化为如下最大间隔的优化问题：

$$\begin{aligned}&\min_{w,b}\ \frac{1}{2}\|w\|^2\\&s.t.\ y_i(w\cdot x_i+b)-1\geqslant 0,\quad i=1,2,\cdots,N\end{aligned} \tag{6.9}$$

这是一个凸二次规划问题，有很多种解决的方法。但由于约束条件是解析的线性不等式，我们可将其转化为对偶优化问题，再利用解析的方法求解。之所以采用这种方法也是为了引出核函数。

为了解决（6.9）式，我们定义拉格朗日函数：

$$L(w,b,\lambda)=\frac{1}{2}\|w\|^2-\sum_{i=1}^{N}\lambda_i y_i(w\cdot x_i+b)+\sum_{i=1}^{N}\lambda_i \tag{6.10}$$

根据拉格朗日对偶性，（6.9）式的对偶问题是极大极小问题：

$$\max_{\lambda}\ \min_{w,b} L(w,b,\lambda)$$

可以分两步解决：

第一步，求$\min_{w,b} L(w,b,\lambda)$。

将拉格朗日函数$L(w,b,\lambda)$分别对w,b求偏导数，并等于0，即

$$\nabla_w L(w,b,\lambda)=w-\sum_{i=1}^{N}\lambda_i y_i x_i=0$$

$$\nabla_b L(w,b,\lambda)=\sum_{i=1}^{N}\lambda_i y_i=0$$

整理得

$$w=\sum_{i=1}^{N}\lambda_i y_i x_i \tag{6.11}$$

$$\sum_{i=1}^{N}\lambda_i y_i=0 \tag{6.12}$$

将（6.11）式和（6.12）式代入（6.10）式，并利用（6.12）式可以得到拉格朗日函数为

$$L(w,b,\lambda)=-\frac{1}{2}\sum_{i=1}^{N}\sum_{j=1}^{N}\lambda_i\lambda_j y_i y_j(x_i\cdot x_j)+\sum_{i=1}^{N}\lambda_i$$

即

$$\min_{w,b} L(w,b,\lambda)=-\frac{1}{2}\sum_{i=1}^{N}\sum_{j=1}^{N}\lambda_i\lambda_j y_i y_j(x_i\cdot x_j)+\sum_{i=1}^{N}\lambda_i$$

第二步，求$\min_{w,b} L(w,b,\lambda)$对$\lambda$的极大，即原问题的对偶问题。

$$\begin{aligned}&\max_{\lambda}\ -\frac{1}{2}\sum_{i=1}^{N}\sum_{j=1}^{N}\lambda_i\lambda_j y_i y_j(x_i\cdot x_j)+\sum_{i=1}^{N}\lambda_i\\ &s.t.\quad \sum_{i=1}^{N}\lambda_i y_i=0\\ &\qquad\ \lambda_i\geqslant 0,\ i=1,2,\cdots,N\end{aligned} \tag{6.13}$$

在（6.13）式的目标函数前面加负号，将求极大问题转化为求标准的极小问题：

$$
\begin{aligned}
&\min_{\lambda}\frac{1}{2}\sum_{i=1}^{N}\sum_{j=1}^{N}\lambda_i\lambda_j y_i y_j(x_i\cdot x_j)-\sum_{i=1}^{N}\lambda_i\\
&s.t.\quad \sum_{i=1}^{N}\lambda_i y_i=0\\
&\qquad\ \ \lambda_i\geqslant 0,\ i=1,2,\cdots,N
\end{aligned}
\tag{6.14}
$$

由（6.14）式我们可以求得拉格朗日乘子λ，然后根据λ求得

$$
w^*=\sum_{i=1}^{N}\lambda_i y_i x_i,\quad b=y_j-\sum_{i=1}^{N}\lambda_i y_i(x_i\cdot x_j) \tag{6.15}
$$

将（6.15）式代入（6.8）式可以得到最终的方程为

$$
\sum_{i=1}^{N}\lambda_i y_i x_i x+y_j-\sum_{i=1}^{N}\lambda_i y_i(x_i\cdot x_j)=0 \tag{6.16}
$$

从上面的例子我们看到，在整个求解优化问题的过程中，目标函数（6.14）式和最终的解表示（6.16）式中的输入总是以成对输入乘积的形式出现，即总是以$x_i\cdot x_j$的形式出现。我们将两个输入x_i和x_j的乘积定义为核函数$K(x_i,x_j)$，那么利用核函数就可以求得最终解，即最终方程为

$$
\sum_{i=1}^{N}\lambda_i y_i K(x_i,x)+y_j-\sum_{i=1}^{N}\lambda_i y_i K(x_i,x_j)=0 \tag{6.17}
$$

在该例子中，核函数是简单的欧式乘积核。对于线性可分的简单问题，核函数的定义很简单。我们可以利用核函数丰富的性质求解更复杂的问题，比如线性不可分问题，如图 6.12 所示。

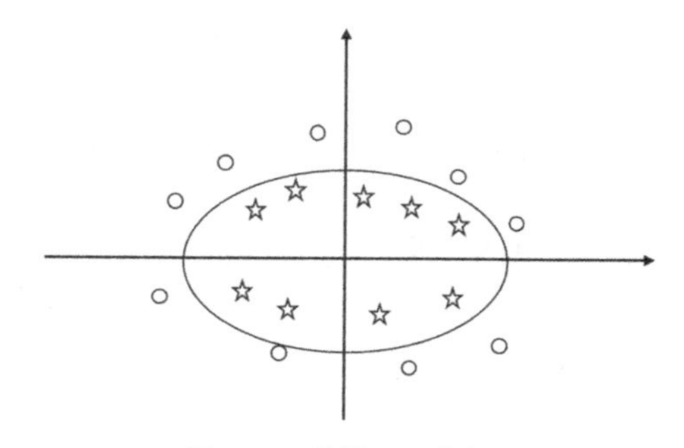

图 6.12　线性不可分问题

下面我们看看核函数的标准定义。

设 $\mathcal{X}$ 是输入空间，又设 $\mathcal{H}$ 为特征空间，如果存在一个从 $\mathcal{X}$ 到 $\mathcal{H}$ 的映射 $\phi(x):\mathcal{X}\rightarrow\mathcal{H}$ 的映射：$\phi(x):\mathcal{X}\rightarrow\mathcal{H}$，使得对所有的$x,z\in\mathcal{X}$，函数$K(x,z)$满足条件：

$K(x,z)=\phi(x)\cdot\phi(x)$，则称$K(x,z)$为核函数，$\phi(x)$为映射函数，式中$\phi(x)\cdot\phi(z)$为$\phi(x)$和$\phi(z)$的内积。

核函数的本质是将输入空间通过映射函数$\phi(x)$映射到特征空间中，对于很多问题，在原空间中是线性不可分的，但是映射到特征空间后就成了线性可分的了。不过，利用核函数不需要显式地构造映射函数$\phi(x)$。

常用的核函数有以下几种。

- 线性核：$K(x,y)=x^Ty+c$
- 多项式核：$K(x,y)=(ax^Ty+c)^d$
- 径向基核函数：$K(x,y)=\exp(-\gamma\|x-y\|^2)$
- Sigmoid 核函数：$K(x,y)=\tanh(a(x^Ty)+c)$

有了核函数的定义，我们就可以利用核函数方法逼近函数了。例如，在非线性支持向量机学习算法中，核函数的使用方法如下。

已知输入为训练集$T=\{(x_1,y_1),(x_2,y_2),\cdots,(x_N,y_N)\}$，输出为分类决策函数。

① 选取适当的核函数$K(x,z)$和适当的参数 C，构造并求解优化问题。

$$\min_{\lambda}\frac{1}{2}\sum_{i=1}^{N}\sum_{j=1}^{N}\lambda_i\lambda_j y_i y_j K(x_i\cdot x_j)-\sum_{i=1}^{N}\lambda_i$$

$$s.t.\quad \sum_{i=1}^{N}\lambda_i y_i=0$$

$$0\leqslant\lambda_i\leqslant C,\ i=1,2,\cdots,N$$

由于$K(x,z)$是一个正定核，该问题是个凸二次规划问题，因此解存在。其解为λ。

② 得到λ，选择其中正分量$0<\lambda_j<C$，计算截距 $b=y_j-\sum_{i=1}^{N}\lambda_i y_i K(x_i\cdot x_j)$。

③ 超曲面的方程为

$$\sum_{i=1}^{N}\lambda_i y_i K(x_i,x)+y_j-\sum_{i=1}^{N}\lambda_i y_i K(x_i,x_j)=0$$

从该问题的求解过程可以看出，利用核函数法逼近函数的关键是将问题构造成一个带有核函数的优化问题。

2．基于高斯过程的函数逼近方法[12]

高斯过程预测是给定训练数据集 $D:=\{X:=[x_1,\cdots,x_n]^T,y:=[y_1,\cdots,y_n]^T\}$ 和测试点x_*，求出在测试点x_*时的预测值$\tilde{f}(x_*)$。

定义预测值$\tilde{f}(x_*)=f(x_*)+\varepsilon$，定义$f(x)$之间的协方差矩阵为核函数：

$$cov(f(x),f(x'))=\alpha^2\exp\left(-\frac{1}{2}(x-x')^T\Lambda^{-1}(x-x')\right)$$

则输出之间的协方差矩阵为

$$\begin{aligned}cov\left(\tilde{f}(x),\tilde{f}(x')\right)&=cov(f(x)+\varepsilon,f(x')+\varepsilon)\\&=cov(f(x),f(x'))+cov(\varepsilon,\varepsilon)\\&=k(x,x')+\sigma_\varepsilon^2 I\end{aligned}$$

高斯过程回归是在函数空间上建模，利用后验公式对预测值进行推理得出，用在此处即为$p\left(\tilde{f}(x_*)|y\right)$。

根据已知条件，我们可以得到输入y和预测值$\tilde{f}(x_*)$的联合概率分布。由于输入都是高斯分布，因此其联合概率分布也是高斯的，又由于输入值没有任何经验，因此输入数据的先验均值为零，输出的均值也为零。

令$k_*:=k(X,x_*)$，$k_{**}:=k(x_*,x_*),\beta:=(K+\sigma_\varepsilon^2 I)^{-1}y$，$K_{ij}=k(x_i,x_j)$，则联合高斯分布为

$$\begin{bmatrix}y\\\tilde{f}(x_*)\end{bmatrix}\sim\mathcal{N}\left(\begin{bmatrix}0\\0\end{bmatrix},\begin{bmatrix}K+\sigma_\varepsilon^2 I & k_*\\k_*^T & k_{**}\end{bmatrix}\right)$$

联合概率分布的协方差矩阵可分解为

$$\begin{bmatrix} K+\sigma_\varepsilon^2 I & k_* \\ k_*^T & k_{**} \end{bmatrix} = \begin{bmatrix} 1 & 0 \\ k_*^T(K+\sigma_\varepsilon^2 I)^{-1} & 1 \end{bmatrix} \begin{bmatrix} K+\sigma_\varepsilon^2 I & 0 \\ 0 & k_{**}-k_*^T(K+\sigma_\varepsilon^2 I)^{-1}k_* \end{bmatrix}$$
$$\begin{bmatrix} 1 & (K+\sigma_\varepsilon^2 I)^{-1}k_* \\ 0 & 1 \end{bmatrix}$$

因此，

$$\begin{bmatrix} K+\sigma_\varepsilon^2 & k_* \\ k_*^T & k_{**} \end{bmatrix}^{-1} = \begin{bmatrix} 1 & -(K+\sigma_\varepsilon^2)^{-1}k_* \\ 0 & 1 \end{bmatrix} \begin{bmatrix} (K+\sigma_\varepsilon^2)^{-1} & 0 \\ 0 & (k_{**}-k_*^T(K+\sigma_\varepsilon^2)^{-1}k_*)^{-1} \end{bmatrix}$$
$$\begin{bmatrix} 1 & 0 \\ -k_*^T(K+\sigma_\varepsilon^2)^{-1} & 1 \end{bmatrix}$$

根据高斯分布公式有

$$\left(\begin{bmatrix} y \\ \tilde{f}(x_*) \end{bmatrix} - \begin{bmatrix} 0 \\ 0 \end{bmatrix}\right)^T \begin{bmatrix} K+\sigma_\varepsilon^2 I & k_* \\ k_*^T & k_{**} \end{bmatrix}^{-1} \left(\begin{bmatrix} y \\ \tilde{f}(x_*) \end{bmatrix} - \begin{bmatrix} 0 \\ 0 \end{bmatrix}\right)$$
$$= \begin{bmatrix} y \\ \tilde{f}(x_*) \end{bmatrix}^T \begin{bmatrix} 1 & -(K+\sigma_\varepsilon^2 I)^{-1}k_* \\ 0 & 1 \end{bmatrix} \begin{bmatrix} (K+\sigma_\varepsilon^2 I)^{-1} & 0 \\ 0 & (k_{**}-k_*^T(K+\sigma_\varepsilon^2 I)^{-1}k_*)^{-1} \end{bmatrix} \begin{bmatrix} 1 & 0 \\ -k_*^T(K+\sigma_\varepsilon^2 I)^{-1} & 1 \end{bmatrix}$$
$$\begin{bmatrix} y \\ \tilde{f}(x_*) \end{bmatrix}$$

$= \left(\tilde{f}(x_*) - k_*^T(K+\sigma_\varepsilon^2 I)^{-1}y\right)^T (k_{**}-k_*^T(K+\sigma_\varepsilon^2 I)^{-1}k_*)^{-1} \left(\tilde{f}(x_*) - k_*^T(K+\sigma_\varepsilon^2 I)^{-1}y\right) + y^T(K+\sigma_\varepsilon^2 I)^{-1}y$ 由联合概率分布公式

$$p\left(y, \tilde{f}(x_*)\right) = p\left(\tilde{f}(x_*)|y\right)p(y)$$

根据上面上式的对应关系我们得到后验概率分布服从如下高斯分布：

$$p\left(\tilde{f}(x_*)|y\right) \sim \mathcal{N}\left(k_*^T(K+\sigma_\varepsilon^2 I)^{-1}y, k_{**}-k_*^T(K+\sigma_\varepsilon^2 I)^{-1}k_*\right)$$

即

$$m_f(x_*) = k_*^T(K+\sigma_\varepsilon^2 I)^{-1}y = k_*^T\beta$$
$$\sigma_f^2\left(\tilde{f}_*\right) = k_{**} - k_*^T(K+\sigma_\varepsilon^2 I)^{-1}k_*$$

6.3.2 基于参数的函数逼近

6.1 节介绍了基于参数的线性逼近。我们再回顾一下，基于参数的线性逼近可以用（6.18）式表示。

$$\hat{v}(s,\theta)=\theta^T\phi(s) \tag{6.18}$$

在利用（6.18）式线性逼近时，首先要选基函数$\phi(s)$，再根据损失函数训练得到基函数所对应的参数θ。这种线性逼近的方法表示能力非常有限，因为基函数的个数是事先固定的，对于复杂的函数，数量太少的基函数无法得到好的逼近效果；而且基函数的形式是事先选定的，这也限制了函数的逼近能力。

有没有一种方法，使得基函数$\phi(s)$是变化的呢？

有。第一种方法就是前面阐述的非参数化函数逼近方法。在非参数化函数逼近中，我们看到基函数的个数和形式由采样点决定，因此非参数化的函数逼近方法具有无穷的表现力。但是，非参数化的函数逼近存在着维数灾难和随着数据增多计算量指数升高的问题。

第二种方法是神经网络。神经网络可以看成是基函数参数化的一种方法。为什么？

我们先来看前向神经网络，如图 6.13 所示。

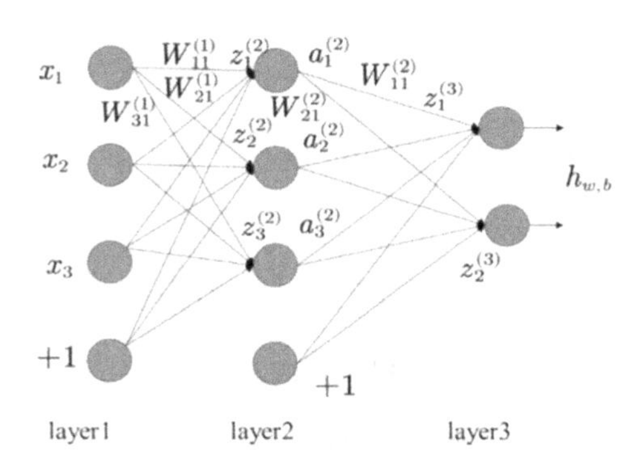

图 6.13　前向神经网络

该神经网络包括三层，第一层为输入层，第二层为隐含层，第三层为输出层。为了便于表述，我们做如下符号规定。

n_l表示整个神经网络的结构，在图 6.13 中$n_l=3$，将第l层记为L_l，因此L_1为输入层，L_{n_l}为输出层。神经网络的参数用(W,b)表示，其中$W_{ij}^{(l)}$是第l层第j单元与第$l+1$层第i单元之间的连接参数，$b_i^{(l)}$是第$l+1$层第i单元的偏置项。在图 6.13 中，$W^{(1)}\in\mathcal{R}^{3\times3}$，$W^{(2)}\in\mathcal{R}^{3\times2}$。

$z_i^{(l)}$表示第l层第i个单元输入加权和，例如在图 6.13 中：

$$z_i^{(2)}=\sum_{j=1}^{n_1}W_{ij}^{(1)}x_j+b_i^{(1)},\ z_i^{(3)}=\sum_{j=1}^{n_2}W_{ij}^{(2)}x_j+b_i^{(2)}$$

$a_i^{(l)}$表示第l层的第i个单元激活，则$a_i^{(l)}=f(z_i^{(l)})$。

本例神经网络的前向计算可以总结为

$$z^{(2)}=W^{(1)}x+b^{(1)}$$
$$a^{(2)}=f(z^{(2)})$$
$$z^{(3)}=W^{(2)}a^{(2)}+b^{(2)}$$
$$h_{W,b}(x)=a^{(3)}=f(z^{(3)})$$

对于多层神经网络，从第l层的激活$a^{(l)}$到第$l+1$层的激活$a^{(l+1)}$，需要以下两步计算。

第一步，计算第l层激活$a^{(l)}$的线性组合$z^{(l+1)}$：

$$z^{(l+1)}=W^{(l)}a^{(l)}+b^{(l)} \tag{6.19}$$

第二步，将线性组合通过激活函数得到第$l+1$层的激活$a^{(l+1)}$：

$$a^{(l+1)}=f(z^{(l+1)}) \tag{6.20}$$

有了神经网络的基本概念，我们便可以回答，为什么神经网络是基函数参数化的一种方法了。假设输出层没有经过激活函数，则输出为

$$y=z^{(n_l)}=W^{(n_l-1)}a^{(n_l-1)}+b^{(n_l-1)}$$

其中a^{n_l-1}可以看成基函数或特征函数，由（6.20）式得$a^{n_l-1}=f\left(W^{(n_l-2)}a^{(n_l-2)}+b^{(n_l-2)}\right)$，$a^{n_l-1}$的参数为前$n_l-1$层的神经网络权值。由于基函数是参数化的，因此神经网络比基函数固定的线性逼近具有更强的函数逼近能力。现在我们对神经网络有了初步认识，那么如何更新网络权值以便实现函数逼近的目的呢？神经网络的训练使用的是反向传导算法。

神经网络的反向传导算法的基本思路如下。

神经网络根据损失函数，反向传播更新权值。设训练样本集为

$$T=\{(x^{(1)},y^{(1)}),(x^{(2)},y^{(2)}),\cdots,(x^{(N)},y^{(N)})\}$$

对于单个样本$(x^{(i)},y^{(i)})$，构造平方损失函数为

$$J(W,b;x^{(i)},y^{(i)})=\frac{1}{2}\|h_{W,b}(x^{(i)})-y^{(i)}\|^2$$

因此训练集T上的损失函数为

$$J(W,b)=\left[\frac{1}{N}\sum_{i=1}^{N}J(W,b;x^{(i)},y^{(i)})\right]+\frac{\lambda}{2}\sum_{l=1}^{n_l-1}\sum_{i=1}^{s_l}\sum_{j=1}^{s_{l+1}}(W_{ji}^{(l)})^2 \tag{6.21}$$

其中损失函数的第一项为均方损失，目的是让神经网络逼近训练数据；第二项为权值正则项，目的是防止网络过拟合。

有了损失函数，我们便可以利用梯度下降法来更新每个权值$W_{ij}^{(l)}$和$b_i^{(l)}$，其更新公式为

$$\begin{aligned}W_{ij}^{(l)}&=W_{ij}^{(l)}-\alpha\frac{\partial}{\partial W_{ij}^{(l)}}J(W,b)\\ b_i^{(l)}&=b_i^{(l)}-\alpha\frac{\partial}{\partial b_i^{(l)}}J(W,b)\end{aligned} \tag{6.22}$$

计算（6.22）式的关键是计算损失函数相对于每个权值的梯度。将（6.21）代入（6.22）可以得到

$$\begin{aligned}\frac{\partial}{\partial W_{ij}^{(l)}}J(W,b)&=\left[\frac{1}{N}\sum_{i=1}^{N}\frac{\partial}{\partial W_{ij}^{(l)}}J(W,b;x^{(i)},y^{(i)})\right]+\lambda W_{ij}^{(l)}\\ \frac{\partial}{\partial b_i^{(l)}}J(W,b)&=\frac{1}{N}\sum_{i=1}^{N}\frac{\partial}{\partial b_i^{(l)}}J(W,b;x^{(i)},y^{(i)})\end{aligned} \tag{6.23}$$

计算损失函数对第l层权值的梯度，可以利用后向传导的方法递推得到。也就是说损失函数对l层权重的梯度可由第$l+1$层的量计算得到。如何得到呢？下面我们具体推导一下。

第一步，利用（6.19）式和（6.20）式正向计算每一层的激活值$a^{(1)},a^{(2)},\cdots,a^{(n_l)}$；

第二步，计算输出层，也就是第n_l层的残差。残差就是损失函数对每个神经元输入的偏导。

对于输出层，可计算如下：

$$\begin{aligned}\delta_i^{(n_l)} &= \frac{\partial}{\partial z_i^{n_l}} J(W,b;x,y) = \frac{\partial}{\partial z_i^{n_l}} \frac{1}{2} \| y - h_{W,b}(x) \|^2 \\ &= \frac{\partial}{\partial z_i^{n_l}} \frac{1}{2} \sum_{j=1}^{S_{n_l}} \left(y_j - f\left(z_j^{(n_l)}\right)\right)^2 \\ &= -\left(y_i - a_i^{(n_l)}\right) \cdot f'\left(z_i^{(n_l)}\right)\end{aligned}$$

第三步，从输出层往后传播，递推得计算第n_l-1，n_l-2，n_l-3，$\cdots$，2的残差。计算公式为$\delta_i^{(l)} = \left(\sum_{j=1}^{s_{l+1}} W_{ji}^{(l)} \delta_j^{(l+1)}\right) f'\left(z_i^{(l)}\right)$。推导过程如下。

由定义得，第n_l-1层的残差为

$$\begin{aligned}\delta_i^{(n_l-1)} &= \frac{\partial}{\partial z_i^{n_l-1}} J(W,b;x,y) = \frac{\partial}{\partial z_i^{n_l-1}} \frac{1}{2} \sum_{j=1}^{S_{n_l}} \left(y_j - a_j^{(n_l)}\right)^2 \\ &= \frac{1}{2} \sum_{j=1}^{S_{n_l}} \frac{\partial}{\partial z_i^{n_l-1}} \left(y_j - f\left(z_j^{(n_l)}\right)\right)^2 \\ &= \sum_{j=1}^{S_{n_l}} -\left(y_j - f\left(z_j^{(n_l)}\right)\right) \cdot \frac{\partial}{\partial z_i^{(n_l-1)}} f\left(z_j^{(n_l)}\right) \\ &= \sum_{j=1}^{S_{n_l}} -\left(y_j - f\left(z_j^{(n_l)}\right)\right) \cdot f'\left(z_j^{(n_l)}\right) \cdot \frac{\partial z_j^{(n_l)}}{\partial z_i^{(n_l-1)}}\end{aligned} \tag{6.24}$$

由（6.19）式和（6.20）式得

$$z_j^{(n_l)} = \sum_{k=1}^{S_{n_l-1}} f\left(z_k^{n_l-1}\right) \cdot W_{jk}^{n_l-1} + b_j^{(n_l-1)} \tag{6.25}$$

将（6.25）式代入（6.24）式得

$$\delta_i^{(n_l-1)} = \sum_{j=1}^{S_{n_l}} \delta_j^{(n_l)} \cdot W_{ji}^{n_l-1} \cdot f'\left(z_i^{n_l-1}\right) \tag{6.26}$$

将n_l-1和n_l的关系替换为l与$l+1$的关系，可以得到残差的反向迭代计算公式：

$$\delta_i^{(l)} = \left(\sum_{j=1}^{s_{l+1}} W_{ji}^{(l)} \delta_j^{(l+1)}\right) f'\left(z_i^{(l)}\right) \tag{6.27}$$

第四步，计算偏导数。

$$\frac{\partial}{\partial W_{ij}^{(l)}}J(W,b;x,y)=\frac{\partial}{\partial z_j^{(l+1)}}J(W,b;x,y)\cdot\frac{\partial z_j^{(l+1)}}{\partial W_{ij}^{(l)}} \tag{6.28}$$

将（6.19）式代入（6.28）式得

$$\begin{aligned}\frac{\partial}{\partial W_{ij}^{(l)}}J(W,b;x,y)&=a_i^{(l)}\delta_j^{(l+1)}\\ \frac{\partial}{\partial b_i^{(l)}}J(W,b;x,y)&=\delta_i^{(l+1)}\end{aligned} \tag{6.29}$$

下面我们用图的形式解释残差传递过程，即解释（6.27）式。如图 6.14 所示为前向神经网络残差反向传播。

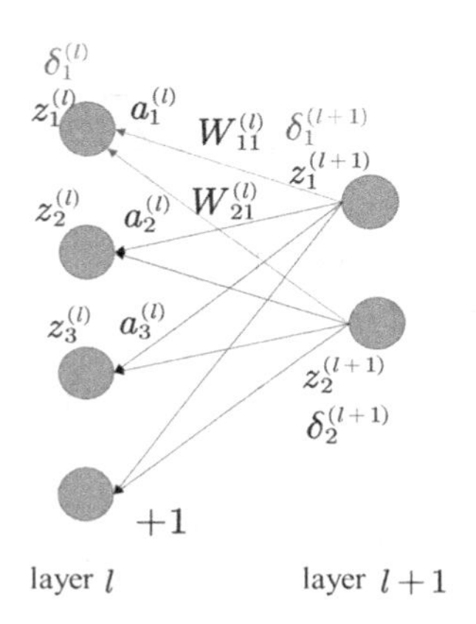

图 6.14　前向神经网络残差反向传播的图示

假设我们已经求得第$l+1$层的残差$\delta^{(l+1)}$，则第l层的第i个节点对应的残差如（6.27）式所示，即

$$\delta_i^{(l)}=\left(\sum_{j=1}^{s_{l+1}}W_{ji}^{(l)}\delta_j^{(l+1)}\right)f'(z_i^{(l)})$$

从该式中我们看到，第l层第i个节点的残差需要计算第$l+1$层的残差$\delta_j^{(l+1)}$乘以连接该节点的权重$W_{ji}^{(l)}$并求和$\sum_{j=1}^{s_{l+1}}W_{ji}^{(l)}\delta_j^{(l+1)}$。

至此，我们对前向神经网络的反向求导过程有了比较清楚的认识。再回到之前的话题，将神经网络看成一种参数化基函数的方法可以加深对神经网络的理解。由于基函数的参数是从数据中学习得到的，因此其表示能力大大提升。神经网络的每层都可看成是基于上一层的新的基函数，也就是特征。从这个意义上理解，后面一层是前面一层的抽象，这样可以对高维输入降维。和浅层网络相比，深度网络具有更强的表示能力。随着深度网络技术的突破性发展，深度学习已在各行各业广泛应用，尤其是卷积神经网络（CNN），被广泛应用于强化学习中，是深度强化学习算法最常用的深度网络。接下来我们详细介绍下卷积神经网络。

6.3.3 卷积神经网络

在深度神经网络中，网络的参数个数往往达到几万甚至几百万，很难训练。卷积神经网络则通过卷积和池化降低参数个数，加快网络训练过程。下面我们分别介绍卷积和池化。

1. 卷积运算

在数学上，卷积是两个函数之间的运算，即

$$s(t)=\int x(a)w(t-a)da$$

通常，我们用星号来表示卷积运算，即

$$s(t)=(x\star w)(t)$$

在卷积神经网络的术语中，第一个参数函数x通常称为输入（input），第二个参数函数w称为核函数；输出称为特征映射。在深度学习中，输入往往是多维数组，如输入是图片时，可表示为二维数组。

在多个维度上做卷积运算，如把一张二维的图像I作为输入，这时使用的卷积核也是二维的，记为 K；则二维卷积运算为

$$S(i,j)=(I\star K)(i,j)=\sum_m\sum_n I(m,n)K(i-m,j-n)$$

如图 6.15 所示为卷积操作的例子，图中灰底标记为其中的一个卷积过程。

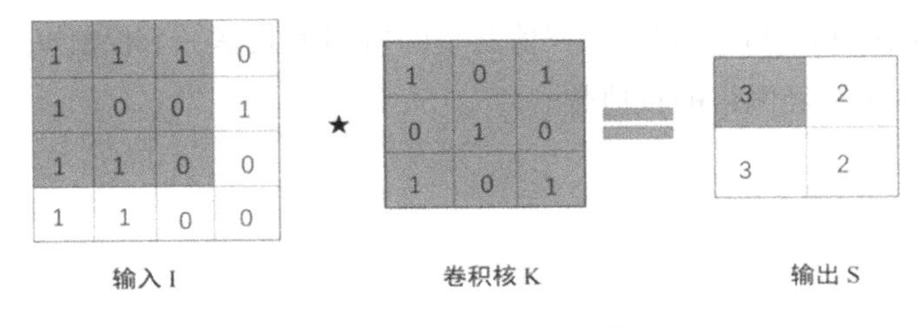

图 6.15 二维卷积操作

卷积神经网络将卷积操作引入神经网络的设计中，其中卷积核对应权重向量，卷积操作通过稀疏连接和权值共享帮助改进神经网络系统。

（1）稀疏连接。

在前向神经网络中（参见图 6.13），每层神经元之间的连接为全连接。卷积核使相邻层之间的连接不再是全连接，而是使神经元只和临近的神经元相连接。

如图 6.16 所示为神经网络稀疏连接和全连接的示意图，其中图 A 为稀疏连接网络，图 B 为全连接网络。以输入状态$\boldsymbol{x}_2$为例，在稀疏连接中$\boldsymbol{x}_2$只与下一层相邻的 3 个神经元相连，而在全连接网络中，$\boldsymbol{x}_2$与下一层的所有神经元相连。同样，下一层的$\boldsymbol{s}_2$在稀疏连接中只与输入层的$\boldsymbol{x}_1,\boldsymbol{x}_2,\boldsymbol{x}_3$相连接，在全连接中，$\boldsymbol{s}_2$要与上一层所有的输入相连。在二维的卷积操作中（参见图 6.15）， 下一层的元素只通过核与上一层的部分输入相连，相连的输入个数由卷积核的大小决定。在这里，卷积核相当于神经元中的感受野。稀疏连接大大减少了深度神经网络的权值。

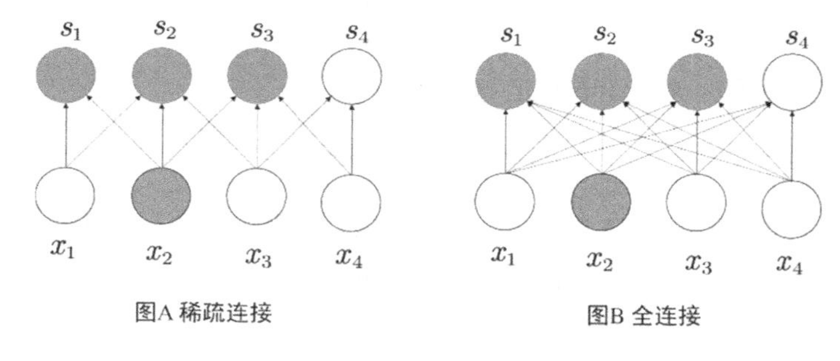

图 6.16 神经网络稀疏连接和全连接示意图

（2）权值共享。

权值共享，是指神经元在连接下一层神经元时使用相同的权值。如图 6.17 所示为神经网络权值共享的示意图。在权值非共享的前向神经网络中，每个连接都对应着不同的权值，而在权值共享机制中，权值处处相同。在图 6.17 的例子中，前向神经网络的权值为$\boldsymbol{W}_{11},\boldsymbol{W}_{22},\boldsymbol{W}_{33},\boldsymbol{W}_{44}$，它们在权值共享的机制下共享一个权值$\boldsymbol{w}_1$。权值共享机制再次急剧减少了神经网络的权值数。

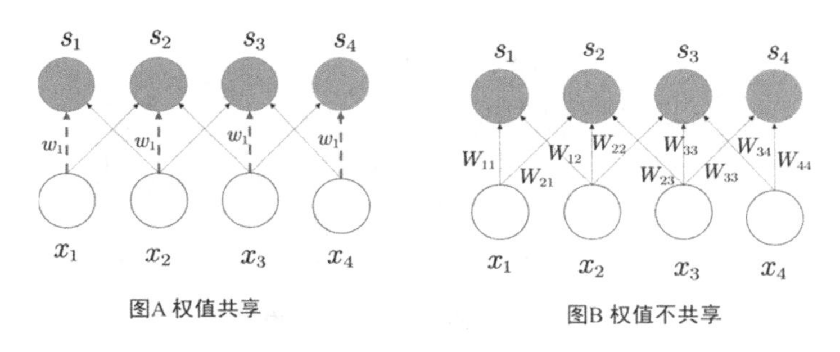

图 6.17 神经网络权值共享示意图

2. 池化

所谓池化，就是用某区域的统计特征来表示该区域。我们举个例子说明。如图 6.18 所示为最大池化示意图，左上角区域内的元素统计量为最大值 1，所以池化后代表左上角的元素为 1，以此类推。

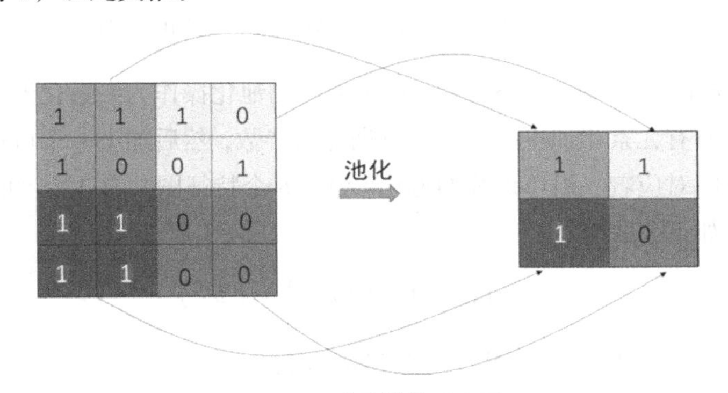

图 6.18 池化操作示意图

池化操作也可参数化，如区域内所有元素相加再乘以一个可训练的参数再加上一个可训练的偏置参数。

在卷积神经网络（CNN）中，卷积和池化常常交替使用。该网络结构相当于在普通的前向神经网络中应用了无限强的先验。此先验为卷积操作和池化操作，非常适用于图像这类网格型结构的数据，广泛应用在图像识别领域。在视频游戏中，由于输入是图像，因此用 CNN 结构的神经网络逼近值函数效果很好。

如图 6.19 所示为典型的卷积神经网络 LeNet 网络结构，其中卷积层和池化层常常交叉连接。下面我们详细讲解每一层。

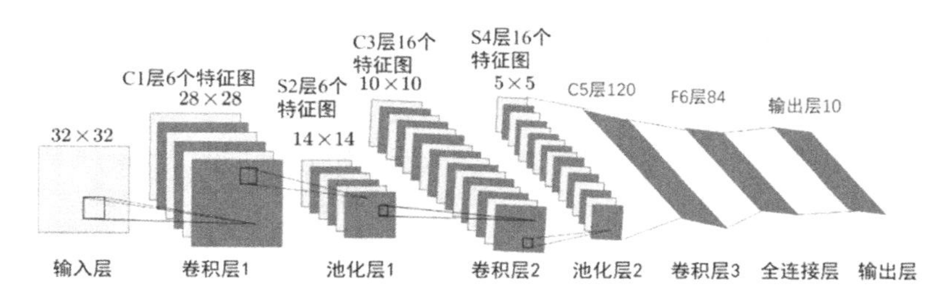

图 6.19　LeNet 神经网络结构

① 输入层。输入一张 32×32 像素大小的图像。

② 卷积层 1 即 C1 层。用 5×5 的卷积核对输入为 32×32 的图像做卷积操作（参见图 6.15）。由于不考虑拓展图像的边界，用 5×5 的卷积核卷积操作后，特征图的大小变为 28××28。从输入层到 C1 层一共用了 6 个不同的卷积核，每个卷积核得到一幅特征图，因此该层一共得到 6 个特征图。每个卷积核可训练的参数为 25 个，每个卷积核有一个偏置，因此该层共有（5×5+1）×6=156 个可训练的参数。

③ 池化层 1，即下采样层 S2 层。这里采用的池化操作为参数化池化操作。具体为池化区域内所有元素相加再乘以一个可训练的参数，然后加上一个可训练的偏置参数。每个特征图对应着一组可训练的池化参数，6 个特征图共有 12 个可训练的参数。下采样层可用如下公式表示：

$$x_j^{(l)}=f\left(\beta_j^{(l)}\mathrm{down}\left(x_j^{(l-1)}\right)+b_j^{(l)}\right) \tag{6.30}$$

其中可训练的参数为$\beta_j^{(l)}$和$b_j^{(l)}$，f 为激活函数。

④ 卷积层 2，即 C3 层。该层包括 16 个特征图。如何从 S2 层得到 C3 层呢？如图 6.20 所示为 S2 层和 C3 层之间的连接结构。我们举例说明该图的含义。

先看第一列，它的意思是 C3 层的第一个特征图与 S2 层中的第 1、2、3 个图相连。更形象的表示如图 6.21 所示。

	0	1	2	3	4	5	6	7	8	9	10	11	12	13	14	15
0	X				X	X	X			X	X	X	X		X	X
1	X	X				X	X	X			X	X	X	X		X
2	X	X	X				X	X	X	X		X		X	X	X
3		X	X	X			X	X	X	X			X		X	X
4			X	X	X			X	X	X	X		X	X		X
5				X	X	X			X	X	X	X		X	X	X

图 6.20　从 S2 层到 C3 层的连接结构

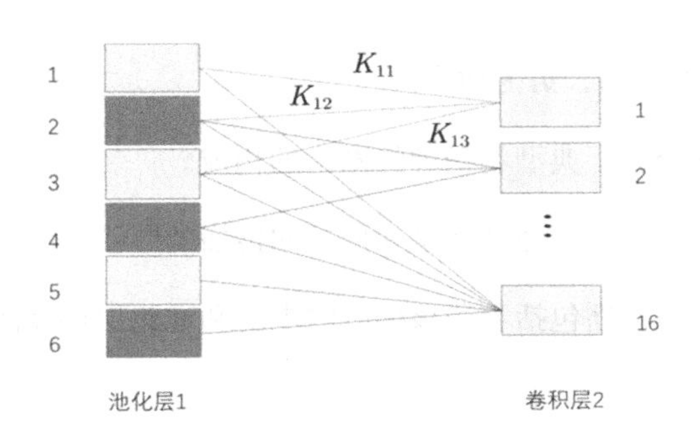

图 6.21　从 S2 层到 C3 层

从图 6.21 中可以看到，池化层有 6 个特征图，这些特征图经过与卷积核$\boldsymbol{K}_{ij}$的卷积操作得到 C3 层的 16 个特征图，其中$\boldsymbol{K}_{ij}$为作用到 S2 层中的第 j 个特征图并连接到 C3 层第 i 个特征图的卷积核。图 6.20 展示 LeNet 神经网络 S2 层与 C3 层的连接方式：一共有 60 个不同的卷积核，而每个卷积核有 5×5=25 个可训练的参数。C3 层每个特征图都有一个偏置，因此该层中可训练的参数个数为 5×5 60+1×16=1516 个。

卷积层可用如下公式表示。

$$\boldsymbol{x}_i^{(l)}=f\left(\sum_{j\in \boldsymbol{M}_j}\boldsymbol{x}_j^{(l-1)}\star \boldsymbol{k}_{ij}^{(l)}+\boldsymbol{b}_i^{(l)}\right) \tag{6.31}$$

其中$\boldsymbol{M}_j$表示选择的输入图的集合，如图 6.20 所示是 LeNet 神经网络的连接集合$\boldsymbol{M}$。

（5）池化层 2 即 S4 层是一个下采样层。它由 16 个 5×5 的特征图构成。与 S2 层一样，下采样层可用公式（6.30）计算得到。一共可训练的参数个数为 16×2=32 个。

（6）卷积层 3 即 C5 层，有 120 个特征图。C5 层中 120 个特征图的每个特征图都与 S4 层的 16 个特征图相连。运算公式为（6.31），其中不同卷积核的个数为 16×120，每个卷积核可以训练的参数为 5×5，因此该层可训练的参数个数为 16×120×5×5+120=48120。

（7）全连接层即 F6 层，包括 84 个单元，与 C5 层全连接。这一层和普通的前向神经网络没有任何区别，一共可训练的参数个数为 84×120+84=10164。

（8）输出层包括 10 个单元，每个单元有 84 个输入，每个单元的输出由欧式径向基函数给出。具体计算公式为

$$\boldsymbol{y}_i=\sum_j(\boldsymbol{x}_j-\boldsymbol{W}_{ij})^2$$

其中x_j为 F6 层的输出，y_i为输出。

至此，我们详细介绍了典型卷积神经网络的构成。

下面我们再来了解卷积神经网络是如何反向传播的[10]。

卷积神经网络反向传播包括卷积核梯度的求解和池化层梯度的求解，下面一一介绍。

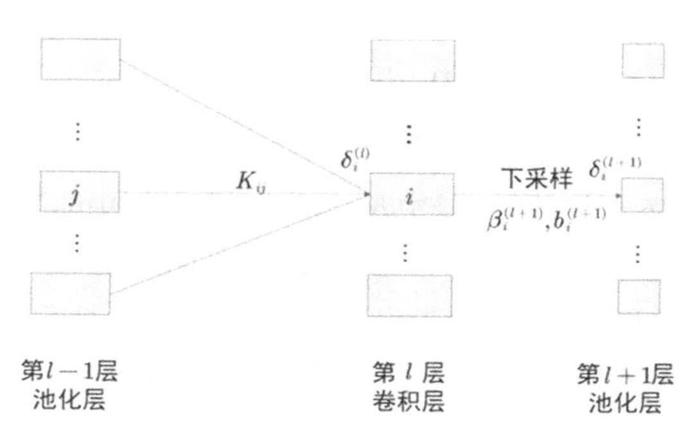

图 6.22　卷积神经网络卷积层

第一，卷积核梯度的求解。

和前向神经网络的反向梯度计算过程一样，卷积神经网络也需要先计算当前层的残差。如图 6.22 所示，根据网络结构，当前层的残差$\delta_i^{(l)}$由下层采样层$\delta_i^{(l+1)}$反向传播得到，计算公式为

$$\delta_i^{(l)} = \beta_i^{(l+1)}\left(f'(z_i^{(l)}) \circ \mathrm{up}(\delta_i^{(l+1)})\right) \tag{6.32}$$

有了残差之后，损失函数关于卷积核的导数可以写成

$$\frac{\partial E}{\partial K_{ij}^{(l)}} = \sum_{uv}(\delta_i^{(l)})_{uv}(P_j^{(l-1)})_{uv} \tag{6.33}$$

其中$P_j^{(l-1)}$为卷积操作时，与卷积核发生作用的第$l-1$层卷积层上的 patch。由于权值共享，与卷积核相乘的 patch 的个数为第l层卷积层特征图的维数。逆向传播计算卷积核的梯度时，权重共享主要体现在要将参与相同卷积核运算的所有 patch 加起来，因此（6.33）式是一个加和的形式。

第二，池化层梯度的求解。

如图 6.23 所示为卷积神经网络的池化层梯度求解，利用（6.27）可求得当前层的网络残差为

$$\delta_i^{(l)}=\left(\sum_{j=1}^{s_{l+1}} K_{ji}^{(l)}\delta_j^{(l+1)}\right)f'(z_i^{(l)}) \tag{6.34}$$

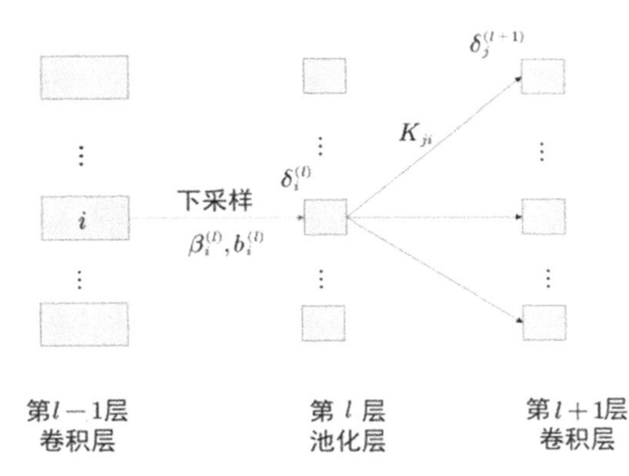

图 6.23　卷积神经网络池化层

在池化层中，梯度反向传播时需要经过下采样，因此定义下采样为

$$d_i^{(l)}=\mathrm{down}(x_i^{(l-1)}) \tag{6.35}$$

由（6.34）式和（6.35）式得到池化层梯度反向传播公式为

$$\begin{aligned}\frac{\partial E}{\partial \beta_i}&=\sum_{u,v}(\delta_i^{(l)}\circ d_i^{(l)})_{uv}\\ \frac{\partial E}{\partial b_i}&=\sum_{u,v}(\delta_i^{(l)})_{uv}\end{aligned} \tag{6.36}$$

6.4　习题

1. 为什么要引入值函数逼近，它可以解决哪些问题。

2. 试着用 DQN 方法玩雅达利游戏。

3. 试着比较 DQN 及其变种的效果。

4. 修改神经网络的优化方法并比较效果。

第三篇
基于直接策略搜索的强化学习方法

7 基于策略梯度的强化学习方法

7.1 基于策略梯度的强化学习方法理论讲解

从本章开始，我们学习强化学习中另一类很重要的方法：直接策略搜索方法。如图 7.1 所示为强化学习方法的分类示意图。

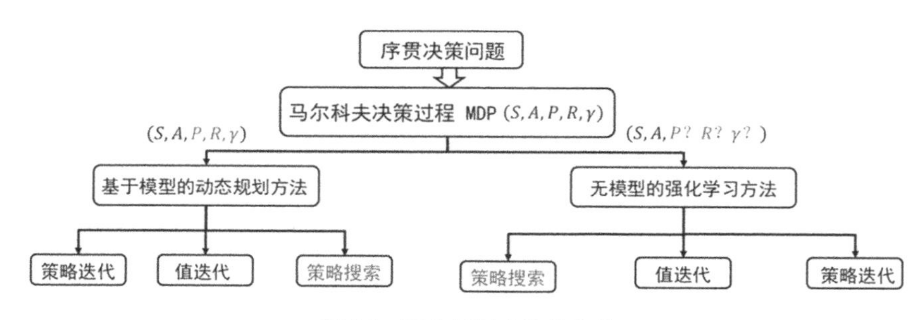

图 7.1 强化学习方法的分类

从第 1 章到第 6 章，我们先阐述了值函数的方法。广义值函数的方法包括策略评估和策略改善两个步骤。当值函数最优时，策略是最优的。此时的最优策略是贪婪策略。贪婪策略是指 $\arg\max_{a} Q_\theta(s,a)$，即在状态为 s 时，对应最大行为值函数的动作，它是一个状态空间向动作空间的映射，该映射就是最优策略。利用这种方法得到的策略往往是状态空间向有限集动作空间的映射。

策略搜索是将策略参数化，即$\pi_\theta(s)$：利用参数化的线性函数或非线性函数（如神经网络）表示策略，寻找最优的参数θ，使强化学习的目标——累积回报的期望$E\left[\sum_{t=0}^{H} R(s_t)|\pi_\theta\right]$最大。

在值函数的方法中，我们迭代计算的是值函数，再根据值函数改善策略；而在策略搜索方法中，我们直接对策略进行迭代计算，也就是迭代更新策略的参数值，直到累积回报的期望最大，此时的参数所对应的策略为最优策略。

在正式了解策略搜索方法之前，我们先比较一下值函数方法和直接策略搜索方法的优缺点。其实正是因为直接策略搜索方法比值函数方法拥有更多的优点，我们才有理由或动机去研究和学习并改进直接策略搜索方法。

（1）直接策略搜索方法是对策略π进行参数化表示，与值函数方法中对值函数进行参数化表示相比，策略参数化更简单，有更好的收敛性。

（2）利用值函数方法求解最优策略时，策略改善需要求解$\underset{a}{\operatorname{argmax}}\ Q_\theta(s,a)$，当要解决的问题动作空间很大或者动作为连续集时，该式无法有效求解。

（3）直接策略搜索方法经常采用随机策略，因为随机策略可以将探索直接集成到所学习的策略之中。

与值函数方法相比，策略搜索方法也普遍存在一些缺点，比如：

（1）策略搜索的方法容易收敛到局部最小值；

（2）评估单个策略时并不充分，方差较大。

最近十几年，学者们针对这些缺点正在探索各种改进方法。已经成功应用策略搜索方法的案例如图 7.2 所示。

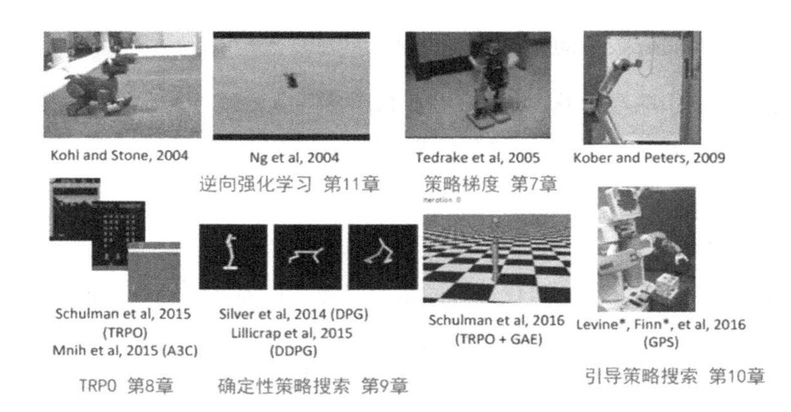

图 7.2 直接策略搜索方法的成功案例

从图 7.2 可以看出，直接策略搜索的方法主要应用在机器人和游戏等领域。本章主要讲解策略梯度的方法，第 8 章介绍 TRPO 方法，第 9 章介绍确定性策略搜索方法，第 10 章介绍 GPS 方法，第 11 章介绍逆向强化学习方法。这些方法之间的关系可用图 7.3 表示。

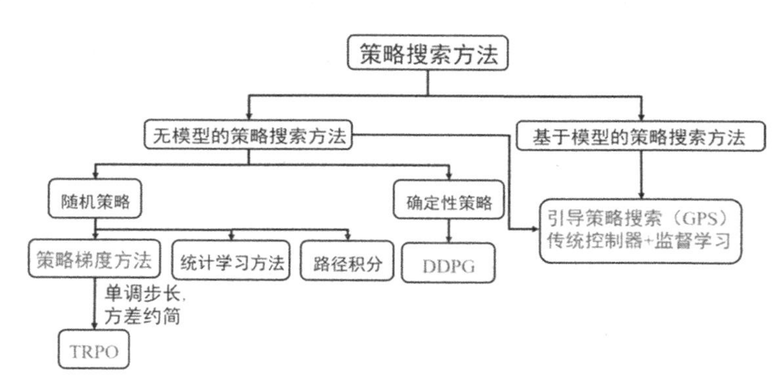

图 7.3 策略搜索方法分类

策略搜索方法按照是否利用模型可分为无模型的策略搜索方法和基于模型的策略搜索方法。其中无模型的策略搜索方法根据策略是采用随机策略还是确定性策略可分为随机策略搜索方法和确定性策略搜索方法。随机策略搜索方法最先发展起来的是策略梯度方法；但策略梯度方法存在学习速率难以确定的问题，为回避该问题，学者们又提出了基于统计学习的方法和基于路径积分的方法。但 TRPO 方法并没有回避该问题，而是找到了替代损失函数——利用优化方法在每个局部点找到使损失函数单调非增的最优步长，我们在下一章再重点讲解。

下面我们分别从似然率的视角和重要性采样的视角推导策略梯度[13]。

第一，从似然率的视角推导策略梯度。

用τ表示一组状态-行为序列$s_0,u_0,\cdots,s_H,u_H$。

符号$R(\tau)=\sum_{t=0}^{H}R(s_t,u_t)$表示轨迹$\tau$的回报，$P(\tau;\theta)$表示轨迹$\tau$出现的概率；强化学习的目标函数可表示为

$$U(\theta)=E\left(\sum_{t=0}^{H}R(s_t,u_t);\pi_\theta\right)=\sum_{\tau}P(\tau;\theta)R(\tau)$$

强化学习的目标是找到最优参数θ，使得$\max_{\theta}U(\theta)=\max_{\theta}\sum_{\tau}P(\tau;\theta)R(\tau)$。

这时，策略搜索方法实际上变成了一个优化问题。解决优化问题有很多方法，比如最速下降法、牛顿法、内点法等。

其中最简单、也最常用的是最速下降法，此处称为策略梯度的方法，即$\theta_{\text{new}}=\theta_{\text{old}}+\alpha\nabla_\theta U(\theta)$，问题的关键是如何计算策略梯度$\nabla_\theta U(\theta)$。

我们对目标函数求导：

$$\begin{aligned}\nabla_\theta U(\theta)&=\nabla_\theta\sum_{\tau}P(\tau;\theta)R(\tau)\\&=\sum_{\tau}\nabla_\theta P(\tau;\theta)R(\tau)\\&=\sum_{\tau}\frac{P(\tau;\theta)}{P(\tau;\theta)}\nabla_\theta P(\tau;\theta)R(\tau)\\&=\sum_{\tau}P(\tau;\theta)\frac{\nabla_\theta P(\tau;\theta)R(\tau)}{P(\tau;\theta)}\\&=\sum_{\tau}P(\tau;\theta)\nabla_\theta\log P(\tau;\theta)R(\tau)\end{aligned}\tag{7.1}$$

最终策略梯度变成求$\nabla_\theta\log P(\tau;\theta)R(\tau)$的期望，这可以利用经验平均估算。因此，当利用当前策略π_θ采样m条轨迹后，可以利用m条轨迹的经验平均逼近策略梯度：

$$\nabla_\theta U(\theta)\approx\hat{g}=\frac{1}{m}\sum_{i=1}^{m}\nabla_\theta\log P(\tau;\theta)R(\tau)\tag{7.2}$$

第二，从重要性采样的角度推导策略梯度。

目标函数为$U(\theta)=E\left(\sum_{t=0}^{H}R(s_t,u_t);\pi_\theta\right)=\sum_{\tau}P(\tau;\theta)R(\tau)$。

利用参数θ_{old}产生的数据评估参数θ的回报期望，由重要性采样得

$$\begin{aligned}U(\theta)&=\sum_{\tau}P(\tau|\theta_{\text{old}})\frac{P(\tau;\theta)}{P(\tau|\theta_{\text{old}})}R(\tau)\\&=E_{\tau\sim\theta_{\text{old}}}\left[\frac{P(\tau|\theta)}{P(\tau|\theta_{\text{old}})}R(\tau)\right]\end{aligned}\tag{7.3}$$

导数为

$$\nabla_\theta U(\theta)=E_{\tau\sim\theta_{\text{old}}}\left[\frac{\nabla_\theta P(\tau|\theta)}{P(\tau|\theta_{\text{old}})}R(\tau)\right]\tag{7.4}$$

令$\theta=\theta_{old}$，得到当前策略的导数：

$$\begin{aligned}&\nabla_\theta U(\theta)|_{\theta=\theta_{\text{old}}}\\&=E_{\tau\sim\theta_{\text{old}}}\left[\frac{\nabla_\theta P(\tau|\theta)|_{\theta_{\text{old}}}}{P(\tau|\theta_{\text{old}})}R(\tau)\right]\\&=E_{\tau\sim\theta_{\text{old}}}\left[\nabla_\theta \log P(\tau|\theta)|_{\theta_{\text{old}}}R(\tau)\right]\end{aligned}\tag{7.5}$$

从重要性采样的视角推导策略梯度，不仅得出与似然率的视角相同的结果，更重要的是得到了原来目标函数新的损失函数：$U(\theta)=E_{\tau\sim\theta_{\text{old}}}\left[\frac{P(\tau|\theta)}{P(\tau|\theta_{\text{old}})}R(\tau)\right]$，下面我们重点从直观上理解一下似然率策略梯度。

前面利用似然率方法推导得出策略梯度公式为

$$\nabla_\theta U(\theta)\approx\hat{g}=\frac{1}{m}\sum_{i=1}^{m}\nabla_\theta \log P(\tau;\theta)R(\tau)$$

下面分别阐述公式中的$\nabla_\theta \log P(\tau;\theta)$、$R(\tau)$。

第一项$\nabla_\theta \log P(\tau;\theta)$是轨迹$\tau$的概率随参数$\theta$变化最陡的方向。参数在该方向更新时，若沿着正方向，则该轨迹τ的概率会变大；若沿着负方向更新，则该轨迹τ的概率会变小。

第二项$R(\tau)$控制了参数更新的方向和步长。$R(\tau)$为正且越大则参数更新后该轨迹的概率越大；$R(\tau)$为负，则降低该轨迹的概率，抑制该轨迹的发生。

因此，从直观上理解策略梯度时，我们发现策略梯度会增加高回报路径的概率，减小低回报路径的概率。如图 7.4 所示，高回报区域的轨迹概率被增大，低回报区域的轨迹概率被减小。

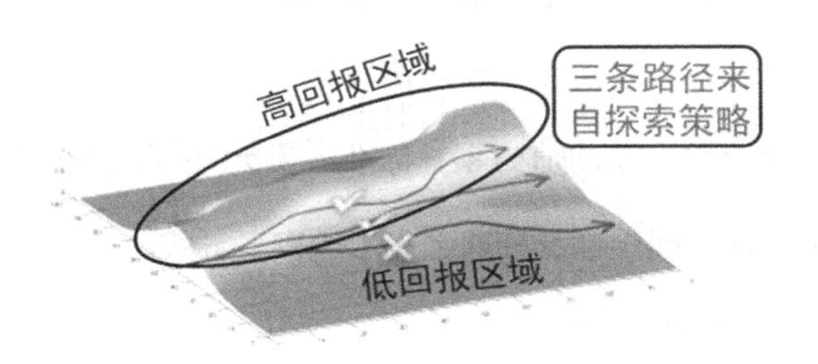

图 7.4 策略梯度的直观理解示意图

前面推导出策略梯度的求解公式为

$$\nabla_\theta U(\theta) \approx \hat{g} = \frac{1}{m}\sum_{i=1}^{m}\nabla_\theta \log P(\tau;\theta)R(\tau)$$

现在，我们解决似然率的梯度问题，即如何求$\nabla_\theta \log P(\tau;\theta)$。

已知 $\tau = s_0, u_0, \cdots, s_H, u_H$ ，则轨迹的似然率可写成

$$P(\tau^{(i)};\theta) = \prod_{t=0}^{H} P(s_{t+1}^{(i)}|s_t^{(i)}, u_t^{(i)}) \cdot \pi_\theta(u_t^{(i)}|s_t^{(i)}) \tag{7.6}$$

其中，$P(s_{t+1}^{(i)}|s_t^{(i)}, u_t^{(i)})$表示动力学，无参数$\theta$，因此可在求导过程中消掉。具体推导参见公式（7.7）。

$$\begin{aligned}\nabla_\theta \log P(\tau^{(i)};\theta) &= \nabla_\theta \log\left[\prod_{t=0}^{H} P(s_{t+1}^{(i)}|s_t^{(i)}, u_t^{(i)}) \cdot \pi_\theta(u_t^{(i)}|s_t^{(i)})\right] \\ &= \nabla_\theta\left[\sum_{t=0}^{H}\log P(s_{t+1}^{(i)}|s_t^{(i)}, u_t^{(i)}) + \sum_{t=0}^{H}\log \pi_\theta(u_t^{(i)}|s_t^{(i)})\right] \\ &= \nabla_\theta\left[\sum_{t=0}^{H}\log \pi_\theta(u_t^{(i)}|s_t^{(i)})\right] \\ &= \sum_{t=0}^{H}\nabla_\theta \log \pi_\theta(u_t^{(i)}|s_t^{(i)})\end{aligned} \tag{7.7}$$

从公式（7.7）的结果来看，似然率梯度转化为动作策略的梯度，与动力学无关，

那么如何求解策略的梯度呢？

我们看一下常见的策略表示方法。

通常，随机策略可以写成确定性策略加随机部分，即

$$\pi_\theta=\mu_\theta+\varepsilon$$

高斯策略$\varepsilon\sim N(0,\sigma^2)$，是均值为零，标准差为$\sigma$的高斯分布。

和值函数逼近一样，确定性部分通常表示成以下方式。

线性策略： $\mu(s)=\phi(s)^T\theta$ ；

径向基策略：$\pi_\theta(s)=\omega^T\phi(s)$，其中， $\phi_i(s)=\exp\left(-\frac{1}{2}(s-\mu_i)^TD_i(s-\mu_i)\right)$；

参数为$\theta=\{\omega,\mu_i,d_i\}$。

我们以确定性部分策略是线性策略为例说明$\log\pi_\theta(u_t^{(i)}|s_t^{(i)})$是如何计算的。

首先$\pi(u|s)\sim\frac{1}{\sqrt{2\pi}\,\sigma}\exp\left(-\frac{(u-\phi(s)^T\theta)^2}{2\sigma^2}\right)$，利用该分布采样，得到$u_t^{(i)}$，然后将$(s_t^{(i)},u_t^{(i)})$代入，得

$$\nabla_\theta\log\pi_\theta(u_t^{(i)}|s_t^{(i)})=\frac{(u_t^{(i)}-\phi(s_t^{(i)})^T\theta)\phi(s_t^{(i)})}{\sigma^2}$$

其中方差参数σ^2用来控制策略的探索性。

由此，推导出策略梯度的计算公式：

$$\nabla_\theta U(\theta)\approx\hat{g}=\frac{1}{m}\sum_{i=1}^{m}\left(\sum_{t=0}^{H}\nabla_\theta\log\pi_\theta(u_t^{(i)}|s_t^{(i)})R(\tau^{(i)})\right)\tag{7.8}$$

（7.8）式的策略梯度是无偏的，但方差很大，我们在回报中引入常数基线b减小方差。

首先，证明当回报中引入常数b时，策略梯度不变，即

$$\nabla_\theta U(\theta)\approx\hat{g}=\frac{1}{m}\sum_{i=1}^{m}\nabla_\theta\log P(\tau^{(i)};\theta)R(\tau^{(i)})$$

$$=\frac{1}{m}\sum_{i=1}^{m}\nabla_\theta\log P(\tau^{(i)};\theta)\left(R(\tau^{(i)})-b\right)$$

证明

$$
\begin{aligned}
& E[\nabla_\theta \log P(\tau;\theta) b] \\
& = \sum_\tau P(\tau;\theta) \nabla_\theta \log P(\tau;\theta) b \\
& = \sum_\tau P(\tau;\theta) \frac{\nabla_\theta P(\tau;\theta) b}{P(\tau;\theta)} \\
& = \sum_\tau \nabla_\theta P(\tau;\theta) b \\
& = \nabla_\theta \left(\sum_\tau P(\tau;\theta) b \right) \\
& = \nabla_\theta b \\
& = 0
\end{aligned}
$$

然后，我们求使得策略梯度的方差最小时的基线 b。

令 $X = \nabla_\theta \log P(\tau^{(i)};\theta)\left(R(\tau^{(i)}) - b\right)$，则方差为

$$
Var(X) = E\left(X - \bar{X}\right)^2 = EX^2 - E\bar{X}^2
$$

方差最小处，方差对 b 的导数为零，即

$$
\frac{\partial Var(X)}{\partial b} = E\left(X \frac{\partial X}{\partial b}\right) = 0
$$

其中 $\bar{X} = EX$ 与 b 无关。

将 X 代入，得

$$
b = \frac{\sum_{i=1}^{m}\left[\left(\sum_{t=0}^{H} \nabla_\theta \log \pi_\theta\left(u_t^{(i)} \mid s_t^{(i)}\right)\right)^2 R(\tau)\right]}{\sum_{i=1}^{m}\left[\left(\sum_{t=0}^{H} \nabla_\theta \log \pi_\theta\left(u_t^{(i)} \mid s_t^{(i)}\right)\right)^2\right]} \tag{7.9}
$$

除了上面介绍的增加基线的方法外，修改回报函数也可以进一步减小方差，此处不再介绍。

引入基线后，策略梯度公式变成

$$\nabla_\theta U(\theta) \approx \frac{1}{m}\sum_{i=1}^{m}\left(\sum_{t=0}^{H}\nabla_\theta \log\pi_\theta\left(u_t^{(i)}|s_t^{(i)}\right)\left(R\left(\tau^{(i)}\right)-b\right)\right) \tag{7.10}$$

其中，b 取（7.9）式。我们进一步分析公式（7.10）。在公式（7.10）中，每个动作$u_t^{(i)}$所对应的$\nabla_\theta \log\pi_\theta\left(u_t^{(i)}|s_t^{(i)}\right)$都乘以相同的该轨迹的总回报$\left(R\left(\tau^{(i)}\right)-b\right)$，如图 7.5 所示。

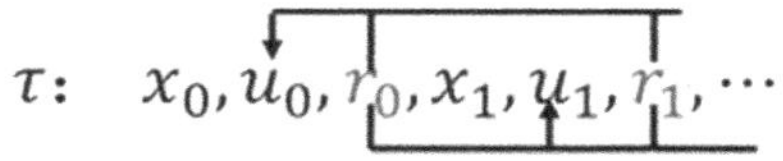

$$\tau: \quad x_0, u_0, r_0, x_1, u_1, r_1, \cdots$$

图 7.5　REINFORCE 方法

然而，当前的动作与过去的回报实际上是没有关系的，即

$$E_p\left[\partial_\theta \log\pi_\theta(u_t|x_t,t)r_j\right]=0 \quad for \quad j<t$$

因此，我们可以修改（7.10）中的回报函数，有两种修改方法。

第一种方法称为 G(PO)MDP，如图 7.6 所示。

$$\nabla_\theta U(\theta) \approx \frac{1}{m}\sum_{i=1}^{m}\sum_{j=0}^{H-1}\left(\sum_{t=0}^{j}\nabla_\theta \log\pi_\theta\left(u_t^{(i)}|s_t^{(i)}\right)(r_j-b_j)\right)$$

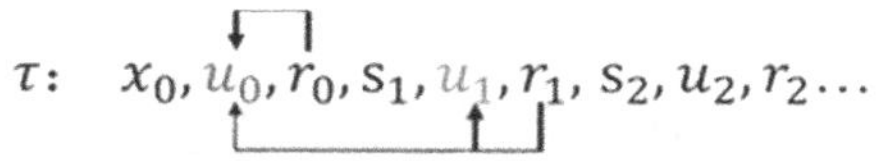

$$\tau: \quad x_0, u_0, r_0, s_1, u_1, r_1, s_2, u_2, r_2 \ldots$$

图 7.6　G(PO)MDP 方法

第二种方法称为策略梯度理论，如图 7.7 所示。

$$\nabla_\theta U(\theta) \approx \frac{1}{m}\sum_{i=1}^{m}\sum_{t=0}^{H-1}\nabla_\theta \log\pi_\theta\left(u_t^{(i)}|s_t^{(i)}\right)\left(\sum_{k=t}^{H-1}\left(R\left(s_k^{(i)}\right)-b\right)\right)$$

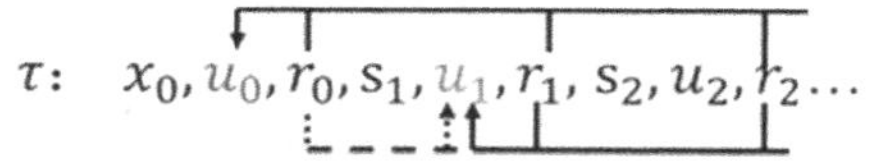

$$\tau: \quad x_0, u_0, r_0, s_1, u_1, r_1, s_2, u_2, r_2 \ldots$$

图 7.7　策略梯度理论

为了使方差最小，可以利用前面的方法求解相应的基线 b。

7.2　基于 gym 和 TensorFlow 的策略梯度算法实现

本节我们需要使用 TensorFlow，为此先安装一下 CPU 版的 TensorFlow。

7.2.1 安装 Tensorflow

TensorFlow 的安装步骤如下。

① 在终端激活虚拟环境（安装方法请参见 1.5.1 节）：source activate gymlab

② 安装的 TensorFlow 版本为 1.0.0， Python=3.5。命令如下：

```
pip install --ignore-installed --upgrade
https://storage.googleapis.com/tensorflow/linux/cpu/tensorflow-1.0.0-cp35-cp35m-linux_x86_64.whl
```

根据该命令所安装的 TensorFlow 是无 GPU 的，无 GPU 的 TensorFlow 可以满足学习的需求，如果要做项目，则建议安装 GPU 版的 TensorFlow。

③ 安装一个绘图模块，命令如下：

```
pip3 install matplotlib
```

7.2.2 策略梯度算法理论基础

我们在 7.1 节阐述了策略梯度的理论推导，随机策略的梯度如下：

$$\nabla_\theta J(\pi_\theta) = E_{s\sim\rho^\pi, a\sim\pi_\theta}[\nabla_\theta \log\pi_\theta(a|s)Q^w(s,a)]$$

7.1 节已介绍当随机策略是高斯策略时随机梯度的计算公式，当随机策略并非高斯策略时，该如何优化参数?

我们仍然以 gym 环境中典型的小车倒立摆系统为例，说明如何利用策略梯度理论解决倒立摆平衡问题。小车倒立摆系统如图 7.8 所示。

图 7.8　小车倒立摆系统

图 7.8 是基于 gym 构建的小车倒立摆环境，可以看出小车倒立摆的状态空间为 $[x,\dot{x},\theta,\dot{\theta}]$，动作空间为$\{0,1\}$。当动作为 1 时，施加正向的力 10N；当动作为 0 时，施加负向的力 10N。

由于动作空间是离散的，我们设计随机策略为 Softmax 策略。那么，如何构建 Softmax 策略，如何构建损失函数，并将强化学习问题变成一个优化问题？

7.2.3 Softmax 策略及其损失函数

我们先设计一个前向神经网络策略，如图 7.9 所示。

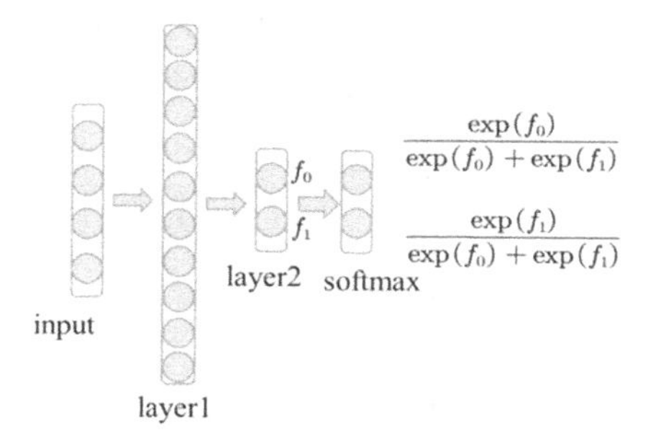

图 7.9 Softmax 策略

该神经网络 Softmax 策略的输入层是小车倒立摆的状态，维数为 4；最后一层是 softmax 层，维数为 2（softmax 常常作为多分类器的最后一层）。

我们需要了解的一个最基本的概念是何为 softmax 层？

如图 7.9 所示，设第二层（layer2）的输出为 z，那么 softmax 层是指对 z 作用一个 softmax 函数，即

$$\sigma(z)_j=\frac{e^{z_j}}{\sum_{k=1}^{K}e^{z_k}},\ for\ j=1,\cdots,K$$

对于 Softmax 策略，策略梯度理论中的随机策略为

$$\pi_\theta(a|s)=\frac{e^{f_a}}{\sum_{k=1}^{K}e^{f_k}}$$

如图 7.9 所示，f_k对应 layer2 的输出。e^{f_a}表示动作 a 所对应的 softmax 输出。上

面的式子表示智能体在状态为 s 时采用动作 a 的概率，是关于θ的函数，可直接对其求对数，然后求导后代入策略梯度公式，利用策略梯度的理论更新参数。

不过，我们可以将问题转化一下，对于一个 episode，策略梯度理论的一步更新其实是对损失函数为$L=-E_{s\sim\rho^{\pi},a\sim\pi_\theta}[\log\pi_\theta(a|s)Q^w(s,a)]$的一步更新。

而损失函数可写为

$$L=-E_{s\sim\rho^{\pi},a\sim\pi_\theta}[\log\pi_\theta(a|s)Q^w(s,a)]=-\int p_{\pi_{\theta_{old}}}\log q_{\pi_\theta}Q^w(s,a)$$

其中$-\int p_{\pi_{\theta_{old}}}\log q_{\pi_\theta}$为交叉熵。

在实际计算中，$p_{\pi_{\theta_{old}}}$由未更新的参数策略网络采样，$\log q_{\pi_\theta}$则将状态直接代入，是参数θ的一个函数。比如，当前动作由采样网络$\pi_{\theta_{old}}(s)$产生为 $a=1$，则

$$p=[0,1],\ q=\left[\frac{\exp(f_0)}{\exp(f_0)+\exp(f_1)},\frac{\exp(f_1)}{\exp(f_0)+\exp(f_1)}\right]$$

$$p_{\pi_{\theta_{old}}}\log q_{\pi_\theta}=\log\frac{\exp(f_1)}{\exp(f_0)+\exp(f_1)}$$

这是从信息论交叉熵的角度来理解 softmax 层，理论部分先介绍这些，接下来我们看看如何将理论变成代码。

刚才已经将策略梯度方法转化为一个分类问题的训练过程，其中损失函数为

$$L=-E_{s\sim\rho^{\pi},a\sim\pi_\theta}[\log\pi_\theta(a|s)Q^w(s,a)]=-\int p_{\pi_{\theta_{old}}}\log q_{\pi_\theta}Q^w(s,a)$$

那么该网络的输入数据是什么呢？它的输入数据有以下三项。

第一项，小车倒立摆的状态 s；

第二项，作用在小车上的动作 a；

第三项，每个动作对应的累积回报 v。

下面我们一一介绍如何获得这些输入。

第一项，小车倒立摆的状态 s 是与环境交互得到的；第二项，作用在小车上的动作 a 是由采样网络得到的，在训练过程中充当标签的作用；第三项，每个动作对应的累积回报是由该动作后的回报进行累积并经归一化处理得到的。

因此，该代码可以分为几个关键的函数：策略神经网络的构建，动作选择函数、损失函数的构建，累积回报函数 v 的处理。下面我们一一介绍。

7.2.4 基于 TensorFlow 的策略梯度算法实现

1. 策略神经网络的构建

构建一个神经网络，最简单的方法就是利用现有的深度学习软件，从兼容性和通用性考虑，我们选择 TensorFlow，待构建的策略网络结构如图 7.10 所示。

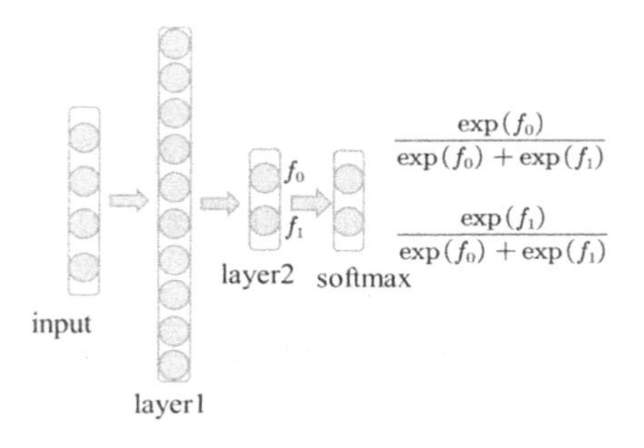

图 7.10　策略神经网络

该神经网络是最简单的前向神经网络，输入层为状态 s，共 4 个神经元，第一个隐藏层包括 10 个神经元，激活函数为 ReLU；输出是动作的概率，动作有 2 个，因此第二层为 2 个神经元，没有激活函数；最后一层为 softmax 层。

将这话翻译成 TensorFlow 语言的表述如下。

```
def _build_net(self):
        with tf.name_scope('input'):
            #创建占位符作为输入
            self.tf_obs    =    tf.placeholder(tf.float32,    [None,
self.n_features], name="observations")
            self.tf_acts    =   tf.placeholder(tf.int32,    [None,    ],
name="actions_num")
            self.tf_vt    =   tf.placeholder(tf.float32,    [None,    ],
name="actions_value")
        #第一层
        layer = tf.layers.dense(
            inputs=self.tf_obs,
            units=10,
            activation=tf.nn.tanh,
            kernel_initializer=tf.random_normal_initializer(mean=0,
```

```
stddev=0.3),
                bias_initializer=tf.constant_initializer(0.1),
                name='fc1',
            )
            #第二层
            all_act = tf.layers.dense(
                inputs=layer,
                units=self.n_actions,
                activation=None,
                kernel_initializer=tf.random_normal_initializer(mean=0,
stddev=0.3),
                bias_initializer=tf.constant_initializer(0.1),
                name='fc2'
            )
            #利用 softmax 函数得到每个动作的概率
            self.all_act_prob = tf.nn.softmax(all_act, name='act_prob')
```

全部代码在 github（https://github.com/gxnk/reinforcement-learning-code）的 policynet.py 文件中。

2. 动作选择函数

动作选择函数是根据采样网络生成概率分布，利用该概率分布去采样动作，具体代码如下。

```
#定义如何选择行为，即状态为 s 时的行为采样，根据当前的行为概率分布采样
    def choose_action(self, observation):
        prob_weights=              self.sess.run(self.all_act_prob,
feed_dict={self.tf_obs:observation[np.newaxis,:]})
        #按照给定的概率采样
        action   =   np.random.choice(range(prob_weights.shape[1]),
p=prob_weights.ravel())
        return action
```

其中函数 np.random.choice 是按照概率分布 p=prob_weights.ravel()采样的函数。

3. 构建损失函数

理论部分我们已说明损失函数为

$$L=-E_{s\sim\rho^{\pi},a\sim\pi_\theta}[\log\pi_\theta(a|s)Q^w(s,a)]=-\int p_{\pi_{\theta_{old}}}\log q_{\pi_\theta}Q^w(s,a)$$

即交叉熵乘以累积回报函数。以下是它的代码部分。

```
    #定义损失函数
        with tf.name_scope('loss'):
            neg_log_prob =
    tf.nn.sparse_softmax_cross_entropy_with_logits(logits=all_act,la
bels=self.tf_acts)
            loss = tf.reduce_mean(neg_log_prob*self.tf_vt)
```

4. 累积回报函数 v 的处理

```
    def _discount_and_norm_rewards(self):
        #折扣回报和
        discounted_ep_rs =np.zeros_like(self.ep_rs)
        running_add = 0
        for t in reversed(range(0, len(self.ep_rs))):
            running_add = running_add * self.gamma + self.ep_rs[t]
            discounted_ep_rs[t] = running_add
        #归一化
        discounted_ep_rs-= np.mean(discounted_ep_rs)
        discounted_ep_rs /= np.std(discounted_ep_rs)
        return discounted_ep_rs
```

有了策略神经网络、动作选择函数、损失函数，累积回报函数，学习的过程就简单了，只需要调用下面的语句即可。

```
    #定义训练,更新参数
        with tf.name_scope('train'):
            self.train_op                                                =
tf.train.AdamOptimizer(self.lr).minimize(loss)
```

该训练过程为采用自适应动量的优化方法。学习优化的过程如下。

```
    #学习，以便更新策略网络参数，一个 episode 之后学一回
      def learn(self):
        #计算一个 episode 的折扣回报
        discounted_ep_rs_norm = self._discount_and_norm_rewards()
        #调用训练函数更新参数
        self.sess.run(self.train_op, feed_dict={
            self.tf_obs: np.vstack(self.ep_obs),
            self.tf_acts: np.array(self.ep_as),
            self.tf_vt: discounted_ep_rs_norm,
        })
        #清空 episode 数据
        self.ep_obs, self.ep_as, self.ep_rs = [], [],[]
        return discounted_ep_rs_norm
```

7.2.5 基于策略梯度算法的小车倒立摆问题

有了策略神经网络和训练过程，就很容易解决小车的问题了，解决问题的基本框架如下。

① 创建一个环境；

② 生成一个策略网络；

③ 迭代学习：通过与环境交互，学习更新策略网络参数；

④ 利用学到的策略网络测试小车倒立摆系统。

7.3 习题

1. 采用直接策略搜索方法的好处。
2. 策略梯度理论中有哪些减小策略梯度误差的方法？
3. 运用策略梯度理论解决打乒乓球游戏。
4. 尝试使用 OpenAI 的其他软件，如 baseline，roboschool 等。

8 基于置信域策略优化的强化学习方法

本章我们介绍TRPO。TRPO是英文单词Trust Region Policy Optimization的简称，翻译成中文是“置信域策略优化”。该算法由伯克利的博士生John Schulman提出，他已于2016年博士毕业。Schulman的导师是强化学习领域的大神Pieter Abbeel， Abbeel是伯克利的副教授，也是OpenAI的研究科学家，是机器人强化学习领域最有影响力的人之一。

追根溯源的话，Abbeel毕业于斯坦福大学，导师是Andrew Ng（吴恩达）。相信搞机器学习的人应该都听说过吴大神或者听过他的课吧。有意思的是，吴恩达博士毕业于伯克利大学，之后在斯坦福任教，这和Abbeel的经历正好相反，由此看来美国名校间人才互换的情况还是挺普遍的。Abbeel博士做的课题是逆向强化学习（学徒学习）。再进一步追根溯源，吴恩达的导师是伯克利的Michael I. Jordan，一位将统计学和机器学习联合起来的大师级人物……

话题扯得好像有点远了，其实不然。说那么多背景其实和本章的主题有关。从师承关系上可以看出，这个学派传承于统计学大师Michael I. Jordan，所以他们最有力的杀手锏是统计学习。从宏观意义上看，TRPO将统计玩到了一个新高度。在TRPO出来之前，大部分强化学习算法很难保证单调收敛，而TRPO却给出了一个单调的策略改善方法。所以，不管你从事什么行业，如果想用强化学习解决问题，TRPO都是一个不错的选择。所以本章确实很关键。

如图 8.1 所示为直接策略搜索方法的分类，根据模型是否已知，策略搜索方法分为无模型的策略搜索方法和基于模型的策略搜索方法。在无模型的策略搜索方法中，根据策略是否随机可以分为随机策略搜索方法和确定性策略搜索方法。在随机策略搜索方法中最先发展起来的是策略梯度的方法。然而，策略梯度方法最大的问题是步长的选取问题，若步长太长，策略很容易发散；若步长太短，收敛速度很慢。为了避免步长问题，学者们提出基于统计学习的策略搜索方法和基于路径积分的策略搜索方法。虽然这些方法能在一定程度上避免直接利用步长，但这些方法也丢掉了梯度方法很容易用来处理大规模问题的优势。TRPO 没有选择回避更新步长的问题，而是正面解决这个问题。本章会循序介绍 TRPO 方法。

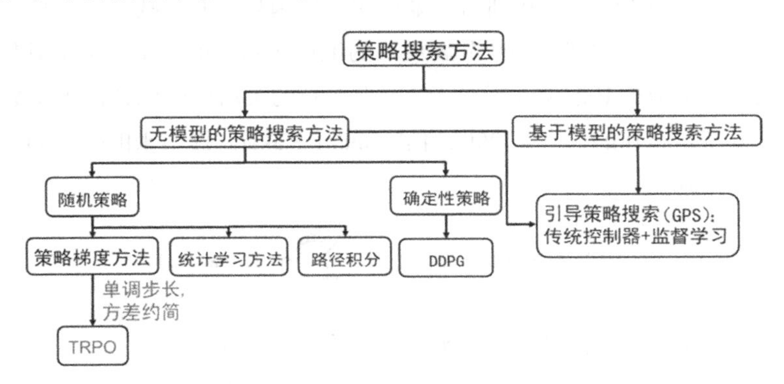

图 8.1 策略搜索方法分类

8.1 理论基础

第 7 章简要介绍了策略梯度的方法，相当于入门的介绍，在策略梯度方法中还有很多有意思的课题，比如相容函数法、自然梯度法，等等。但 Shulman 在博士论文中已证明，这些方法其实都是 TRPO 弱化的特例，在这里重提是为了强调 TRPO 的强大[15]。

根据策略梯度方法，参数更新方程式为

$$\boldsymbol{\theta}_{\text{new}}=\boldsymbol{\theta}_{\text{old}}+\boldsymbol{\alpha}\nabla_{\boldsymbol{\theta}}\boldsymbol{J} \tag{8.1}$$

策略梯度算法的硬伤就在更新步长$\boldsymbol{\alpha}$，当步长不合适时，更新的参数所对应的策略是一个更不好的策略，当利用这个更不好的策略采样学习时，再次更新的参数会更差，因此很容易导致越学越差，最后崩溃。所以，合适的步长对于强化学习非常关键。

什么才是合适的步长？

合适的步长是指当策略更新后，回报函数的值不能更差。那么如何选择步长？或者说，如何找到新的策略使新的回报函数的值单调增长，或单调不减？这就是 TRPO 要解决的问题。

用τ表示一组状态-行为序列$s_0,u_0,\cdots,s_H,u_H$，强化学习的回报函数为

$$\eta(\tilde{\pi})=E_{\tau|\tilde{\pi}}\left[\sum_{t=0}^{\infty}\gamma^t(r(s_t))\right]$$

这里，我们用$\tilde{\pi}$表示策略。

上文已提及，TRPO 是要找到新的策略使回报函数单调不减。一个自然的想法是能否将新的策略所对应的回报函数分解成旧的策略所对应的回报函数加其他项。这样，只要新的策略所对应的其他项大于等于零，那么新的策略就能保证回报函数单调不减。这样的等式其实是存在的，它是 2002 年由 Sham Kakade 提出来的[14]。TRPO 的起点便是这样一个等式：

$$\eta(\tilde{\pi})=\eta(\pi)+E_{s_0,a_0,\cdots\sim\tilde{\pi}}\left[\sum_{t=0}^{\infty}\gamma^t A_\pi(s_t,a_t)\right] \tag{8.2}$$

这里我们用π表示旧的策略，用$\tilde{\pi}$表示新的策略。其中

$$A_\pi(s,a)=Q_\pi(s,a)-V_\pi(s)=E_{s'\sim P(s'|s,a)}[r(s)+\gamma V^\pi(s')-V^\pi(s)]$$

是优势函数。

此处我们再花点笔墨介绍下$Q_\pi(s,a)-V_\pi(s)$为什么会被称为优势函数，这个优势到底是指和谁相比的优势？我们以大家熟悉的树状图来阐述，如图 8.2 所示。

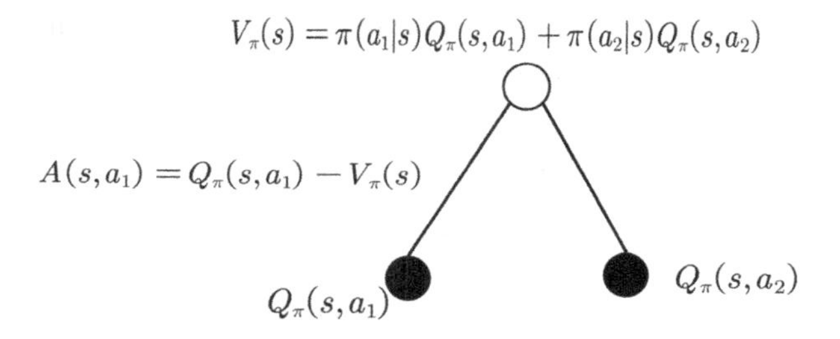

图 8.2　优势函数示意图

图 8.2 中的值函数$V(s)$可以理解为在该状态s下所有可能动作所对应的动作值函

数乘以采取该动作的概率的和。通俗的说法是，值函数$V(s)$是该状态下所有动作值函数关于动作概率的平均值。而动作值函数$Q(s,a)$是单个动作所对应的值函数，$Q_\pi(s,a)-V_\pi(s)$能评价当前动作值函数相对于平均值的大小。所以，这里的优势指的是动作值函数相比于当前状态的值函数的优势。如果优势函数大于零，则说明该动作比平均动作好，如果优势函数小于零，则说明当前动作不如平均动作好。

回到正题上来，我们下面给出公式（8.2）的证明。

证明

$$
\begin{aligned}
&E_{\tau|\tilde{\pi}}\left[\sum_{t=0}^{\infty}\gamma^t A_\pi(s_t,a_t)\right]\\
&=E_{\tau|\tilde{\pi}}\left[\sum_{t=0}^{\infty}\gamma^t\left(r(s)+\gamma V^\pi(s_{t+1})-V^\pi(s_t)\right)\right]\\
&=E_{\tau|\tilde{\pi}}\left[\sum_{t=0}^{\infty}\gamma^t\left(r(s_t)\right)+\sum_{t=0}^{\infty}\gamma^t\left(\gamma V^\pi(s_{t+1})-V^\pi(s_t)\right)\right]\\
&=E_{\tau|\tilde{\pi}}\left[\sum_{t=0}^{\infty}\gamma^t\left(r(s_t)\right)\right]+E_{s_0}\left[-V^\pi(s_0)\right]\\
&=\eta(\tilde{\pi})-\eta(\pi)
\end{aligned}
$$

此处详细讲解如下。

第一个等号是代入优势函数的定义；

第二个等号是把第一项和后两项分开写；

第三个等号是将第二项展开，相消，只剩$-V^\pi(s_0)$，而$s_0\sim\tilde{\pi}$等价于$s_0\sim\pi$，因为两个策略都从同一个初始状态开始，而$V^\pi(s_0)=\eta(\pi)$。

为了在等式（8.2）中出现策略项，我们需要对公式（8.2）进一步加工转化。如图 8.3 所示，我们对新旧策略回报差进行转化。

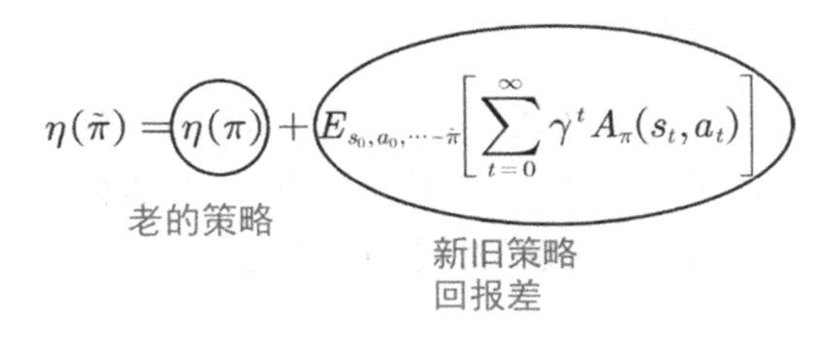

图 8.3　TRPO 中最重要的等式

优势函数的期望可以写成下面这样：

$$\eta(\tilde{\pi})=\eta(\pi)+\sum_{t=0}^{\infty}\sum_{s}P(s_t=s|\tilde{\pi})\sum_{a}\tilde{\pi}(a|s)\gamma^t A_{\pi}(s,a) \tag{8.3}$$

其中$P(s_t=s|\tilde{\pi})\tilde{\pi}(a|s)$为$(s,a)$的联合概率，$\sum_{a}\tilde{\pi}(a|s)\gamma^t A_{\pi}(s,a)$为求对动作$a$的边际分布，也就是说在状态$s$下对整个动作空间求和；$\sum_{s}P(s_t=s|\tilde{\pi})$为求对状态$s$的边际分布，即对整个状态空间求和；$\sum_{t=0}^{\infty}\sum_{s}P(s_t=s|\tilde{\pi})$求整个时间序列的和。

我们定义$\rho_{\pi}(s)=P(s_0=s)+\gamma P(s_1=s)+\gamma^2 P(s_2=s)+\cdots$

则

$$\eta(\tilde{\pi})=\eta(\pi)+\sum_{s}\rho_{\tilde{\pi}}(s)\sum_{a}\tilde{\pi}(a|s)A^{\pi}(s,a) \tag{8.4}$$

如图 8.4 所示。

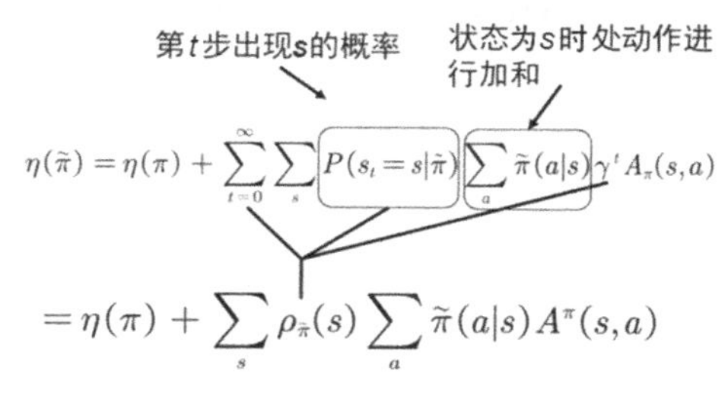

图 8.4　代价函数推导

注意：这时状态s的分布由新的策略$\tilde{\pi}$产生，对新的策略严重依赖。

TRPO 算法在推导过程中运用了四个技巧，我们分别阐述。

（1）TRPO 的第一个技巧。

我们引入 TRPO 的第一个技巧处理状态分布。我们忽略状态分布的变化，依然采用旧策略所对应的状态分布。这是对原代价函数的第一次近似。其实，当新旧参数很接近时，我们用旧的状态分布代替新的状态分布也是合理的。这时，原来的代价函数变成

$$L_{\pi}(\tilde{\pi})=\eta(\pi)+\sum_{s}\rho_{\pi}(s)\sum_{a}\tilde{\pi}(a|s)A^{\pi}(s,a) \tag{8.5}$$

我们看（8.5）式的第二项策略部分，这时的动作 a 是由新的策略 $\tilde{\pi}$ 产生的，可是新的策略 $\tilde{\pi}$ 是带参数 θ 的，而该参数是未知的，因此无法用来产生动作。这时，我们引入 TRPO 的第二个技巧。

（2）TRPO 第二个技巧。

TRPO 的第二个技巧是利用重要性采样处理动作分布。

$$\sum_{a}\tilde{\pi}_{\theta}(a|s_n)A_{\theta_{\text{old}}}(s_n,a)=E_{a\sim q}\left[\frac{\tilde{\pi}_{\theta}(a|s_n)}{q(a|s_n)}A_{\theta_{\text{old}}}(s_n,a)\right]$$

我们再利用 $\frac{1}{1-\gamma}E_{s\sim\rho_{\theta_{\text{old}}}}[\cdots]$ 代替 $\sum_{s}\rho_{\theta_{\text{old}}}(s)[\cdots]$，取 $q(a|s_n)=\pi_{\theta_{\text{old}}}(a|s_n)$，替代回报函数变为

$$L_{\pi}(\tilde{\pi})=\eta(\pi)+E_{s\sim\rho_{\theta_{old}},a\sim\pi_{\theta_{old}}}\left[\frac{\tilde{\pi}_{\theta}(a|s)}{\pi_{\theta_{old}}(a|s)}A_{\theta_{old}}(s,a)\right] \tag{8.6}$$

接下来，我们看一下替代回报函数（8.6）式和原回报函数（8.4）式之间的关系。

通过比较发现，（8.4）式和（8.6）式的唯一区别是状态分布的不同。将 $L_{\pi}(\tilde{\pi})$，$\eta(\tilde{\pi})$ 都看成是策略 $\tilde{\pi}$ 的函数，则 $L_{\pi}(\tilde{\pi})$，$\eta(\tilde{\pi})$ 在策略 $\pi_{\theta_{old}}$ 处一阶近似，即

$$\begin{aligned}&L_{\pi_{\theta_{\text{old}}}}(\pi_{\theta_{\text{old}}})=\eta(\pi_{\theta_{\text{old}}})\\&\nabla_{\theta}L_{\pi_{\theta_{\text{old}}}}(\pi_{\theta})|_{\theta=\theta_{\text{old}}}=\nabla_{\theta}\eta(\pi_{\theta})|_{\theta=\theta_{\text{old}}}\end{aligned} \tag{8.7}$$

可以用图 8.5 来表示。

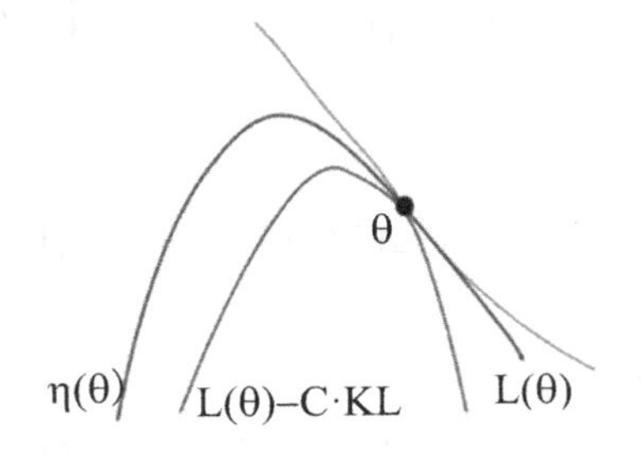

图 8.5　回报函数与替代回报函数示意图

在 θ_{old} 附近，能改善 L 的策略也能改善原回报函数。问题是步长多大呢？

我们再次引入第二个重量级的不等式：

$$\eta(\tilde{\pi}) \geqslant L_{\pi}(\tilde{\pi}) - CD_{\mathrm{KL}}^{\max}(\pi,\tilde{\pi})$$
$$\text{where } C = \frac{2\varepsilon\gamma}{(1-\gamma)^2} \tag{8.8}$$

下面我们来证明（8.8）不等式。

从公式（8.2）出发，为了证明的方便，我们重新写一遍回报函数和替代回报函数。

回报函数：$\eta(\tilde{\pi}) = \eta(\pi) + E_{\tau\sim\tilde{\pi}}\left[\sum_{t=0}^{\infty}\gamma^t \bar{A}^{\pi,\tilde{\pi}}(s_t)\right]$

替代回报函数：$L_{\pi}(\tilde{\pi}) = \eta(\pi) + E_{\tau\sim\pi}\left[\sum_{t=0}^{\infty}\gamma^t \bar{A}^{\pi,\tilde{\pi}}(s_t)\right]$

两者的差别在轨迹分布上，回报函数是关于新策略$\tilde{\pi}$的期望；替代回报函数是关于旧策略π的期望。

首先，我们定义一下策略对。$(\pi,\tilde{\pi})$是一个α耦合的策略对，如果它定义了一个联合分布$(a,\tilde{a})|s$，对所有的状态s都满足$P(a\neq\tilde{a}|s)\leqslant\alpha$（即在每个状态，$(\pi,\tilde{\pi})$给我们一对动作，这对动作不同的概率$\leqslant\alpha$）。考虑用新策略$\tilde{\pi}$产生一条轨迹，比如在每个时间步$i$，我们采样$(a_i,\tilde{a}_i)|s_t$，让$n_t$表示当$i<t$时，$a_i\neq\tilde{a}_i$的次数。

$$E_{s_t\sim\tilde{\pi}}\left[\bar{A}^{\pi,\tilde{\pi}}(s_t)\right] = P(n_t=0)E_{s_t\sim\pi|n_t=0}\left[\bar{A}^{\pi,\tilde{\pi}}(s_t)\right] + P(n_t>0)E_{s_t\sim\pi|n_t>0}\left[\bar{A}^{\pi,\tilde{\pi}}(s_t)\right]$$

对于前t个状态，动作完全相同的概率为$P(n_t=0)=(1-\alpha)^t$；

完全相同时为

$$E_{s_t\sim\tilde{\pi}|n_t=0}\left[\bar{A}^{\pi,\tilde{\pi}}(s_t)\right] = E_{s_t\sim\pi|n_t=0}\left[\bar{A}^{\pi,\tilde{\pi}}(s_t)\right]$$

因此等式变为

$$E_{s_t\sim\tilde{\pi}}\left[\bar{A}^{\pi,\tilde{\pi}}(s_t)\right] = (1-\alpha)^t E_{s_t\sim\pi|n_t=0}\left[\bar{A}^{\pi,\tilde{\pi}}(s_t)\right] + (1-(1-\alpha)^t)E_{s_t\sim\tilde{\pi}|n_t>0}\left[\bar{A}^{\pi,\tilde{\pi}}(s_t)\right]$$

两边同时减去

$$E_{s_t\sim\pi}\left[\bar{A}^{\pi,\tilde{\pi}}(s_t)\right] = (1-\alpha)^t E_{s_t\sim\pi|n_t=0}\left[\bar{A}^{\pi,\tilde{\pi}}(s_t)\right] + (1-(1-\alpha)^t)E_{s_t\sim\pi|n_t>0}\left[\bar{A}^{\pi,\tilde{\pi}}(s_t)\right]$$

得到

$$E_{s_t\sim\tilde{\pi}}\left[\bar{A}^{\pi,\tilde{\pi}}(s_t)\right]-E_{s_t\sim\pi}\left[\bar{A}^{\pi,\tilde{\pi}}(s_t)\right]=(1-(1-\alpha)^t)$$
$$\left(-E_{s_t\sim\pi|n_t>0}\left[\bar{A}^{\pi,\tilde{\pi}}(s_t)\right]+E_{s_t\sim\tilde{\pi}|n_t>0}\left[\bar{A}^{\pi,\tilde{\pi}}(s_t)\right]\right)$$
$$\left|E_{s_t\sim\tilde{\pi}}\left[\bar{A}^{\pi,\tilde{\pi}}(s_t)\right]-E_{s_t\sim\pi}\left[\bar{A}^{\pi,\tilde{\pi}}(s_t)\right]\right|\leqslant(1-(1-\alpha)^t)(\varepsilon+\varepsilon) \tag{8.8a}$$

其中，$\varepsilon=\max_s\left|\bar{A}^{\pi,\tilde{\pi}}(s)\right|$。

有了这个结论，我们就可以证明回报函数与替代回报函数之间的差别为

$$\begin{aligned}\eta(\tilde{\pi})-L_\pi(\tilde{\pi})&=E_{\tau\sim\tilde{\pi}}\left[\sum_{t=0}^{\infty}\gamma^t\bar{A}^{\pi,\tilde{\pi}}(s_t)\right]-E_{\tau\sim\pi}\left[\sum_{t=0}^{\infty}\gamma^t\bar{A}^{\pi,\tilde{\pi}}(s_t)\right]\\&=\sum_{t=0}^{\infty}\gamma^t\left(E_{s_t\sim\tilde{\pi}}\left[\bar{A}^{\pi,\tilde{\pi}}(s_t)\right]-E_{s_t\sim\pi}\left[\bar{A}^{\pi,\tilde{\pi}}(s_t)\right]\right)\end{aligned} \tag{8.8b}$$

将（8.8a）式代入（8.8b）式得到

$$\begin{aligned}|\eta(\tilde{\pi})-L_\pi(\tilde{\pi})|&\leqslant\sum_{t=0}^{\infty}\gamma^t\left|E_{s_t\sim\tilde{\pi}}\left[\bar{A}^{\pi,\tilde{\pi}}(s_t)\right]-E_{s_t\sim\pi}\left[\bar{A}^{\pi,\tilde{\pi}}(s_t)\right]\right|\\&\leqslant\sum_{t=0}^{\infty}\gamma^t\cdot2\varepsilon\cdot(1-(1-\alpha)^t)\\&=2\varepsilon\sum_{t=0}^{\infty}(\gamma^t-\gamma^t(1-\alpha)^t)\\&=\frac{2\varepsilon\gamma\alpha}{(1-\gamma)(1-\gamma(1-\alpha))}\end{aligned}$$

（8.8）不等式证明结束。

在（8.8）式中，$D_{\mathrm{KL}}(\pi,\tilde{\pi})$是两个分布的 KL 散度，我们看看（8.8）式给了我们什么启示。

首先，该不等式定义了$\eta(\tilde{\pi})$的下界，我们定义该下界为$M_i(\pi)=L_{\pi_i}(\pi)-CD_{\mathrm{KL}}^{\max}(\pi_i,\pi)$。

接下来我们利用这个下界证明策略的单调性。

证明

$$\eta(\pi_{i+1})\geqslant M_i(\pi_{i+1})\text{ 且 }\eta(\pi_i)=M_i(\pi_i)$$

$$\text{则}\,\eta(\pi_{i+1})-\eta(\pi_i)\geqslant M_i(\pi_{i+1})-M(\pi_i)$$

如果新的策略π_{i+1}能使M_i最大，那么有不等式$M_i(\pi_{i+1})-M(\pi_i)\geqslant 0$，则$\eta(\pi_{i+1})-\eta(\pi_i)\geqslant 0$，这个使$M_i$最大的新策略就是我们一直苦苦寻找的要更新的策略。那么如何得到它呢?

该问题可形式化为

$$\underset{\theta}{\text{maximize}}\left[L_{\theta_{\text{old}}}(\theta)-CD_{\text{KL}}^{\max}(\theta_{old},\theta)\right]$$

如果利用惩罚因子 C，则每次迭代步长很小，因此问题可转化为

$$\begin{aligned}&\underset{\theta}{\text{maximize}}\,E_{s\sim\rho_{\theta_{\text{old}}},a\sim\pi_{\theta_{\text{old}}}}\left[\frac{\pi_\theta(a|s)}{\pi_{\theta_{\text{old}}}(a|s)}A_{\theta_{\text{old}}}(s,a)\right]\\&\text{subject to }D_{\text{KL}}^{\max}(\theta_{\text{old}},\theta)\leqslant\delta\end{aligned}\tag{8.9}$$

需要注意的是，因为有无穷多的状态，因此约束条件$D_{\text{KL}}^{\max}(\theta_{\text{old}},\theta)$有无穷多，问题不可解。

（3）TRPO 第三个技巧

在约束条件中，利用平均 KL 散度代替最大 KL 散度，即

$$\text{subject to }\bar{D}_{\text{KL}}^{\rho_{\theta_{\text{old}}}}(\theta_{\text{old}},\theta)\leqslant\delta$$

（4）TRPO 第四个技巧

$$s\sim\rho_{\theta_{\text{old}}}\rightarrow s\sim\pi_{\theta_{\text{old}}}$$

最终 TRPO 问题化简为

$$\begin{aligned}&\underset{\theta}{\text{maximize}}\;E_{s\sim\pi_{\theta_{\text{old}}},a\sim\pi_{\theta_{\text{old}}}}\left[\frac{\pi_\theta(a|s)}{\pi_{\theta_{\text{old}}}(a|s)}A_{\theta_{\text{old}}}(s,a)\right]\\&\text{subject to }E_{s\sim\pi_{\theta_{\text{old}}}}\left[D_{KL}(\pi_{\theta_{\text{old}}}(\cdot|s)||\pi_\theta(\cdot|s))\right]\leqslant\delta\end{aligned}\tag{8.10}$$

（8.10）式仍然很难写成代码的形式。一种更实际的方法是对 TRPO 的目标函数进行一阶逼近，约束条件进行二阶逼近。

TRPO 的问题进一步简化为带不等式约束的标准优化问题：

$$\underset{\theta}{\text{minimize}} \ -[\nabla_\theta L_{\theta_{\text{old}}}(\theta)|_{\theta=\theta_{\text{old}}} \cdot (\theta-\theta_{\text{old}})]$$
$$\text{subject to} \ \frac{1}{2}(\theta_{\text{old}}-\theta)^T A(\theta_{\text{old}})(\theta_{\text{old}}-\theta) \leqslant \delta \tag{8.11}$$

其中$L_{\theta_{\text{old}}}(\theta)|_{\theta=\theta_{\text{old}}} = E_{s\sim\pi_{\theta_{\text{old}}},a\sim\pi_{\theta_{\text{old}}}}\left[\frac{\pi_\theta(a|s)}{\pi_{\theta_{\text{old}}}(a|s)}A_{\theta_{\text{old}}}(s,a)\right]$，约束条件的约简过程如下。

首先，两个概率密度之间的 KL 散度由定义得

$$\mathrm{D_{KL}}(f\|g) = \int f(x)\log\frac{f(x)}{g(x)}\mathrm{d}x = E_{x\sim f(x)}\log f(x) - E_{x\sim f(x)}\log g(x)$$

其次，将$D_{\mathrm{KL}}(\pi_{\theta_{\text{old}}}(\cdot|s)||\pi_\theta(\cdot|s))$利用泰勒进行二阶展开：

$$D_{\mathrm{KL}}(\pi_{\theta_{\text{old}}}(\cdot|s)||\pi_\theta(\cdot|s)) \approx E_{x\sim\pi_{\theta_{\text{old}}}}\log\pi_{\theta_{\text{old}}} - E_{x\sim\pi_{\theta_{\text{old}}}}\log\pi_\theta$$
$$= E_{\theta_{\text{old}}}[\log\pi_{\theta_{\text{old}}}] - \left(E_{\theta_{\text{old}}}[\log\pi_{\theta_{\text{old}}}] + E_{\theta_{\text{old}}}[\nabla\log\pi_{\theta_{\text{old}}}]\Delta\theta + \frac{1}{2}\Delta\theta^T E_{\theta_{\text{old}}}[\nabla^2\log\pi_{\theta_{\text{old}}}]\Delta\theta\right)$$令
$$= -\frac{1}{2}\Delta\theta^T E_{\theta_{\text{old}}}[\nabla^2\log\pi_{\theta_{\text{old}}}]\Delta\theta$$

$A = E_{\theta_{\text{old}}}[\nabla^2\log\pi_{\theta_{\text{old}}}]$为 Fisher 矩阵。

由此得到（8.11）式，该式是标准的优化问题的形式化。

下面，我们利用共轭梯度的方法求解最优更新量。该方法可以大概分成以下两个步骤。

第一步，计算一个搜索方向。

第二步，在搜索方向上运用一个线性搜索方法确定更新步长。

下面我们按这个方法来操作。

（1）第一步，计算一个搜索方向。

首先，我们利用拉格朗日乘子将约束条件引入目标函数中，构造拉格朗日函数为

$$L = -[\nabla_\theta L_{\theta_{\text{old}}}(\theta)|_{\theta=\theta_{\text{old}}} \cdot (\theta-\theta_{\text{old}})] + \lambda\left[\frac{1}{2}(\theta-\theta_{\text{old}})^T A(\theta_{\text{old}})(\theta-\theta_{\text{old}}) - \delta\right]$$

利用 KKT 条件，我们令L对$\theta-\theta_{\text{old}}$的偏导数等于零，则有

$$-\nabla_\theta L_{\theta_{\text{old}}}(\theta)|_{\theta=\theta_{\text{old}}} + \lambda A(\theta_{\text{old}})(\theta-\theta_{\text{old}}) = 0 \tag{8.12}$$

由于λ是正实数，令$d=\lambda(\theta-\theta_{\text{old}})$，则$d$与最优更新量$\theta-\theta_{\text{old}}$同向。即$d$为最优

更新量的搜索方向。

该搜索方向向量满足（8.12）式，即

$$A(\theta_{old})d=\nabla_\theta L_{\theta_{old}}(\theta)|_{\theta=\theta_{old}} \tag{8.13}$$

（8.13）式是一个线性方程组，为了避免求逆，可以利用共轭梯度的方法对其求解，图 8.6 为利用共轭梯度的方法求解线性方程组的伪代码。

利用共轭梯度方法求解线性方程组 $AX=b$ 的解方法：

构造目标函数 $f(x)=\frac{1}{2}x^TAx-bx$，则 x 是目标函数的最小值。

Step1: 给定初试迭代点 $x^{(1)}$，令 $k=1$。

Step2:计算梯度 $g_k=\nabla f(x^{(k)})=Ax^{(k)}-b$，若 $\|g_k\|=0$ 则停止计算，并令 $x^*=x^{(k)}$，否则转下一步。

Step3：构造搜索方向，首先计算步长 $\beta_{k-1}=\frac{(d^{(k-1)})^TAg_k}{(d^{(k-1)})^TAd^{(k-1)}}$，若 $k=1,\beta_{k-1}=0$。

构造搜索方向为：$d_k=-g_k+\beta_{k-1}d_{k-1}$

Step4: 计算搜索步长 $\lambda_k=-\frac{g_k^Td^{(k)}}{(d^{(k)})^TAd^{(k)}}$，更新数据点 $x^{(k+1)}=x^{(k)}+\lambda_kd^{(k)}$

Step5：若 $k=n$，则停止计算。得到 $x^*=x^{(k+1)}$，否则令 $k=k+1$，转步骤 Step2

图 8.6　共轭梯度的方法求解线性方程组

在图 8.6 中的线性方程组中，$b=\nabla_\theta L_{\theta_{old}}(\theta)|_{\theta=\theta_{old}}$，$A=E_{\theta_{old}}[\nabla^2\log\pi_{\theta_{old}}]$，根据图 8.6 中的伪代码，我们能计算得到搜索方向 d^*。

（2）第二步，有了搜索方向 d^*，我们需要确定在该搜索方向上的更新步长 β。

将第一步求得的搜索方向 d^* 乘以步长，代入约束方程得到

$$\delta\approx\frac{1}{2}(\beta d^*)^TA(\beta d^*)=\frac{1}{2}\beta^2d^{*T}Ad^*$$

从而得到步长 $\beta=\sqrt{\frac{2\delta}{d^{*T}Ad^*}}$

将 β 代入目标函数 $L_{\theta_{old}}(\theta)-\mathscr{X}\left[\bar{D}_{KL}(\theta_{old},\theta)\le\delta\right]$，其中 $\mathscr{X}\left[\bar{D}_{KL}(\theta_{old},\theta)\le\delta\right]$ 表示当 $\bar{D}_{KL}(\theta_{old},\theta)\le\delta$ 时 $\mathscr{X}\left[\bar{D}_{KL}(\theta_{old},\theta)\le\delta\right]=0$，当 $\bar{D}_{KL}(\theta_{old},\theta)>\delta$ 时 $\mathscr{X}\left[\bar{D}_{KL}(\theta_{old},\theta)\le\delta\right]$ 为无穷大。

如果目标函数值变大，则收缩步长 β，直到目标函数得到改善。

最后更新参数为 $\theta_{new}=\theta_{old}+\beta d$。

8.2 TRPO 中的数学知识

8.2.1 信息论

8.1 节我们大量使用了 KL 散度的运动，那么 KL 散度是什么？

KL 散度是信息论中的概念。所以，在回答 KL 散度之前，我们先了解下信息论的一些基本概念。

信息论是指运用概率论和数理统计的方法研究信息、信息熵、通信系统等问题的应用数学学科，由香农提出。香农 1948 年 10 月在《贝尔系统技术学报》上发表的论文 *A Mathematical Theory of Communication* 揭开了信息论研究的序幕。在这篇奠基性的论文中，香农给出了信息熵的定义：

$$H(X)=-\sum_i p_i \log p_i$$

对于连续系统，香农熵定义为

$$H(x)=E_{x\sim P}[I(x)]=-E_{x\sim P}[\log P(x)]$$

那么，香农熵的含义是什么？

香农熵的大小可以衡量信息量的多少。香农熵越大，信息量越大。而随机事件的信息量与随机变量的确定性有关，事件的不确定性越大包含的信息量也越大。就像我们要弄清楚一件不确定的事情时，需要了解大量的信息；而对于确定的事情，我们几乎不需要了解任何其他的信息。比如太阳从东边升起是一件很确定的事件，没什么信息量；如果太阳今天没有从东方升起，这件事情就包含很多可能性——或是阴天，或是下雨，或是其他原因……信息量就很大。

从香农熵即熵的定义，我们能得出当事件确定性越大，熵就越小的结论。以二值分布为例，假设随机变量只取 0 或者 1，设取 1 的概率为 p，则取 0 的概率为 1-p，由熵的定义式我们得到

$$H=-p\log(p)-(1-p)\log(1-p)$$

如图 8.7 所示为熵随着概率 p 分布而变化的情形。当 p=0.5 时，取 1 和取 0 的概率都是 0.5，所以取哪个数是最不确定的；而当 p=0 或者 p=1 时，则表示确定性地取 0 或者 1，为确定性事件，其所对应的熵为 0，是最小的。这说明熵可以衡量事件的不

确定性，拥有最大不确定性的事件就拥有最大的熵。

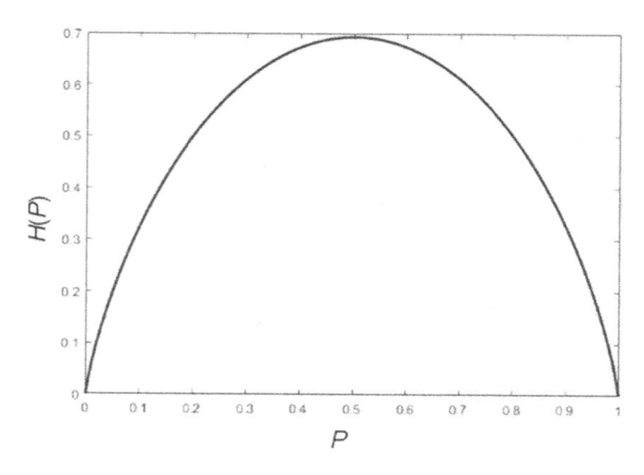

图 8.7　二值熵随概率分布的变化

和熵密切相关的概念是交叉熵。在信息论中，交叉熵用来衡量编码方案不一定完美时，平均编码的长度。不完美的编码用 Q 表示，则平均编码长度为

$$H(P,Q)=-E_{P(x)}Q(x)=-\int P(x)\log Q(x)dx \tag{8.14}$$

交叉熵常用来作为机器学习中的损失函数。原因是真实的样本分布是$P(x)$，而模型概率分布为 $Q(x)$，只有模型分布与真实的样本分布相等时，交叉熵最小。所以交叉熵常用来作为损失函数。

其实交叉熵并不能衡量两个概率分布之间的相似程度，能衡量两个概率分布之间相似程度的量为 KL 散度，定义如下。

$$D_{\mathrm{KL}}(P||Q)=E_{x\sim P}\left[\log\frac{P(x)}{Q(x)}\right]=\int P(x)\log P(x)dx-\int P(x)\log Q(x)dx \tag{8.15}$$

KL 散度的一个重要性质是非负性，而且，当且仅当两个概率分布处处相等时，取到零。因此，KL 散度常用来衡量两个分布之间的距离。但 KL 散度与一般距离不同，它一般不具有对称性，即$D_{\mathrm{KL}}(P||Q)\neq D_{KL}(Q||P)$。

KL 散度与交叉熵具有密切的关系，从定义式我们推得两者的关系如下　。

$$
\begin{aligned}
H(P,Q) &= -\int P(x)\log Q(x)dx \\
&= -\int P(x)\log Q(x)dx + \int P(x)\log P(x)dx - \int P(x)\log P(x)dx \\
&= D_{\mathrm{KL}}(P,Q) + H(P)
\end{aligned}
\tag{8.16}
$$

在机器学习中，样本的真实分布$P(x)$保持不变，因此最优化交叉熵$H(P,Q)$等价于最优化 KL 散度。

KL 散度频繁地出现在强化学习的求解过程中，现在我们对其非负性进行证明，即对任意的两个分布P和Q都有

$$
\sum_{i=1}^{n} p_i \log q_i - \sum_{i=1}^{n} p_i \log p_i = \sum_{i=1}^{n} p_i \log\left(\frac{q_i}{p_i}\right) = -D_{\mathrm{KL}}(P||Q) \leqslant 0
$$

证明

根据函数的性质$\ln(x) \leqslant x-1$　当且仅当$x=1$时，等号成立。

所以

$$
\sum_{i=1}^{n} p_i \log(q_i/p_i) \leqslant \sum_{i=1}^{n} p_i(q_i/p_i - 1) = \sum_{i=1}^{n}(q_i - p_i) = \sum_{i=1}^{n} q_i - \sum_{i=1}^{n} p_i = 0
$$

8.2.2　优化方法

在 8.1 节中，TRPO 最终转化为优化求解问题。优化求解是机器学习包括监督学习、非监督学习和强化学习的重要组成部分。有了数据以后，强化学习问题就变成了优化问题。因此，了解和熟练掌握常用的优化算法对于理解和运用强化学习算法至关重要。

从宏观的角度分类，优化算法包括线性规划算法、非线性规划算法和现代最优化算法。其中，线性规划算法最基本的算法是单纯形法；非线性规划算法则包括无约束问题的最优化方法，如最速下降法、牛顿法、共轭梯度法、拟牛顿法，以及约束问题的最优化方法，如近似规划法、可行方向法、罚函数的内点和外点法、乘子法、二次规划法等；现代最优化算法包括遗传算法、模拟退火算法和粒子群算法等。

在机器学习的优化算法中，非线性规划算法应用最普遍，因此本节主要介绍非线性规划算法中的无约束问题和约束问题的优化方法。在无约束问题中，我们介绍最速

下降法、牛顿法、共轭梯度法和拟牛顿法。在约束问题中，我们重点介绍最优性条件。

1. 无约束问题的优化方法

我们首先定义无约束问题的数学形式。无约束优化问题，就是求使得目标函数最小时的自变量值，可数学形式化为

$$\min_{x\in\mathbb{R}^n} f(x) \tag{8.17}$$

解决无约束问题的最基本方法是最速下降法。

（1）最速下降法

关于最速下降法，我们需要弄懂两个问题，一是什么是最速下降法，二是为什么最速下降法能够求解最优问题。

首先，回答第一个问题，什么是最速下降法？

设$f(x)$在x_k附近连续可微，则$f(x)$在x_k处下降最快的方向d_k为负梯度的方向，即

$$d_k = -\nabla f(x_k) \tag{8.18}$$

最速下降法在x_k处的下一个迭代值为

$$x_{k+1} = x_k + \alpha d_k \tag{8.19}$$

其中α为更新步长，可通过精确线搜索方法得到。方程（8.18）和（8.19）共同构成了最速下降法。

我们再看第二个问题，为什么最速下降法可以用来求解最优问题？

我们将优化函数$f(x)$在x_{k+1}处，用泰勒公式展开得

$$f(x_k+\alpha d_k) = f(x_k) + \alpha g_k^T d_k + o(\alpha),\ \alpha > 0$$

其中$g_k = \nabla f(x_k)$，则

$$f(x_k+\alpha d_k) - f(x_k) + o(\alpha) = -\alpha(g_k^T g_k) < 0$$

因此若α每次取值合适，每次迭代都能保证优化函数$f(x)$单调递减。

最速下降法的伪代码如下。

Step 0：选取初始点$x_0 \in \mathbb{R}^n$，容许误差$0 \leqslant \varepsilon \ll 1$，令$k:=1$；

Step 1：计算$g_k = \nabla f(x_k)$。若$\|g_k\| \leqslant \varepsilon$，退出，输出$x_k$作为近似最优解；

Step 2：选取搜索方向$d_k = -g_k$；

Step 3：由线搜索技术确定步长因子α_k；

Step 4：令$x_{k+1} := x_k + \alpha_k d_k$，$k:=k+1$，转 Step1。

（2）牛顿法

在最速下降法中，只用了优化函数的一阶导数信息，导致算法收敛速度慢，效率低。为了增大收敛速率，牛顿法中运用了优化函数的二阶导数信息。设优化函数$f(x)$的二阶导数为$G(x) = \nabla^2 f(x)$，该矩阵称为 Hessian 阵。优化函数在迭代点x_k处，利用泰勒展开其前三项，得到

$$f_k(x) = f(x_k) + g_k^T(x - x_k) + \frac{1}{2}(x - x_k)^T G_k (x - x_k) + o(\triangle x^2)$$

其中$g_k = \nabla f(x_k)$。求二次函数的最小点，即对x求导取零，得

$$g_k + G_k(x - x_k) = 0 \tag{8.20}$$

若G_k非奇异，则解（8.20）式得到牛顿法的迭代公式为

$$x_{k+1} = x_k - G_k^{-1} g_k \tag{8.21}$$

理论上，在（8.21）式中，每次迭代都需要计算 Hessian 阵的逆矩阵G_k^{-1}，逆矩阵的求解跟变量维数的平方成正。因此，在实际的算法中并不这样做，而是令$d_k = G_k^{-1} g_k$，即通过解方程

$$G_k d_k = g_k \tag{8.22}$$

得到方程的解d_k来避免求逆。线性方程（8.22）式的求解方法很多，3.2.1 节中给出了线性方程组的求解方法。这样迭代式子（8.21）变为

$$x_{k+1} = x_k + d_k \tag{8.23}$$

（8.22）式和（8.23）式给出了牛顿法求解最优函数的方程式。

牛顿法的伪代码如下。

Step 0：给定误差值$0 \leqslant \varepsilon \ll 1$，初始点$x_0 \in \mathbb{R}^n$，令$k:=0$；

Step 1：计算梯度$g_k=\nabla f(x_k)$，若$\|g_k\|\leqslant\varepsilon$，退出，输出$x_k$作为近似最优解；

Step 2：计算$G_k=\nabla^2 f(x_k)$，并求解线性方程组（8.22）得到解d_k；

Step 3：令$x_{k+1}=x_k+d_k$，$k:=k+1$，转 Step 1。

和最速下降法相比，牛顿法利用了优化函数的局部二阶导数，因此具有二阶收敛性，比最速下降法收敛速度快。

在使用牛顿法的时候，我们已经假设了初始点足够接近极小点，否则可能会导致算法不收敛。然而，在实际算法中我们并不知道极小点在什么地方，因此一般不会直接使用牛顿方法求解，而是使用基于牛顿方法的改进方法，如阻尼牛顿法。阻尼牛顿法是指求得（8.22）式的解后，再使用线性搜索的方法，得到一个适当的更新步长，保证更新后的函数值非增。

牛顿法中假设了优化函数的 Hessian 阵$G=\nabla^2 f(x)$在每个迭代点x_k处是正定的，这个假设在实际中并不能完全成立，为了克服这一缺点，需要修正牛顿法。修正的方法有很多，我们介绍两种方法。

- 第一种牛顿法修正方法：牛顿-最速下降混合算法

该修正方法的基本想法是，当 Hessian 阵正定的时候，采用牛顿法得到的搜索方向搜索，当 Hessian 阵非正定时，采用负梯度的方向作为搜索方向。该算法的伪代码如下。

Step 0：给定初始点$x_0\in\mathbb{R}^n$，终止误差$0\leqslant\varepsilon\ll 1$，令$k:=0$；

Step 1：计算迭代点处的梯度$g_k=\nabla f(x_k)$，若$\|g_k\|\leqslant\varepsilon$则退出，输出$x_k$作为近似最优解；

Step 2：计算$G_k=\nabla^2 f(x_k)$，解方程组（8.22），若（8.22）有解d_k，即 Hessian 阵为正定阵，并且解满足$g_k^T d_k<0$，转 Step 3； 否则，利用最速下降法，即搜索方向$d_k=-g_k$，转 Step 3；

Step 3：由线搜索技术确定步长因子α_k；

Step 4：令$x_{k+1}=x_k+\alpha_k d_k$，$k:=k+1$，转 Step 1。

- 第二种牛顿修正方法：加入阻尼因子μ_k

牛顿修正方法解决的是优化函数的 Hessian 阵非正定的情况，第一种方法是在 Hessian 阵非正定时利用最速下降法；第二种方法的基本思想是将非正定的 Hessian 阵通过加入阻尼因子变成正定的 Hessian 阵，即选取参数μ_k使得矩阵$A_k = G(x_k) + \mu_k I$正定。其伪代码与第一种方法类似，只是在 Step 2 有所不同。

共轭梯度的方法我们已在8.1节介绍,此处不再赘述。下面我们重点介绍拟牛顿法。

（3）拟牛顿法

拟牛顿法是为了解决牛顿法中的一些潜在问题，也就是 Hessian 阵所带来的问题而提出的。

Hessian 阵会带来哪些问题呢?

第一，Hessian 阵不一定正定。尽管修正的牛顿法可以在一定程度上避免这个问题,但修正系数μ_k的选取是很有挑战性的事情,因为过大或者过小都会影响收敛速度。

第二，Hessian 阵的计算量大。在牛顿法中，每次迭代都需要计算迭代点处的 Hessian 阵。优化函数的 Hessian 阵是二阶导数矩阵，对于大规模优化问题，二阶导数的求解需要惊人的计算量。

牛顿法存在的这些缺点使学者们提出了各种解决方法。拟牛顿法的基本思想是并不直接计算优化函数的二阶 Hessian 矩阵，而是通过逼近的方法寻找 Hessian 阵G_k的近似矩阵B_k。

近似得到B_k的方法有很多，下面我们介绍一种近似逼近矩阵B_k的方法。

设优化函数为$f: \mathbb{R}^n \rightarrow \mathbb{R}$，在开集$D \subset \mathbb{R}^n$上二次连续可微。利用泰勒展开优化函数$f$得到二次近似模型如下 。

$$f(x) \approx f(x_{k+1}) + g_{k+1}^T(x - x_{k+1}) + \frac{1}{2}(x - x_{k+1})^T G_{k+1}(x - x_{k+1}) \qquad (8.24)$$

该近似式对变量x求导可得

$$f'(x) \approx g_{k+1} + G_{k+1}(x - x_{k+1}) \qquad (8.25)$$

（8.25）式在x_{k+1}附近成立，当然在上次的迭代点x_k处也成立。（8.25）式在迭代点x_k处为

$$f'(x_k) \approx g_{k+1} + G_{k+1}(x_k - x_{k+1})$$

我们令$s_k = x_{k+1} - x_k$，$y_k = g_{k+1} - f'(x_k)$，则（8.25）式可变为

$$G_{k+1}s_k \approx y_k \tag{8.26}$$

下面根据（8.26）式构建G_{k+1}的逼近矩阵B_{k+1}，B_{k+1}应该满足如下方程：

$$B_{k+1}s_k = y_k \tag{8.27}$$

方程（8.27）称为拟牛顿方程或拟牛顿条件。若令$H_{k+1} = B_{k+1}^{-1}$，则得到拟牛顿方程的另外一个形式：

$$H_{k+1}y_k = s_k \tag{8.28}$$

在进一步推导出B_{k+1}的具体形式之前，我们先看一看目前我们知道哪些信息。如（8.27）式和（8.28）式所示，我们知道$s_k = x_{k+1} - x_k$，$y_k = g_{k+1} - f'(x_k)$，s_k和y_k由相邻迭代点坐标及其一阶导数计算得到。我们的目标就是用一阶导数和坐标信息得到矩阵B_{k+1}或H_{k+1}。用一阶导数估计二阶导数，从直观上来想肯定需要做差分，在实现上来说应该涉及迭代。拟牛顿的方法正是从这点出发，通过上一步的B_k迭代得到B_{k+1}的。令：

$$B_{k+1} = B_k + E_k,\ H_{k+1} = H_k + D_k \tag{8.29}$$

其中E_k和D_k为秩 1 矩阵或秩 2 矩阵。秩 1 矩阵或秩 2 矩阵是指秩为 1 或 2 的矩阵。通常把（8.27）式或（8.28）式和（8.29）式所确立的方法称为拟牛顿法。

- 秩 1 矩阵

下面我们先介绍用秩 1 矩阵得到B_{k+1}的方法。

首先秩 1 矩阵可表示为$E_k = \alpha u_k u_k^T$其中$\alpha \in \mathbb{R}$，$u_k \in \mathbb{R}^n$。

$$B_{k+1} = B_k + \alpha u_k u_k^T \tag{8.30}$$

将（8.30）式代入（8.27）式得到

$$(B_k + \alpha u_k u_k^T)s_k = y_k \tag{8.31}$$

为了得到u_k，我们将（8.31）式展开，移项得到

$$\alpha(u_k^T s_k)u_k = y_k - B_k s_k \tag{8.32}$$

其中$u_k^T s_k$为实数，因此由（8.32）式，我们知道u_k平行于$y_k - B_k s_k$，即存在常数β，使得$u_k = \beta(y_k - B_k s_k)$，将该式代入$E_k$的表达式得到

$$E_k=\alpha\beta^2(y_k-B_ks_k)(y_k-B_ks_k)^T \tag{8.33}$$

由（8.32）得

$$\alpha\beta^2[(y_k-B_ks_k)^Ts_k](y_k-B_ks_k)=(y_k-B_ks_k)$$

若$(y_k-B_ks_k)^Ts_k\neq 0$，可取$\alpha\beta^2[(y_k-B_ks_k)^Ts_k]=1$，由此得到

$$\alpha\beta^2=\frac{1}{(y_k-B_ks_k)^Ts_k} \tag{8.34}$$

将（8.34）代入（8.33）得到

$$E_k=\frac{(y_k-B_ks_k)(y_k-B_ks_k)^T}{(y_k-B_ks_k)^Ts_k} \tag{8.35}$$

代入（8.30）式可以得到G_{k+1}的逼近矩阵为

$$B_{k+1}=B_k+\frac{(y_k-B_ks_k)(y_k-B_ks_k)^T}{(y_k-B_ks_k)^Ts_k} \tag{8.36}$$

我们可以利用相似的方法用（8.28）式推导出H_{k+1}，由于（8.28）式和（8.27）式形式上是相似的，因此推导H_{k+1}的公式只需要将（8.36）式中的y_k和s_k的位置调换，B_k换成H_k即可。也就是

$$H_{k+1}=H_k+\frac{(s_k-H_ky_k)(s_k-H_ky_k)^T}{(s_k-H_ky_k)^Ty_k} \tag{8.37}$$

有了 Hessian 矩阵的逼近式，我们就可以利用牛顿方法求解最优问题了。拟牛顿方法的伪代码如下。

Step 0：给定初始点$x_0\in\mathbb{R}^n$，终止误差$0\leqslant\varepsilon\ll 1$，初始化对称正定阵$H_0$（通常取为单位阵）。令$k:=0$；

Step 1：若$\|g_k\|\leqslant\varepsilon$，则退出。输出$x_k$作为近似极小点；

Step 2：计算搜索方向$d_k=-H_kg_k$；

Step 3：用线搜索技术求步长α_k；

Step 4：令$x_{k+1}=x_k+\alpha_kd_k$，由（8.37）计算H_{k+1}；

Step 5：令$k:=k+1$，转 Step 1。

目前最流行的拟牛顿矫正法是 Broyden, Fletcher, Goldfard 和 Shanno 于 1970 年各

自独立提出的拟牛顿法，被称为 BFGS 算法。该算法的基本思想与我们上面介绍的拟牛顿方法基本类似，不同之处在于 BFGS 算法在逼近 Hessian 矩阵时用的修正矩阵E_k为秩 2 矩阵。

- 秩 2 矩阵

一般秩 2 矩阵可由两个秩 1 矩阵相加得到，我们将秩 2 矩阵表示为

$$E_k=\alpha u_k u_k^T+\beta v_k v_k^T \tag{8.38}$$

同样，将（8.38）式代入（8.27）得到

$$(B_k+\alpha u_k u_k^T+\beta v_k v_k^T)s_k=y_k$$

展开后得到

$$\alpha(u_k^T s_k)u_k+\beta(v_k^T s_k)v_k=y_k-B_k s_k \tag{8.39}$$

对于（8.39）式，u_k和v_k的选取并不唯一，其中一种选择为令u_k和v_k分别平行于$B_k s_k$和y_k。我们令$u_k=\gamma B_k s_k$，$v_k=\theta y_k$，其中γ,θ为待定参数。将它们代入（8.38）得到

$$E_k=\alpha\gamma^2 B_k s_k s_k^T B_k+\beta\theta^2 y_k y_k^T \tag{8.40}$$

将$u_k=\gamma B_k s_k$，$v_k=\theta y_k$代入（8.39）式得到

$$\alpha[(\gamma B_k s_k)^T s_k](\gamma B_k s_k)+\beta[(\theta y_k)^T s_k](\theta y_k)=y_k-B_k s_k$$

移项，合并同类项得

$$[\alpha\gamma^2(s_k^T B_k s_k)+1]B_k s_k+[\beta\theta^2(y_k^T s)-1]y_k=0 \tag{8.41}$$

令$\alpha\gamma^2(s_k^T B_k s_k)+1=0$，$\beta\theta^2(y_k^T s)-1=0$，则

$$\alpha\gamma^2=-\frac{1}{s_k^T B_k s_k},\ \beta\theta^2=\frac{1}{y_k^T s} \tag{8.42}$$

将（8.42）式代入（8.40）式得到

$$B_{k+1}=B_k-\frac{B_k s_k s_k^T B_k}{s_k^T B_k s_k}+\frac{y_k y_k^T}{y_k^T s_k} \tag{8.43}$$

在使用 BFGS 时，若使用（8.43）式，则假设了$y_k^T s_k>0$。若$y_k^T s_k\leqslant 0$，则$B_{k+1}=B_k$，因此 BFGS 的矫正方式为

$$B_{k+1}=\begin{cases} B_k & 若 y_k^T s_k \leqslant 0 \\ B_k-\dfrac{B_k s_k s_k^T B_k}{s_k^T B_k s_k}+\dfrac{y_k y_k^T}{y_k^T s_k} & 若 y_k^T s_k > 0 \end{cases} \tag{8.44}$$

BFGS 算法的伪代码如下。

Step 0：给定参数$\delta \in (0,1),\sigma \in (0.0.5)$，初始点$x_0 \in \mathbb{R}^n$，终止误差$0 \leqslant \varepsilon \ll 1$，初始对称正定阵$B_0$（通常取为单位阵），令$k:=0$；

Step 1：计算梯度$g_k=\nabla f(x_k)$，若$\|g_k\| \leqslant \varepsilon$，迭代结束，输出$x_k$作为近似极小点；

Step 2：解下列线性方程组，得到d_k：

$$B_k d_k = -g_k$$

Step 3：设m_k是满足下列不等式的最小非负整数m：

$$f(x_k+\delta^m d_k) \leqslant f(x_k)+\sigma\delta^m g_k^T d_k$$

这时利用线搜技术得到搜索步长为$\alpha_k=\delta^{m_k}$，新的迭代点为$x_{k+1}=x_k+\alpha_k d_k$；

Step 4：由矫正公式（8.44）得到下一步的 Hessian 逼近矩阵B_{k+1}；

Step 5：令$k:=k+1$，转 Step 1。

除了 BFGS 算法，还有很多其他拟牛顿的方法，其中比较知名的是 DFP 方法，该方法是第一个拟牛顿矫正法，它的推导过程与 BFGS 类似，这里不再介绍。

至此，我们已经介绍完关于无约束优化问题的基本方法。下面，我们介绍带有约束的最优性条件。

1. 带有约束的最优性条件

带有约束的优化问题可用以下方法形式化。

$$\begin{aligned} &\min\ f(x) \\ &s.t.\ h_i(x)=0,\quad i=1,2,\cdots,l \\ &\qquad g_i(x) \geqslant 0,\ i=1,2,\cdots,m \end{aligned} \tag{8.45}$$

（8.45）式是一般约束优化问题的形式化。在该式中，等式约束的个数为l个，不等式约束为m个，记指标集$E=\{1,\cdots,l\},I=\{1,\cdots,m\}$，可行域为$\mathcal{D}=\{x \in \mathbb{R}^n | h_i(x)=0, i \in E, g_i(x) \geqslant 0, i \in I\}$。

在解决（8.45）的时候，需要首先构造拉格朗日函数，即

$$L(x,\lambda,\mu)=f(x)-\sum_{i=1}^{l}\mu_i h_i(x)-\sum_{i=1}^{m}\lambda_i g_i(x)$$

下面我们给出一般约束问题的KT一阶必要条件：设$\boldsymbol{x}^*$是一般约束问题的局部极小点，且满足（8.45）式，若向量组$\nabla \boldsymbol{h}_i(\boldsymbol{x}^*)$，$\nabla \boldsymbol{g}_i(\boldsymbol{x}^*)$线性无关，则存在向量$(\boldsymbol{\mu}^*,\boldsymbol{\lambda}^*)\in\mathbb{R}^l\times\mathbb{R}^m$，其中$\boldsymbol{\mu}^*=(\mu_1^*,\cdots,\mu_l^*)^T$，$\boldsymbol{\lambda}^*=(\lambda_1^*,\cdots,\lambda_m^*)^T$，使得

$$\begin{cases}\nabla f(x^*)-\sum_{i=1}^{l}\mu_i^*\nabla h_i(x^*)-\sum_{i=1}^{m}\lambda_i^*\nabla g_i(x^*)=0\\ h_i(x^*)=0,i\in E\\ g_i(x^*)\geqslant 0,\lambda_i^*\geqslant 0,\lambda_i^* g_i(x^*)=0,\ i\in I\end{cases}\tag{8.46}$$

在8.1节中，TRPO算法中便利用了最优性条件。解决带约束的优化问题有很多方法，如近似规划算法、可行方向法、罚函数法、乘子法以及专门的二次规划方法。这些方法在本章并未得到应用，因此暂不介绍。在第10章中用到了ADMM方法，它属于带约束的最优化问题，因此在10.2节中，我们会继续讲解一些带约束的优化方法。

8.3 习题

1. TRPO算法成功的关键是什么？
2. TRPO用到的四个技巧是什么？
3. 基于gym手动编写TRPO的代码。
4. 利用TRPO的方法让游动机器人和跳跃机器人学会运动。

9 基于确定性策略搜索的强化学习方法

9.1 理论基础

要想完全理解本章的内容需要熟练掌握前 8 章的要点，并且假设读者对 DQN 网络很熟悉。

我们先从图 9.1 策略搜索方法的分类开始。从图中我们可以看到，无模型的策略搜索方法可以分为随机策略搜索方法和确定性策略搜索方法。其中随机策略搜索方法又发展出了很多算法。可以说， 2014 年以前，学者们都在发展随机策略搜索的方法，因为大家都认为确定性策略梯度是不存在的。直到 2014 年，强化学习算法大神 Silver 在论文 *Deterministic Policy Gradient Algorithms* 中提出了确定性策略理论，策略搜索方法中才出现确定性策略的方法。2015 年，DeepMind 的大神们又将该理论与 DQN 的成功经验结合，在论文 *Continuous Control with Deep Reinforcement Learning* 中提出了 DDPG 算法。本章以这两篇论文为素材，向大家介绍确定性策略。

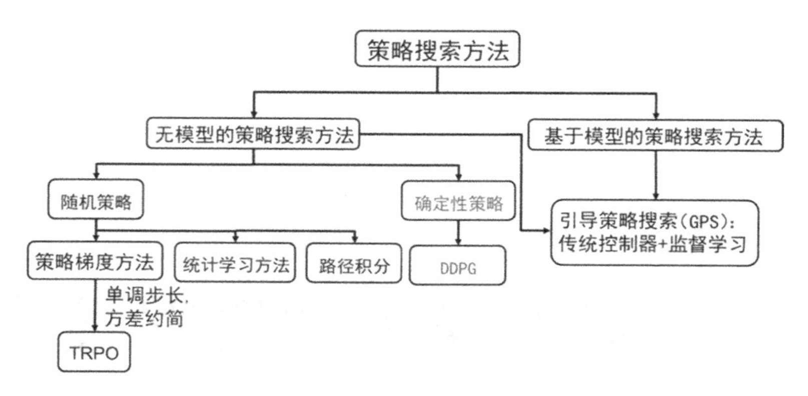

图 9.1　策略搜索方法分类

首先，我们先了解一下随机策略和确定性策略。

随机策略的公式为

$$\pi_\theta(a|s)=P[a|s;\theta] \tag{9.1}$$

其含义是，在状态为 s 时，动作符合参数为θ的概率分布。比如常用的高斯策略：

$$\pi_\theta(a|s)=\frac{1}{\sqrt{2\pi}\,\sigma}\exp\left(-\frac{(a-f_\theta(s))}{2\sigma^2}\right)$$

当利用该策略采样时，在状态 s 处，采取的动作服从均值为$f_\theta(s)$、方差为σ^2的正态分布。因此，我们可以总结说，采用随机策略时，即使在相同的状态，每次所采取的动作也很可能不一样。当然，当采用高斯策略的时候，相同的策略在同一个状态 s 处，采样的动作总体上看就算是有不同，差别也不是很大。

我们再来看看确定性策略的公式，如下。

$$a=\mu_\theta(s) \tag{9.2}$$

和随机策略不同，相同的策略（即θ相同时），在状态为 s 时，动作是唯一确定的。

我们比较一下随机策略和确定性策略的优缺点。

确定性策略的优点在于需要采样的数据少，算法效率高。

首先，我们看随机策略的梯度计算公式：

$$\nabla_\theta J(\pi_\theta)=E_{s\sim\rho^\pi,a\sim\pi_\theta}[\nabla_\theta\log\pi_\theta(a|s)Q^\pi(s,a)] \tag{9.3}$$

（9.3）式表明，策略梯度公式是关于状态和动作的期望，在求期望时，需要对状态分布和动作分布求积分，这就要求在状态空间和动作空间采集大量的样本，这样求均值才能近似期望。

然而，确定性策略的动作是确定的，所以如果存在确定性策略梯度，策略梯度的求解不需要在动作空间采样积分。因此，相比于随机策略方法，确定性策略需要的样本数据更小。尤其是对那些动作空间很大的智能体（比如多关节机器人），由于动作空间维数很大，如果用随机策略，需要在这些动作空间中大量采样。

通常来说，确定性策略方法的效率比随机策略的效率高十倍，这也是确定性策略方法最主要的优点。

相比于确定性策略，随机策略也有优点：随机策略可以将探索和改善集成到一个策略中。

强化学习领域中的各路大神在过去十几年中热衷于发展随机策略搜索方法是有原因的。最重要的原因是随机策略本身自带探索。它可以通过探索产生各种各样的数据，有好的数据，也有坏的数据——强化学习算法可以通过在这些好数据中学习来改进当前的策略，如图 9.2 所示。正是因为运用了随机策略才可以产生这三条轨迹。这三条轨迹中有好的轨迹，通过学习这些好的轨迹，可以快速改善策略。此外，随机策略梯度理论相对比较成熟，计算过程简单。

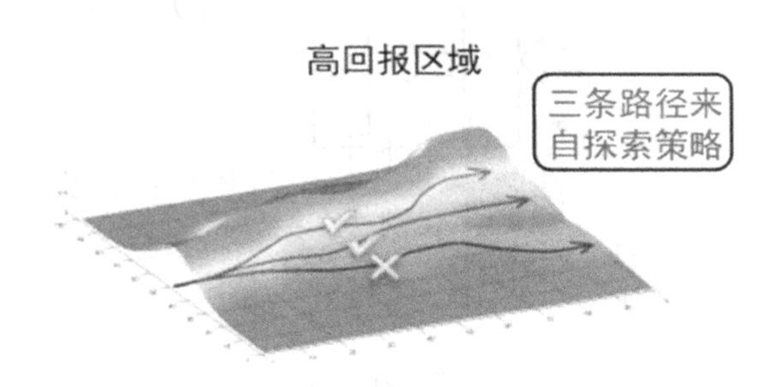

图 9.2　随机策略学习过程

我们再回到确定性策略算法。如公式（9.2）所示，给定状态 s 和策略参数θ时，动作是固定的。也就是说，当初试状态已知时，用确定性策略所产生的轨迹永远都是固定的，智能体无法探索其他轨迹或访问其他状态，从这个层面来说，智能体无法学习。我们知道，强化学习算法是通过智能体与环境交互来学习的。这里的交互是指探索性交互，即智能体会尝试很多动作，然后在这些动作中学到好的动作。

既然确定性策略无法探索环境，那么它如何学习呢？

答案是利用异策略学习方法（off-policy）。异策略是指行动策略和评估策略不是同一个策略。我们此处所说的行动策略是随机策略，以保证充足的探索；评估策略是确定性策略，即公式（8.2）。整个确定性策略的学习框架采用 AC（Actor-Critic Algorithm）的方法。

AC 算法包括两个同等地位的元素，一个元素是 Actor 即行动策略，另一个元素是 Critic 策略即评估，这里是指利用函数逼近方法估计值函数。

我们先看看随机策略 AC 的方法。

随机策略的梯度为

$$\nabla_\theta J(\pi_\theta) = E_{s\sim\rho^\pi, a\sim\pi_\theta}[\nabla_\theta \log\pi_\theta(a|s)Q^\pi(s,a)]$$

如图 9.3 所示，其中 Actor 方法用来调整 θ 值； Critic 方法逼近值函数 $Q^w(s,a) \approx Q^\pi(s,a)$，其中 w 为待逼近的参数，可用 TD 学习的方法评估值函数。

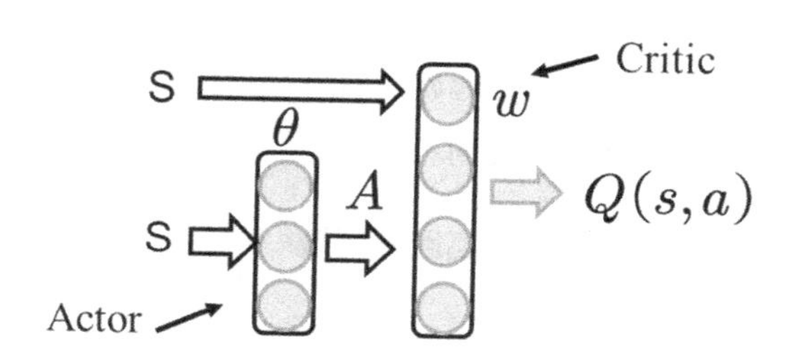

图 9.3　AC 方法网络结构

异策略随机策略梯度为

$$\nabla_\theta J_\beta(\pi_\theta) = E_{s\sim\rho^\beta, a\sim\beta}\left[\frac{\pi_\theta(a|s)}{\beta_\theta(a|s)}\nabla_\theta \log\pi_\theta(a|s)Q^\pi(s,a)\right] \tag{9.4}$$

采样策略为 β。

为了得到确定性策略 AC 的方法，我们首先给出确定性策略梯度如下。

$$\nabla_\theta J(\mu_\theta) = E_{s\sim\rho^\mu}[\nabla_\theta \mu_\theta(s)\nabla_a Q^\mu(s,a)|_{a=\mu_\theta(s)}] \tag{9.5}$$

（9.5）式即为确定性策略梯度。和随机策略梯度（9.3）式相比，少了对动作的积分，多了回报函数对动作的导数。

异策略确定性策略梯度为

$$\nabla_\theta J_\beta(\mu_\theta) = E_{s\sim\rho^\beta}\left[\nabla_\theta\mu_\theta(s)\nabla_a Q^\mu(s,a)|_{a=\mu_\theta(s)}\right] \tag{9.6}$$

比较（9.6）和（9.4）我们发现，确定性策略梯度求解时少了重要性权重，这是因为重要性采样是用简单的概率分布区估计复杂的概率分布，而确定性策略的动作为确定值而不是概率分布；此外，确定性策略的值函数评估用的是 Qlearning 的方法，即用 TD(0)估计动作值函数并忽略重要性权重。

有了（9.6）式，我们便可以得到确定性策略异策略 AC 算法的更新过程了，如下。

$$\begin{aligned}
\delta_t &= r_t + \gamma Q^w(s_{t+1},\mu_\theta(s_{t+1})) - Q^w(s_t,a_t) \\
w_{t+1} &= w_t + \alpha_w\delta_t\nabla_w Q^w(s_t,a_t) \\
\theta_{t+1} &= \theta_t + \alpha_\theta\nabla_\theta\mu_\theta(s_t)\nabla_a Q^w(s_t,a_t)|_{a=\mu_\theta(s)}
\end{aligned} \tag{9.7}$$

（9.7）式的第一行和第二行是利用值函数逼近的方法更新值函数参数，第三行是利用确定性策略梯度的方法更新策略参数。

以上介绍的是确定性策略梯度方法，可以称为 DPG 的方法。有了 DPG，我们再讲 DDPG。

DDPG 是深度确定性策略，所谓深度是指利用深度神经网络逼近行为值函数 $Q^w(s,a)$和确定性策略$\mu_\theta(s)$。

就像介绍 DQN 时所说的，当利用深度神经网络进行函数逼近时，强化学习算法常常不稳定。原因在于在训练深度神经网络时往往假设输入的数据是独立同分布的；然而强化学习的数据是顺序采集的，数据之间存在马尔科夫性，很显然这些数据并非独立同分布的。

为了打破数据之间的相关性，DQN 用了两个技巧：经验回放和独立的目标网络。DDPG 的算法便是将这两条技巧用到了 DPG 算法中。DDPG 的经验回放和 DQN 完全相同，不再重复，我们此处只是重点介绍 DQN 中的独立目标网络。

DPG 的更新过程如（9.7）式所示，这里的目标值是（9.7）式中第一行的前两项，即

$$r_t + \gamma Q^w(s_{t+1},\mu_\theta(s_{t+1})) \tag{9.8}$$

需要修改的就是（9.8）式中的ω和θ，先将w和θ单独拿出来，利用独立的网络对其更新。DDPG 的更新公式为

$$\delta_t = r_t + \gamma Q^{w^-}(s_{t+1}, \mu_{\theta^-}(s_{t+1})) - Q^w(s_t, a_t)$$
$$w_{t+1} = w_t + \alpha_w \delta_t \nabla_w Q^w(s_t, a_t)$$
$$\theta_{t+1} = \theta_t + \alpha_\theta \nabla_\theta \mu_\theta(s_t) \nabla_a Q^w(s_t, a_t)|_{a=\mu_\theta(s)}$$
$$\theta^- = \tau\theta + (1-\tau)\theta^-$$
$$w^- = \tau w + (1-\tau)w^-$$

最后，我们给出 DDPG 的伪代码，如图 9.4 所示。

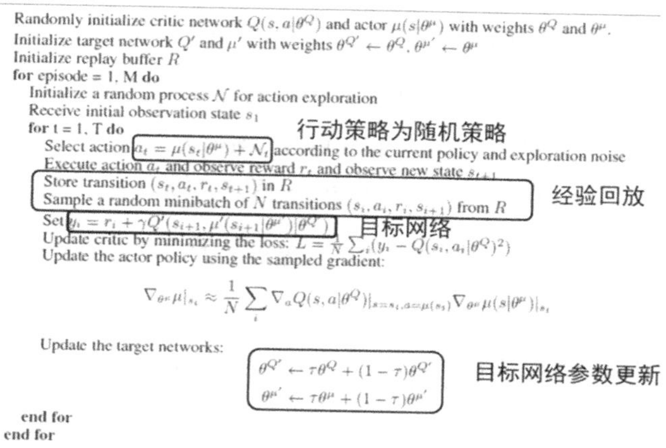

Randomly initialize critic network $Q(s,a|\theta^Q)$ and actor $\mu(s|\theta^\mu)$ with weights θ^Q and θ^μ.
Initialize target network Q' and μ' with weights $\theta^{Q'} \leftarrow \theta^Q$, $\theta^{\mu'} \leftarrow \theta^\mu$
Initialize replay buffer R
for episode = 1, M **do**
Initialize a random process $\mathcal{N}$ for action exploration
Receive initial observation state s_1
for t = 1, T **do**
Select action $a_t = \mu(s_t|\theta^\mu) + \mathcal{N}_t$ according to the current policy and exploration noise
Execute action a_t and observe reward r_t and observe new state s_{t+1}
Store transition (s_t, a_t, r_t, s_{t+1}) in R
Sample a random minibatch of N transitions (s_i, a_i, r_i, s_{i+1}) from R
Set $y_i = r_i + \gamma Q'(s_{i+1}, \mu'(s_{i+1}|\theta^{\mu'})|\theta^{Q'})$
Update critic by minimizing the loss: $L = \frac{1}{N}\sum_i(y_i - Q(s_i, a_i|\theta^Q)^2)$
Update the actor policy using the sampled gradient:

$$\nabla_{\theta^\mu}\mu|_{s_i} \approx \frac{1}{N}\sum_i \nabla_a Q(s,a|\theta^Q)|_{s=s_i, a=\mu(s_i)} \nabla_{\theta^\mu}\mu(s|\theta^\mu)|_{s_i}$$

Update the target networks:

$$\theta^{Q'} \leftarrow \tau\theta^Q + (1-\tau)\theta^{Q'}$$
$$\theta^{\mu'} \leftarrow \tau\theta^\mu + (1-\tau)\theta^{\mu'}$$

end for
end for

行动策略为随机策略
经验回放
目标网络
目标网络参数更新

图 9.4 DDPG 伪代码

9.2 习题

1. DDPG 与 DPG 的区别，可以解决哪些问题？
2. AC 算法的网络结构是什么？
3. 利用 DDPG 的方法解决四足机器人行走问题。
4. 借鉴 DQN，DDPG 有哪些地方可以修改？

10 基于引导策略搜索的强化学习方法

10.1 理论基础

引导策略搜索方法（Guided Policy Search，GPS）最早是 2013 年 Sergey Levine 在斯坦福读博士时提出来的[17]。Levine 博士毕业后便去了伯克利跟随 Pieter Abbeel 做博士后研究，出站后留在伯克利大学任教。查阅他的教育经历会发现 Levine 读博期间的导师并不是做机器人方向的，而是从事计算机图形学方向的研究。Levine 在读博期间要解决的是计算机仿真中人物的逼真运动，这是通过模仿学习或机器学习来完成的。

以上是题外话，言归正传。如图 10.1 为策略搜索方法的分类，从引导策略搜索提出至今，引导策略搜索方法其实已经扩展出了有模型和无模型的两种情况。与其他直接的策略搜索方法不同，GPS 不会直接搜索策略，而是将策略搜索方法分为两步：控制相和监督相。

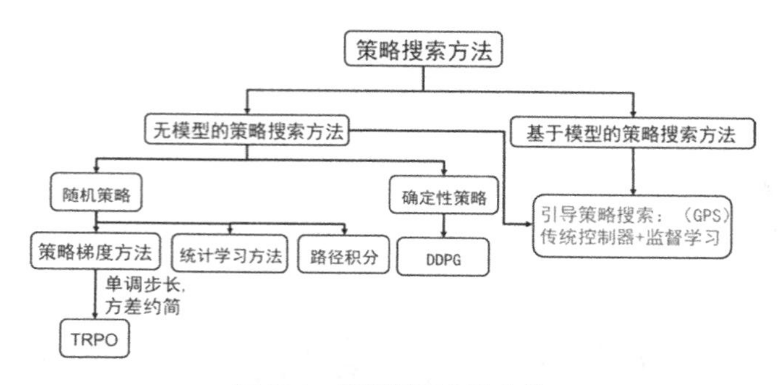

图 10.1　策略搜索方法分类

那么，引导策略搜索方法为什么要这样操作呢？

首先，我们先看看第 8 章 TRPO 方法和 DDPG 方法的局限性。从图 10.1 策略搜索方法的分类可以看出，这两种方法都是无模型的强化学习算法。无模型的强化学习算法有很多优点，比如可以不用对外界建模，尤其当外界环境非常复杂，很难建模或根本无法建模时，该方法是唯一的方法。但是，无模型的强化学习算法也有其固有的缺点：因为没有模型，所以无模型的强化学习算法只能通过不断尝试来探索环境，这些算法只能处理参数最多为数百个的策略网络，对于更大的策略网络，这些方法学习效率不高。原因很简单：当随机初始化有数千个或上万个参数的网络时，随机尝试根本无法产生好的数据。因此，对于复杂的任务，随机探索几乎找不到成功的解或者好的解，而没有成功的解或好的解，智能体就无法从中学到好的动作，也就无法形成良性循环。综上，无模型的强化学习算法最大的缺点是数据效率低。

解决无模型随机探索问题的方法是利用模型探索。如何得到模型？一般来说要么从数据中学一个模型，要么人为地建立智能体探索环境的近似模型（建机器人模型是机器人学和机器人专家们一直乐于做的事情）。

有了模型，我们可以做哪些事呢？

第一，利用模型和基于模型的优化算法，可以得到回报高的数据，也就是好数据。有了好数据，就可以稳定训练策略网络。

第二，有了模型，我们可以充分地利用示例（demonstration）学习。人的示例可以当成模型的初值。

所以 GPS 方法将策略搜索方法分成控制相和监督相。其中控制相通过轨迹最优、传统控制器或随机最优等方法控制产生好的数据；监督相利用从控制相产生的好数据进行监督学习。

我们直观对比下普通的强化学习方法和 GPS 的方法，如图 10.2 所示。强化学习是智能体通过与环境交互产生数据，从交互数据中学习，如图 10.2 中的图 A 所示；GPS 是策略网络通过与控制相的交互产生数据，从控制相产生的数据中学习。换句话说，在无模型的情况下，智能体（策略网络）是通过试错向环境学习；而 GPS 的方法是向逐渐迭代优化的控制器学习。

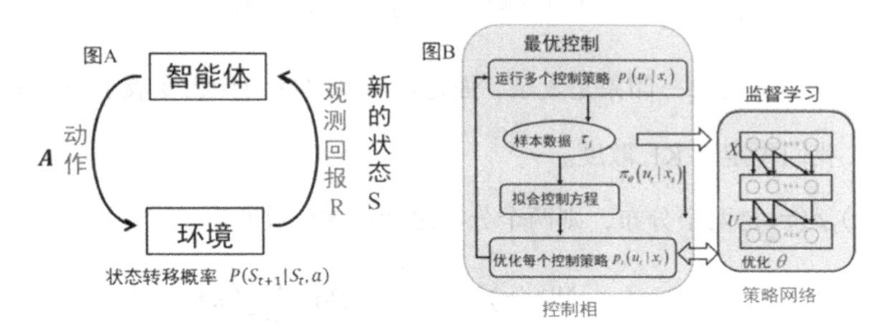

图 10.2　强化学习原理图和 GPS 原理图

我们已经知道了 GPS 的基本原理，那么如何用数学公式进而用代码来实现呢？

在回答这个问题之前，我们先简单了解 GPS 算法的发展历程，更好地理解 GPS 的实现思路。GPS 的发展可以从三个方面了解。

从问题的构建来看，GPS 经历了基于重要性采样的 GPS(ISGPS)→基于变分推理的 GPS(vGPS)→基于约束的 GPS(cGPS)的过程。这是 Levine 读博期间的发展思路。

从优化方法来看，基于约束的 GPS 的优化，经历了 Dual GPS（基于对偶梯度下降法）（2014 年）[18]→BADMM 方法（布雷格曼交叉方向乘子法）（2015 年）[19]→Mirror Descent GPS（镜像下降优化算法[20]）的过程。

从控制相来看，GPS 从基于轨迹最优（微分动态规划 DDP、线性二次规划 LQR 和线性二次高斯 LQG）发展到了随机最优控制 PI2 GPS。

接下来我们推导 GPS 算法的公式。具体来说我们推导基于约束的引导策略搜索方法的公式。我们依据 2014 年 Levine 在 ICML 上的论文 *Learning complex neural network policies with trajectory optimization* 讲解。原因在于该论文用了比较全面的数学技巧，通过学习这些数学技巧，便可以看懂 GPS 系列的其他论文。

基于约束的引导策略搜索方法可形式化为

$$
\begin{aligned}
&\min_{\theta,q}\ D_{KL}(q(\tau)||\rho(\tau))\\
&s.t.\ q(x_1)=p(x_1),\\
&\quad q(x_{t+1}|x_t,u_t)=p(x_{t+1}|x_t,u_t),\\
&\quad D_{\mathrm{KL}}(q(x_t)\pi_\theta(u_t|x_t)||q(x_t,u_t))=0
\end{aligned}
\tag{10.1}
$$

其中目标函数为$\min\limits_{\theta,q(\tau)}\ D_{\mathrm{KL}}(q(\tau)||\rho(\tau))$，$\rho(\tau)\propto\exp(l(\tau))$。

（10.1）式给人的第一印象是复杂，强化学习的目标为什么变成了一个 KL 散度？

首先，我们先定义 KL 散度。

设$q(\tau),\rho(\tau)$是两个分布，则两个分布之间的 KL 散度为

$$
D_{\mathrm{KL}}(q(\tau)||\rho(\tau))=\int q(\tau)\log\frac{q(\tau)}{\rho(\tau)}d\tau
$$

KL 散度是衡量两个概率分布之间距离的度量。比如，当两个分布相等时，距离为 0。

强化学习的目标，为什么可以表示成如（10.1）式的 KL 散度呢？

我们利用 KL 散度公式展开目标函数：

$$
\begin{aligned}
D_{\mathrm{KL}}(q(\tau)||\rho(\tau))&=\int q(\tau)\log\frac{q(\tau)}{\rho(\tau)}d\tau\\
&=\int q(\tau)\log q(\tau)d\tau-\int q(\tau)\log\rho(\tau)d\tau
\end{aligned}
\tag{10.2}
$$

将$\rho(\tau)\propto\exp(l(\tau))$代入（10.2）并忽略常数，可以得到：

$$
\begin{aligned}
&D_{\mathrm{KL}}(q(\tau)||\rho(\tau))\\
&=-H(q)-E_q(l(\tau))+\mathrm{const}
\end{aligned}
$$

第一项为分布 q 的熵，第二项为累积回报的期望。（10.1）式最小化目标函数相当于最大化累积回报和最大化熵。这里熵是不确定性的度量，不确定越大，熵越大。此处的最大化熵是为了保证最优控制分布是一个分布，而非一个确定值。第二项是最大化累积回报，和常用的强化学习目标保持一致。

将约束利用拉格朗日乘子代入目标函数，cGPS 整个问题的拉格朗日函数为

$$L(\theta,q,\lambda)=D_{\mathrm{KL}}(q(\tau)||\rho)+\sum_{t=1}^{T}\lambda_t D_{\mathrm{KL}}(q(x_t)\pi_\theta(u_t|x_t)||q(x_t,u_t)) \tag{10.3}$$

其中轨迹优化相的优化问题为

$$L(q)=-\sum_{t=1}^{T}E_{q(x_t,u_t)}[l(x_t,u_t)]-H(q)+\lambda_t E_{q(x_t)}[D_{\mathrm{KL}}(\pi_\theta(u_t|x_t)||q(u_t|x_t))] \tag{10.4}$$

监督相的优化问题为

$$L(\theta)=\sum_{t=1}^{T}\lambda_t\sum_{i=1}^{N}D_{\mathrm{KL}}(\pi_\theta(u_t|x_{ti})||q(u_t|x_{ti})) \tag{10.5}$$

对于轨迹最优相，也就是求解（10.4）式时，我们可以利用轨迹最优算法。要想利用轨迹最优算法，必须求出每一步的代价。如何从（10.4）式中求出每步的代价呢？下面是推导过程。

每个轨迹分布 $q(\tau)$ 有均值 $\hat{\tau}=(\hat{x}_{1..T},\hat{u}_{1..T})$ ，条件动作分布 $q(u_t|x_t)=N(u_t+Kx_t,A_t)$ 。

为了不失一般性，每个 $\hat{x}_t,\hat{u}_t$ 初值为 0，策略网络 $\pi(u_t|x_t)=N(\mu_t^\pi+\mu_{xt}^\pi x_t,\Sigma_t^\pi)$，$S_t$ 是相对于分布 $q(x_t)$ 的协方差。

将（10.4）式中的第一项进行二阶泰勒展开：

$$\sum_{t=1}^{T}E_{q(x_t,u_t)}[l(x_t,u_t)]=\sum_{t=1}^{T}E_{q(x_t,u_t)}\left[l(0,0)+\begin{pmatrix}x_t\\u_t\end{pmatrix}^T l_{xut}+\frac{1}{2}\begin{pmatrix}x_t\\u_t\end{pmatrix}^T l_{xu,xut}\begin{pmatrix}x_t\\u_t\end{pmatrix}\right]$$
$$=\sum_{t=1}^{T}\int q(x_t,u_t)l(0,0)d(x_t,u_t)^T+\int q(x_t,u_t)\begin{pmatrix}x_t\\u_t\end{pmatrix}^T l_{xut}d(x_t,u_t)^T+\frac{1}{2}\int q(x_t,u_t)\begin{pmatrix}x_t\\u_t\end{pmatrix}^T l_{xu,xut}\begin{pmatrix}x_t\\u_t\end{pmatrix}d(x_t,u_t)^T$$

忽略常数，第一项可写为

$$\sum_{t=1}^{T}E_{q(x_t,u_t)}[l(x_t,u_t)]=$$
$$=\sum_{t=1}^{T}\begin{pmatrix}\hat{x}_t\\\hat{u}_t\end{pmatrix}^T l_{xut}+\frac{1}{2}\int q(x_t,u_t)\left(\begin{pmatrix}x_t-\hat{x}_t\\u_t-\hat{u}_t\end{pmatrix}^T+\begin{pmatrix}\hat{x}_t\\\hat{u}_t\end{pmatrix}^T\right)l_{xu,xut}\left(\begin{pmatrix}x_t-\hat{x}_t\\u_t-\hat{u}_t\end{pmatrix}+\begin{pmatrix}\hat{x}_t\\\hat{u}_t\end{pmatrix}\right)d(x_t,u_t)^T$$

$$=\sum_{t=1}^{T}\left(\begin{pmatrix}\hat{x}_t\\\hat{u}_t\end{pmatrix}^T l_{xut}+\frac{1}{2}\begin{pmatrix}\hat{x}_t\\\hat{u}_t\end{pmatrix}^T l_{xu,xut}\begin{pmatrix}\hat{x}_t\\\hat{u}_t\end{pmatrix}+\frac{1}{2}\int q(x_t,u_t)\begin{pmatrix}x_t-\hat{x}_t\\u_t-\hat{u}_t\end{pmatrix}^T l_{xu,xut}\begin{pmatrix}x_t-\hat{x}_t\\u_t-\hat{u}_t\end{pmatrix}\right)$$
$$=\sum_{t=1}^{T}\left(\begin{pmatrix}\hat{x}_t\\\hat{u}_t\end{pmatrix}^T l_{xut}+\frac{1}{2}\begin{pmatrix}\hat{x}_t\\\hat{u}_t\end{pmatrix}^T l_{xu,xut}\begin{pmatrix}\hat{x}_t\\\hat{u}_t\end{pmatrix}\right)+\frac{1}{2}T_r(\Sigma_t l_{xu,xut})$$

（10.4）式的第二项为

$$
\begin{aligned}
H(q) &= -\int q\log q \\
&= -\int q\log\frac{1}{(2\pi)^{N/2}|A|^{1/2}}\exp\left(-\frac{1}{2}([u-\hat{u}])^{T}A^{-1}([u-\hat{u}])\right) \\
&= \frac{1}{2}\log|A| + \text{const}
\end{aligned}
\tag{10.6}
$$

在给出第三项之前，先给出两个高斯分布的 KL 散度公式。

首先给出高斯分布的基本公式如下。

$$
\int p(x)dx = 1
$$

$$
\int xp(x)dx = \mu
$$

$$
\int p(x)(x-\mu)^{2}dx = \sigma^{2}
$$

设$f(x)\sim N(\mu,\Sigma)$，$g(x)\sim N(\nu,\Gamma)$，求$D_{\mathrm{KL}}(f||g)$。

利用高斯分布的基本公式可以求得：

$$
\begin{aligned}
&D_{\mathrm{KL}}(f||g) = \int f(x)\log\frac{f(x)}{g(x)}dx \\
&= \int f(x)\log f(x)dx - \int f(x)\log g(x)dx \\
&= \int f(x)\log\left(\frac{1}{(2\pi)^{N/2}|\Sigma|^{1/2}}\exp\left(-\frac{1}{2}([x-\mu])^{T}\Sigma^{-1}([x-\mu])\right)\right)dx \\
&-\int f(x)\log\left(\frac{1}{(2\pi)^{N/2}|\Gamma|^{1/2}}\exp\left(-\frac{1}{2}([x-\mu+\mu-\nu])^{T}\Gamma^{-1}([x-\mu+\mu-\nu])\right)\right)dx \\
&= \frac{1}{2}\left\{\log\frac{|\Gamma|}{|\Sigma|} + T_{r}(\Sigma(\Gamma^{-1}-\Sigma^{-1})) + (\mu-\nu)^{T}\Gamma^{-1}(\mu-\nu)\right\}
\end{aligned}
\tag{10.7}
$$

其中第三个等号一定要配方，这样才能利用高斯分布的二阶矩计算。有了任意两个高斯分布的 KL 散度，再计算第三项，去掉常数项得到

$$E_{q(x_t)}[D_{\mathrm{KL}}(\pi_\theta(u_t|x_t)||q(u_t|x_t))]$$
$$=E_q\left[\frac{1}{2}\log|A_t|+\frac{1}{2}tr(A_t^{-1}\Sigma_t^\pi)+((\mu_t^\pi+\mu_{xt}^\pi x_t)-(u_t+Kx_t))^TA_t^{-1}((\mu_t^\pi+\mu_{xt}^\pi x_t)-(u_t+Kx_t))\right] \tag{10.8}$$

其中（10.8）的第三项可以写成

$$X=((\mu_t^\pi+\mu_{xt}^\pi\hat{x}+\mu_{xt}^\pi x-\mu_{xt}^\pi\hat{x})-(u_t+K\hat{x}+Kx_t-K\hat{x})))$$

$$\int q(x)((\mu_t^\pi+\mu_{xt}^\pi x_t)-(u_t+Kx_t))^TA_t^{-1}((\mu_t^\pi+\mu_{xt}^\pi x_t)-(u_t+Kx_t))dx$$
$$=\int q(x)[((\mu_t^\pi+\mu_{xt}^\pi\hat{x}+\mu_{xt}^\pi x-\mu_{xt}^\pi\hat{x})-(u_t+K\hat{x}+Kx_t-K\hat{x}))^TA_t^{-1}X]dx$$
$$=\int q(x)[((\mu_t^\pi(\hat{x})-\hat{u}_t)+(\mu_{xt}^\pi-K)(x-\hat{x}))^TA_t^{-1}X]dx$$
$$=\int q(x)[(\mu_t^\pi(\hat{x})-\hat{u}_t)^TA_t^{-1}(\mu_t^\pi(\hat{x})-\hat{u}_t)+(x-\hat{x})^T(\mu_{xt}^\pi-K)^TA_t^{-1}(\mu_{xt}^\pi-K)(x-\hat{x})]dx$$
$$=(\mu_t^\pi(\hat{x})-\hat{u}_t)^TA_t^{-1}(\mu_t^\pi(\hat{x})-\hat{u}_t)+Tr(S(\mu_{xt}^\pi-K)^TA_t^{-1}(\mu_{xt}^\pi-K))$$

最后从（10.5）（10.6）（10.8）式，我们得出轨迹优化相的目标函数

$$L(q)\approx\sum_{t=1}^{T}-\frac{1}{2}\begin{pmatrix}\hat{x}_t\\\hat{u}_t\end{pmatrix}^Tl_{xu,xut}\begin{pmatrix}\hat{x}_t\\\hat{u}_t\end{pmatrix}-\begin{pmatrix}\hat{x}_t\\\hat{u}_t\end{pmatrix}^Tl_{xut}-\frac{1}{2}T_r(\Sigma_tl_{xu,xut})-\frac{1}{2}\log|A|$$
$$+\lambda_t\left(\frac{1}{2}\log|A_t|+\frac{1}{2}tr(A_t^{-1}\Sigma_t^\pi)+(\mu_t^\pi(\hat{x})-\hat{u}_t)^TA_t^{-1}(\mu_t^\pi(\hat{x})-\hat{u}_t)+Tr(S(\mu_{xt}^\pi-K)^TA_t^{-1}(\mu_{xt}^\pi-K))\right) \tag{10.9}$$

这时每步的代价函数为

$$l=-\frac{1}{2}\begin{pmatrix}\hat{x}_t\\\hat{u}_t\end{pmatrix}^Tl_{xu,xut}\begin{pmatrix}\hat{x}_t\\\hat{u}_t\end{pmatrix}-\begin{pmatrix}\hat{x}_t\\\hat{u}_t\end{pmatrix}^Tl_{xut}-\frac{1}{2}T_r(\Sigma_tl_{xu,xut})-\frac{1}{2}\log|A|$$
$$+\lambda_t\left(\frac{1}{2}\log|A_t|+\frac{1}{2}tr(A_t^{-1}\Sigma_t^\pi)+(\mu_t^\pi(\hat{x})-\hat{u}_t)^TA_t^{-1}(\mu_t^\pi(\hat{x})-\hat{u}_t)+Tr(S(\mu_{xt}^\pi-K)^TA_t^{-1}(\mu_{xt}^\pi-K))\right)$$

然后利用轨迹最优方法，如 DDP 或 LQR 便可以得到最优的 q。

监督相可以利用两个正态分布的 KL 散度公式（10.7）得出：

$$L(\theta)=\sum_{t=1}^{T}\lambda_t\sum_{i=1}^{N}\frac{1}{2}\{T_r(\Sigma_t^\pi A_t^{-1})-\log|\Sigma^\pi|+(K_tx_t+k_t-\mu^\pi(x_t))^TA_t^{-1}(K_tx_t+k_t-\mu^\pi(x_t))\} \tag{10.10}$$

利用随机梯度下降或者 LBFGS 方法训练神经网络。

最后更新λ值。

$$\lambda_t \leftarrow \lambda_t + \eta D_{\mathrm{KL}}(q(x_t)\pi_\theta(u_t|x_t)||q(x_t,u_t)) \tag{10.11}$$

根据 cGPS 的计算公式，cGPS 算法的实现伪代码如图 10.3 所示。

Algorithm 1 Constrained guided policy search

1: Initialize the trajectories $\{q_1(\tau),\ldots,q_M(\tau)\}$
2: **for** iteration $k=1$ to K **do**
3: Optimize each $q_i(\tau)$ with respect to $\mathcal{L}(\theta,q_i(\tau),\lambda_i)$ ← (10.9)
4: Optimize θ with respect to $\sum_{i=1}^{M}\mathcal{L}(\theta,q_i(\tau),\lambda_i)$ ← (10.10)
5: Update dual variables λ using (10.11)
6: **end for**
7: **return** optimized policy parameters θ

图 10.3 cGPS 伪代码

10.2 GPS 中涉及的数学基础

10.2.1 监督相 LBFGS 优化方法

我们已经在 8.2 节介绍了 BFGS 方法。在 8.2.2 节中，最后求得的 Hessian 近似矩阵为

$$B_{k+1}=B_k-\frac{B_k s_k s_k^T B_k}{s_k^T B_k s_k}+\frac{y_k y_k^T}{y_k^T s_k} \tag{10.12}$$

利用 Sherman-Morrison 公式，即

$$(A+uv^T)^{-1}=A^{-1}-\frac{A^{-1}uv^T A^{-1}}{1+v^T A^{-1}u} \tag{10.13}$$

可以得到B_{k+1}的逆H_{k+1}为

$$H_{k+1}=\left(I-\frac{s_k y_k^T}{y_k^T s_k}\right)H_k\left(I-\frac{y_k s_k^T}{y_k^T s_k}\right)+\frac{s_k s_k^T}{y_k^T s_k} \tag{10.14}$$

BFGS 是只适合中小规模的最优算法，因为它需要存储一个 $N\times N$ 的矩阵H_k，如果 N 非常大，需要占用大量的内存空间，导致矩阵的读取和存储耗费大量的时间。有没有一种不需要存储如此大的矩阵的算法呢？

答案是肯定的！其中一个算法就是 L-BFGS。L-BFGS 的全称为 Limited-memory BFGS。

该算法的基本思想是不再存储完整的矩阵H_k，而是存储计算过程中的迭代点$\{s_i\}$和迭代过程中的梯度差序列$\{y_i\}$，而且 L-BFGS 并不需要存储所有的迭代序列，只需要存储最近的 m 个迭代序列即可，因此存储由原来的$O(N^2)$降到了$O(mN)$。

为了推导H_{k+1}的逼近算法，我们记$\rho_k=\frac{1}{s_k^T y_k}$，$V_k=(I-\rho_k y_k s_k^T)$，则$H_{k+1}$可表示为

$$H_{k+1}=V_k^T H_k V_k+\rho_k s_k s_k^T \tag{10.15}$$

由于在 L-BFGS 中不需要存储H_k，L-BFGS 并不采用（10.15）式计算得到H_{k+1}，而是通过 m 次迭代计算得到。迭代的初试值为

$$H_k^{(0)}=\frac{s_k^T y_k}{\|y_k\|^2}I \tag{10.16}$$

（10.16）式只用到了s_k和y_k的值。迭代计算公式为

$$H_k^{(j+1)}=V_{k-m+j}^T H_k^{(j)} V_{k-m+j}+\rho_{k-m+j}s_{k-m+j}s_{k-m+j}^T, j=0,1,\cdots,m \tag{10.17}$$

$$H_{k+1}=H_k^{(m+1)} \tag{10.18}$$

在（10.17）式的迭代计算公式中，用到了$V_{k-m},V_{k-m+1},\cdots,V_k$和$s_{k-m},s_{k-m+1},\cdots,s_k$，而这些量只与$s_{k-m},s_{k-m+1},\cdots,s_k$和$y_{k-m},y_{k-m+1},\cdots,y_k$有关。因此对于大规模无约束优化问题，L-BFGS 在计算H_{k+1}时所需要的存储量大幅减小。由（10.17）式和（10.18）式可以得到H_{k+1}为

$$\begin{aligned}H_{k+1}&=H_k^{(m+1)}\\&=V_k^T H_k V_k+\rho_k s_k s_k^T\\&=(V_k^T\cdots V_{k-m}^T)H_k^{(0)}(V_{k-m}\cdots V_k)\\&\quad+\sum_{j=0}^{m}\rho_{k-m+1}\left(\prod_{l=0}^{m-j-1}V_{k-l}^T\right)s_{k-m+j}s_{k-m+j}^T\left(\prod_{l=0}^{m-j-1}V_{k-l}\right)\end{aligned} \tag{10.19}$$

10.2.2 ADMM 算法

前面介绍了 GPS 算法的发展，其中提到 GPS 使用的优化方法。本节重点介绍 ADMM 方法，它的全称为 Alternating Direction Method of Multipliers，中文译为“交替方向乘子法””。ADMM 并不是一个新的算法，它最早分别由 Glowinski, Marrocco 及 Gabay, Mercier 于 1975 年和 1976 年提出，并被 Boyd 等于 2011 年重新综述且证明

它适用于大规模分布式优化问题。

从算法的发展历史来看，ADMM 方法并非全新的概念，而是整合了很多经典的优化思路。 更确切地说，ADMM 整合了乘子法的收敛性和对偶上升法的可分解性。因此，为了更自然地理解 ADMM 算法，我们先介绍对偶上升法和拉格朗日乘子法。

1．对偶上升法

首先考虑等式约束问题如下。

$$\begin{aligned}&\text{minimize } f(x)\\&\text{subject to } Ax-b=0\end{aligned} \tag{10.20}$$

（10.20）式所对应的拉格朗日函数为$L(x,y)=f(x)+y^T(Ax-b)$

（10.20）式的最小问题可写成$\min\limits_{x}\max\limits_{y}L(x,y)$

它所对应的对偶问题为$\max\limits_{y}\min\limits_{x}L(x,y)$

对偶上升法的迭代更新公式为

$$\begin{aligned}&x^{k+1}=\arg\ \min_x L(x,y^k)\\&y^{k+1}=y^k+\alpha^k(Ax^{k+1}-b)\end{aligned} \tag{10.21}$$

（10.21）式的收敛性需要较强的假设，其中α^k的选择具有比较强的挑战性。虽然对偶上升法存在固有的缺陷，但它还是有一些非常好的性质，即对偶分解。当目标函数$f(x)$可分时，整个优化问题可以分成多个子参数问题，分块优化后再汇集起来整体更新，这样非常有利于并行化处理。下面我们介绍对偶分解法。

假设目标函数是可分解的，即

$$f(x)=\sum_{i=1}^{N}f_i(x_i) \tag{10.22}$$

拉格朗日函数可以写为

$$L(x,y)=\sum_{i=1}^{N}L_i(x_i,\lambda)=\sum_{i=1}^{N}(f_i(x_i)+y^TA_ix_i-(1/N)y^Tb) \tag{10.23}$$

基于对偶分解法的更新如下。

并行分块优化，每块的优化迭代为

$$x_i^{k+1}=\arg\ \min_{x_i} L_i(x_i,y^k) \tag{10.24}$$

并行优化得到$x_{1,\dots,}x_N$后，更新对偶量：

$$y^{k+1}=y^k+\alpha^k(Ax^{k+1}-b) \tag{10.25}$$

其中x^{k+1}由（10.24）式中的$x_1^{k+1},\cdots,x_N^{k+1}$构成。

对偶上升法对目标函数的要求比较苛刻，对于收敛性也需要较强的假设，为了弱化这些假设，研究者在20世纪60年代提出了拉格朗日乘子法。

2．拉格朗日乘子法

在拉格朗日乘子法中，使用扩展拉格朗日函数代替上面的拉格朗日函数：

$$L_\rho(x,y)=f(x)+y^T(Ax-b)+(\rho/2)\|Ax-b\|_2^2$$

乘子法更新的步骤为

$$\begin{aligned}x^{k+1}&:=\arg\ \min_x L_\rho(x,y^k)\\ y^{k+1}&:=y^k+\rho(Ax^{k+1}-b)\end{aligned} \tag{10.26}$$

从更新式子来看，乘子法的更新式（10.26）与对偶上升法的的更新式（10.21）几乎完全相同。不同的是乘子y的更新式子。在（10.21）式中，乘子y的更新步α^k是一个不确定的量，而在乘子法中，乘子y的更新步是确定的量ρ，即扩展拉格朗日函数中的惩罚项系数。这个系数并非随意的，而是收敛性得到保证的关键因素。下面我们证明该系数可以保证算法收敛。

证明

对于原问题（10.20）式，极值点处应满足的必要条件为

$$\frac{\partial L}{\partial x}=\nabla f(x^*)+A^Ty^*=0 \tag{10.27}$$

与原问题等价的使用扩展拉格朗日函数（10.26）式在迭代点处应满足的必要条件为

$$\begin{aligned}0&=\nabla_x L_\rho(x^{k+1},y^k)\\ &=\nabla_x f(x^{k+1})+A^T(y^k+\rho(Ax^{k+1}-b))\end{aligned} \tag{10.28}$$

在新的迭代点处（10.28）式和（10.27）式应该具有等价性，也就是说新的迭代点应满足下式

$$y^{k+1}=y^k+\rho(Ax^{k+1}-b) \tag{10.29}$$

相比于对偶上升法，扩展拉格朗日乘子法使得收敛性条件更宽松，但它破坏了分解参数并行的优势。因为当$f(x)$可分时，扩展拉格朗日函数却不是可分的（平方项导致函数不可分），也就是在优化x的时候无法并行优化。为了解决这个问题，研究者们提出了 ADMM 的方法。

3. ADMM 方法（交替方向乘子法）

ADMM 方法全称为交替方向乘子法，它融合了对偶上升法的可分解性和乘子法的收敛属性，核心是引入了新的变量z，然后将目标函数拆分成可分的部分和不可分的部分。可分的部分利用并行处理，不可分的部分当成新的目标函数独立优化，两者通过引入约束条件协同更新。具体操作如下。

ADMM 将原最小化问题（10.20）式转化为如下约束优化问题：

$$\begin{aligned}&\text{minimize } f(x)+g(z)\\&\text{subject to } Ax+Bz=c\end{aligned} \tag{10.30}$$

（10.30）式中的$f(x)$和约束条件都是可分的。与之对应的扩展拉格朗日表达式如下。

$$L_\rho(x,z,y)=f(x)+g(z)+y^T(Ax+Bz-c)+(\rho/2)\|Ax+Bz-c\|_2^2$$

由于引入了新的变量，使得原乘子法中L_ρ对x不可分变成可分的。ADMM 的更新步骤为

$$\begin{aligned}x^{k+1}&:=\arg\min_x L_\rho(x,z^k,y^k)\\z^{k+1}&:=\arg\min_z L_\rho(x^{k+1},z,y^k)\\y^{k+1}&:=y^k+\rho(Ax^{k+1}+Bz^{k+1}-c)\end{aligned} \tag{10.31}$$

其中（10.31）式中的第一式关于x的迭代可采用分布式计算。

ADMM 算法与乘子法很像，不同的是乘子法把x和z当成一个变量来求解；而 ADMM 则是分开求解。

（10.31）式的第二式用来更新z，与本书第 3 章介绍的高斯-赛德尔迭代计算类似。在高斯-赛德尔迭代计算中，首先更新部分变量，然后基于更新的部分变量更新剩余的变量。ADMM 算法则是首先更新x，然后基于更新的x更新z。不同的是，ADMM 在

更新z时用的是不同的优化函数，即$L_\rho(x^{k+1},z,y^k)$。

10.2.3 KL 散度与变分推理

前面介绍 GPS 的发展历史时，第一个面向是从问题的构建来介绍的，GPS 先后经历重要性采样 GPS，变分推理 GPS 和约束 GPS。本节将从数学的角度来分析变分推理 GPS 和约束 GPS 的区别及联系，以及为何由变分推理 GPS 发展成约束 GPS。

1．一般形式的期望最大（EM）方法

设最大似然率函数为$p(X|\theta)$，其中X为观测变量。当存在潜在变量Z的时候，直接优化似然率函数是很困难的，这时我们引入潜在变量的分布$q(Z)$，似然率函数的对数可写为

$$\begin{aligned}\ln p(X|\theta) &= \int q(Z)\ln p(X|\theta)dZ \\ &= \int q(Z)\ln\frac{p(X,Z|\theta)}{p(Z|X)}dZ \\ &= \int q(Z)\ln\left(\frac{p(X,Z|\theta)}{q(Z)}\cdot\frac{q(Z)}{p(Z|X)}\right)dZ \\ &= \int q(Z)\ln\frac{p(X,Z|\theta)}{q(Z)}dZ + \int q(Z)\ln\frac{q(Z)}{p(Z|X)}dZ \\ &= \mathcal{L}(q,\theta) + \mathrm{KL}(q(Z)||p(Z|X))\end{aligned} \tag{10.32}$$

通常 E 步用来最小化（10.32）式的第二项$\mathrm{KL}(q(Z)||p(Z|X))$，M 步在 E 步的基础上最大化第一项$\mathcal{L}(q,\theta)$。

其实第一项$\mathcal{L}(q,\theta)$可写为

$$\mathcal{L}(q,\theta) = -\mathrm{KL}(q(Z)||p(X,Z|\theta))$$

在变分推理 GPS 中，隐变量Z为轨迹τ，显变量为回报R。利用 EM 方法，变分推理 GPS 最终的优化目标为

$$\mathcal{L}(q,\theta_{\text{new}}) = -\mathrm{KL}(p_R(\tau)||p(\tau;\theta_{\text{new}})) + \text{const} \tag{10.32}$$

在约束 GPS 中，优化目标为

$$D_{\mathrm{KL}}(q(\tau)||\rho(\tau)) = \mathrm{KL}(q||p_R) \tag{10.33}$$

（10.32）式和（10.33）式同为 KL 散度，分别称为动量映射和信息映射[16]，下面我们具体介绍两者的异同。

我们设p为目标概率分布，q为目标概率分布的逼近分布，我们求q分布，以便q分布近似目标分布p。一般而言，我们可以最小化p和q之间的 KL 散度求得逼近分布q。然而 KL 并非对称的，p和q之间的 KL 散度有两种，分别为$\mathrm{KL}(p||q)$和$\mathrm{KL}(q||p)$，两者的区别如下。

映射$q = \arg\min\limits_{q}\mathrm{KL}(p||q)$称为动量映射或 M-projection。在优化过程中，动量映射强迫逼近分布q在目标分布p拥有高概率的点处同样拥有高的概率。因此，如果逼近分布q是一个高斯分布，那么动量映射或 M-projection 试着平均p所有的模式。

映射$q = \arg\min\limits_{q}\mathrm{KL}(q||p)$称为信息映射或者 I-projection。在优化过程中，信息映射强迫逼近分布q在目标分布为零的点处同样为零。因此，如果逼近分布是一个高斯分布，那么信息映射或者动量映射会逼近目标分布的单个模态。

现在，我们可以总结变分 GPS 和约束 GPS 的区别了。变分 GPS 得到的是最优策略的 M-projection，如（10.32）式所示。根据该式优化得到的策略试图覆盖整个高概率轨迹，这难免会包括一些低概率的轨迹，就会导致任意坏的轨迹也有高的轨迹，使策略崩溃。而约束 GPS 得到的最优策略是 I-projection，如（10.33）式所示。根据 I-projection 的性质，坏的轨迹会得到抑制。因此，相比于变分 GPS，约束 GPS 能得到更稳定的优化策略。

10.3 习题

1. GPS 都有哪些算法？
2. GPS 中动力学拟合方法都有哪些？
3. 利用 GPS 解决倒立摆问题。
4. 利用 GPS 解决机器人路径规划问题。

第四篇

强化学习研究及前沿

逆向强化学习

11.1 概述

本节我们先介绍逆向强化学习的概念和分类，如图 11.1 所示。

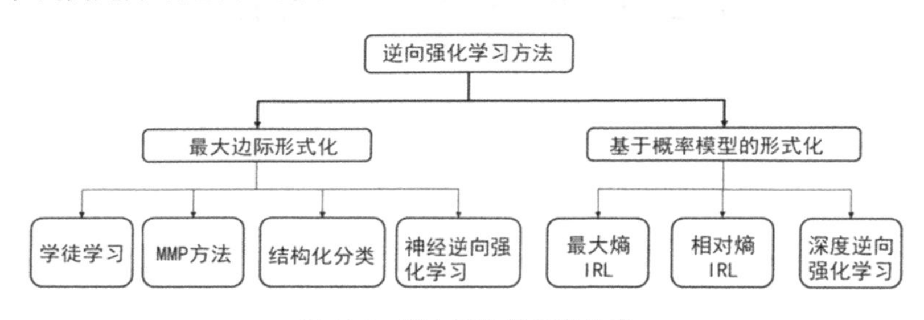

图 11.1 逆向强化学习的分类

第一个概念，什么是逆向强化学习？

前面已经介绍了强化学习。强化学习是求累积回报期望最大时的最优策略，在求解过程中立即回报是人为给定的。然而，在很多任务中，尤其是复杂的任务中，立即回报很难指定。那么该如何得到这些回报函数呢？

人类在完成复杂的任务时，根本就不会考虑回报函数。但是，这并不是说人在完成任务时就不存在回报函数。可以这么说，其实人在完成具体任务时有隐形的回报函数。所以，指定回报函数的一种方法是从人的示例中学到隐形的回报函数。

如何学习这种回报函数呢?

答案是：建模。逆向强化学习的提出者吴恩达的思路是这样的：专家在完成某项任务时，其决策往往是最优的或接近最优的，那么可以这样假设，当所有的策略产生的累积回报期望都不比专家策略产生的累积回报期望大时，强化学习所对应的回报函数就是根据示例学到的回报函数。

因此，逆向强化学习可以定义为从专家示例中学习回报函数。

第二个概念是逆向强化学习的分类。

如果用数学的形式表示逆向强化学习的早期思想，那么它可以归结为最大边际化问题（我们在下一节会具体介绍）。如图 11.1 所示是强化学习最早的思想。根据这个思想发展的算法包括：学徒学习[21]、MMP 方法[22]、结构化分类[23]和神经逆向强化学习[24]。

最大边际化的最大缺点是很多时候不存在单独的回报函数使得专家示例行为既是最优的又比其他任何行为好很多，或者有很多不同的回报函数会导致相同的专家策略，也就是说这种方法无法解决歧义的问题。

基于概率模型的方法可以解决歧义问题。学者们利用概率模型发展出了很多逆向强化学习算法，如最大熵逆向强化学习、相对熵逆向强化学习、最大熵深度逆向强化学习，基于策略最优的逆向强化学习等。

11.2 基于最大边际的逆向强化学习

本节我们来了解基于最大边际的逆向强化学习的四种方法，这四种方法几乎涵盖了近十年来逆向强化学习在最大边际方向上的发展。

第一个问题，为什么要提出逆向强化学习?

从第 2 章到第 10 章，我们介绍了强化学习算法，包括如何策略评估，如何策略迭代。但是有一个很关键的问题还没有提及，那就是回报函数。因为在利用强化学习算法时，我们都假设回报函数是人为给定的。那么回报函数如何确定呢? 这其实有很强的主观性和经验性。由于回报函数的不同会导致最优策略的不同，因此它非常重要。但是当任务很复杂时，我们很难人为给出回报函数。比如在自动驾驶中，回报函数可能是信号灯、前面的汽车，周边环境等各种因素的函数，我们很难人为判断给定这个回报函数。而且，在执行不同的任务时，回报函数也不同。所以，回报函数的设定是推广强化学习算法应用的一大障碍。逆向强化学习就是为了解决回报函数的问题而提出来的——只有解决该问题，强化学习算法才能得到大规模应用。

第二个问题，如何学习回报函数？

其实逆向强化学习来源于模仿学习。模仿学习本身是一个很大的主题。小孩子在学习走路的时候，模仿大人。人类学习很多技能都是从模仿开始，但有人只模仿到了表面，而有人模仿到了精髓。最早的模仿学习是行为克隆，它只模仿到了表面。行为克隆是指机器将人的轨迹记录下来，下次执行时恢复该轨迹。行为克隆的方法只能模仿轨迹，无法泛化。而逆向强化学习是从专家（人为）示例中学到背后的回报函数，能泛化到其他场景，因此属于模仿到了精髓。

下面我们介绍下逆向强化学习的四种学习方法。

（1）方法一：学徒学习方法。

学徒学习是吴恩达和 Abbeel 提出来的。它的意思是智能体从专家示例中学到回报函数，使得在该回报函数下所得的最优策略在专家示例策略附近。下面我们对此做深入分析。

未知的回报函数$R(s)$一般都是状态的函数，因为它是未知的，所以我们可以利用函数逼近的方法对其进行参数逼近，其逼近形式可设为$R(s)=w\cdot\phi(s)$，其中$\phi(s)$为基函数，可以是多项式基底，也可以是傅里叶基底。逆向强化学习要求得的是回报函数中的系数w。

根据值函数的定义，策略π的值函数为

$$\begin{aligned}
&E_{s_0\sim D}[V^\pi(s_0)]\\
&=E[\Sigma_{t=0}^{\infty}\gamma^t R(s_t)|\pi]\\
&=E[\Sigma_{t=0}^{\infty}\gamma^t w\cdot\phi(s_t)|\pi]\\
&=w\cdot E[\Sigma_{t=0}^{\infty}\gamma^t\phi(s_t)|\pi]
\end{aligned}\tag{11.1}$$

定义特征期望为$\mu(\pi)=E[\Sigma_{t=0}^{\infty}\gamma^t\phi(s_t)|\pi]$。需要注意的是，特征期望和策略$\pi$有关，策略不同时，策略期望也不相同。

定义了特征期望之后，值函数可以写为$E_{s_0\sim D}[V^\pi(s_0)]=w\cdot\mu(\pi)$。

当给定 m 条专家轨迹后，根据定义我们可以估计专家策略的特征期望为

$$\hat{\mu}_E = \frac{1}{m}\Sigma_{i=1}^{m}\Sigma_{t=0}^{\infty}\gamma^t\phi(s_t^{(i)}) \tag{11.2}$$

其中，专家状态序列为专家轨迹$\{s_0^{(i)},s_1^{(i)},\cdots\}_{i=1}^{m}$。

通过前面引入特征期望，逆向强化学习可以转化为如下问题：寻找一个策略，使它的表现与专家策略相近。

我们可以利用特征期望来表示一个策略的好坏，要找到一个策略，使它的表现与专家策略相近，其实就是找到一个策略$\tilde{\pi}$的特征期望与专家策略的特征期望相近，即使如下不等式成立：

$$\|\mu(\tilde{\pi})-\mu_E\|_2 \leqslant \epsilon$$

当该不等式成立时，对于任意的权重$\|w\|_1 \leqslant 1$，值函数满足如下不等式：

$$\begin{aligned}
&|E[\Sigma_{t=0}^{\infty}\gamma^t R(s_t)|\pi_E] - E[\Sigma_{t=0}^{\infty}\gamma^t R(s_t)|\tilde{\pi}]| \\
&= |w^T\mu(\tilde{\pi}) - w^T\mu_E| \\
&\leqslant \|w\|_2\|\mu(\tilde{\pi})-\mu_E\|_2 \\
&\leqslant 1\cdot\epsilon = \epsilon
\end{aligned} \tag{11.3}$$

将（11.3）写成伪代码，如图 11.2 所示。

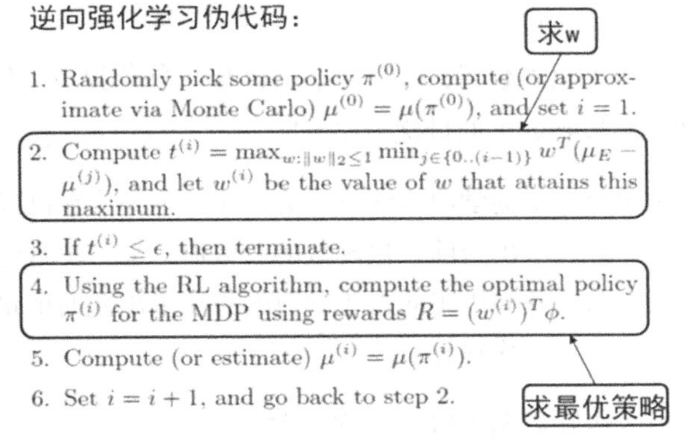

图 11.2　学徒学习伪代码

其中第二行的目标函数为

$$t^{(i)} = \max_{w:\|w\|_2\leqslant 1}\min_{j\in\{0\cdots(i-1)\}} w^T(\mu_E-\mu^{(j)})$$

写成标准的优化形式为

$$\begin{aligned} &\max_{t,w} \quad t \\ &s.t.\ w^T\mu_E \geqslant w^T\mu^{(j)}+t,\ j=0,\cdots,i-1 \\ &\qquad \|w\|_2 \leqslant 1 \end{aligned}$$

注意：在第二行求解时，$\mu^{(j)}$中的$j\in\{0,1,\cdots,i-1\}$是前$i-1$次迭代得到的最优策略。也就是说第 i 次求解参数时，i-1 次迭代是已知的。这时候的最优函数值 t 相当于专家策略μ_E与 i-1 个迭代策略之间的最大边际。

如图 11.3 所示为最大边际方法的直观理解。我们可以从支持向量机的角度理解。专家策略为一类，其他策略为另一类，参数的求解其实就是找一条超曲面区分专家策略和其他策略。这个超平面使得两类之间的边际最大。

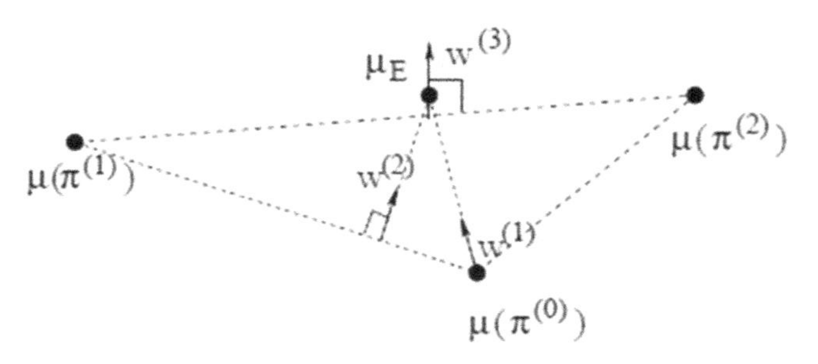

图 11.3　最大边际方法的直观理解

第四行是在第二行求出参数后，得到回报函数$R=(w^{(i)})^T\phi$，利用该回报函数强化学习，从而得到该回报函数下的最优策略$\pi^{(i)}$。

综上，逆向强化学习的学徒学习方法可分为两步：第一步在已经迭代得到的最优策略中，利用最大边际方法求出当前回报函数的参数值；第二步是将求出的回报函数作为当前系统的回报函数，并利用正向强化学习的方法求出此时的最优策略。有了最优策略再转到第一步，进入下次循环。

（2）方法二：最大边际规划（MMP）的方法。

MMP 的方法将逆向强化学习问题建模为$D=\{(\mathcal{X}_i,\mathcal{A}_i,p_i,F_i,y_i,\mathcal{L}_i)\}_{i=1}^n$。

式中从左至右的每一项分别为状态空间，动作空间，状态转移概率，回报函数的特征向量，专家轨迹和策略损失函数。

在 MMP 的框架下，学习者试图找到一个特征到回报的线性映射也就是参数w，

在这个线性映射下最好的策略在专家示例策略附近。该过程可形式化为

$$\begin{aligned}&\min_{w,\zeta_i}\ \frac{1}{2}\|w\|^2+\frac{\gamma}{n}\sum_i\beta_i\zeta_i^q\\&s.t.\ \forall i\ w^Tf_i(y_i)+\zeta_i\geqslant\max_{y\in\mathcal{Y}}\ w^Tf_i(y)+\mathcal{L}_i(y)\end{aligned}\tag{11.4}$$

（11.4）式第二行为约束条件，该约束的含义如下。

- 约束只允许专家示例得到最好的回报的权值存在；
- 回报的边际差，即专家示例的值函数与其他策略的值函数的差值，与策略损失函数成正比。

此处的策略损失函数$\mathcal{L}_i(y)$是指策略y与第i条专家轨迹y_i之间的差，该差可以利用轨迹中两种策略选择不同动作的总和来衡量。

用μ_i表示第i个专家策略，用μ表示任意的策略。回报函数利用特征的线性组合表示，则（11.4）式中回报函数$f_i(y_i)=F_i\mu_i$，其中F_i为特征基底。

原问题（10.4）可形式化为

$$\begin{aligned}&\min_{w,\zeta_i}\ \frac{1}{2}\|w\|^2+\frac{\gamma}{n}\sum_i\beta_i\zeta_i^q\\&s.t.\ \forall i\ w^TF_i\mu_i+\zeta_i\geqslant\max_{\mu\in\mathcal{G}_i}\ w^TF_i\mu+l_i^T\mu\end{aligned}\tag{11.5}$$

此处的策略μ是指每个状态被访问的频次，如图 11.4 所示为访问频次的示例。

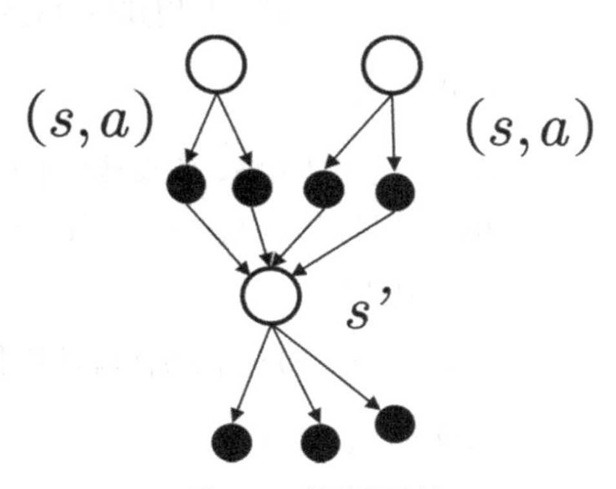

图 11.4 策略频次流

其中状态s'处的频次应满足流入流出关系：

$$\sum_{x,a}\mu^{x,a}p_i(x'|x,a)+s_i^{x'}=\sum_a\mu^{x',a} \tag{11.6}$$

请留意$s_i^{x'}$表示初始位置。

接下来我们要处理不等式约束右侧的最大值，右侧的最大值等价于如下问题。

$$\begin{aligned}&\max_{\mu\in\mathcal{G}_i}\ w^TF_i\mu+l_i^T\mu\\&\text{subject to: }\sum_{x,a}\mu^{x,a}p_i(x'|x,a)+s_i^{x'}=\sum_a\mu^{x',a}\end{aligned} \tag{11.7}$$

根据拉格朗日对偶原理（凸优化中的知识点，不了解的同学可以自学），其对偶问题为

$$\begin{aligned}&\min_{v\in V_i}s_i^Tv\\&\text{subject to: }\forall x,a\ v^x\geqslant(w^TF_i+l_i)^{x,a}+\sum_{x'}p_i(x'|x,a)v^{x'}\end{aligned} \tag{11.8}$$

联合（11.5）和（11.8）式，将逆向强化学习转化为一个二次规划问题：

$$\begin{aligned}&\min_{w,\zeta_i,v_i}\ \frac{1}{2}\|w\|^2+\frac{\gamma}{n}\sum_i\beta_i\zeta_i^q\\&s.t.\ \forall i\ w^TF_i\mu_i+\zeta_i\geqslant s_i^Tv_i\\&\forall i,x,a\ \ v_i^x\geqslant(w^TF_i+l_i)^{x,a}+\sum_{x'}p_i(x'|x,a)v_i^{x'}\end{aligned} \tag{11.9}$$

利用凸优化求解方法求解系数，当然也可以利用其他更有效的方法进行求解。

（3）第三个方法：基于结构化分类的方法。

MMP 方法在约束不等式部分，变量是策略，需要迭代求解 MDP 的解，而一个 MDP 解的维数与状态的维数相同，因此求解过程复杂，计算代价很高。那么，是否存在不用求解 MDP 也能学习回报函数呢?

当然可以，我们接下来要介绍的结构化分类的方法就是其中的一种。

在学徒学习算法中，回报函数可以表示为

$$R_\theta(s)=\theta^T\phi(s)$$

行为值函数则可以写为

$$Q_\theta^\pi(s,a)=\theta^T\mu^\pi(s,a)$$

其中$\mu^\pi(s,a)=E\left[\sum_{t>0}\gamma^t\phi(S_t)|S_0=s,A_0=a,\pi\right]$称为特征函数。关于特征函数，第 i 个元素$\mu_i^\pi(s,a)=Q_{\phi_i}^\pi(s,a)$，我们可以理解为立即回报函数为$\phi_i(s)$时所对应的值函数。最后我们得到的行为值函数其实是不同立即回报函数所对应的值函数的线性组合。

为了避免迭代计算 MDP 解，我们可以这样考虑问题：对于一个行为空间很小的问题（比如网格世界，状态空间可以有很多，但行为空间只有上下左右四个动作），最终的策略其实是找到每个状态所对应的最优动作。用分类的思想去考虑最优的策略，每个动作看做一个类标签，那么所谓的策略其实就是把所有的状态分成四类，分类的表示是值函数，最好的分类对应着最大的值函数。

利用这个思想，逆向强化学习可以形式化为

$$\begin{aligned}&\min_{\theta,\zeta}\ \frac{1}{2}\|\theta\|^2+\frac{\eta}{N}\sum_{i=1}^{N}\zeta_i\\&s.t.\ \forall i,\ \theta^T\hat{\mu}^{\pi_E}(s_i,a_i)+\zeta_i\geqslant\max_a\ \theta^T\hat{\mu}^{\pi_E}(s_i,a)+\mathcal{L}(s_i,a)\end{aligned}\tag{11.10}$$

约束中的$\{s_i,a_i\}$为专家轨迹，$\hat{\mu}^{\pi_E}(s_i,a_i)$可以利用蒙特卡罗的方法求解。而对于$\hat{\mu}^{\pi_E}(s_i,a\neq a_i)$，则可以利用启发的方法来得到。

比如对于专家轨迹$\mathcal{T}=\{s_1,a_1,s_2,\cdots,s_{N-1},a_{N-1},s_N,a_N\}$，$\hat{\mu}^{\pi_E}(s_i,a_i)$和$\hat{\mu}^{\pi_E}(s_i,a\neq a_i)$可分别由下式给出：

$$\forall\ 1\leqslant i\leqslant N,\ \hat{\mu}^{\pi_E}(s_i,a_i)=\sum_{j=i}^{N}\gamma^{j-i}\phi(s_j)$$

$$\hat{\mu}^{\pi_E}(s_i,a\neq a_i)=\gamma\hat{\mu}^{\pi_E}(s_i,a_i)$$

综上，从数学形式化的角度看，结构化分类方法（11.10）式和最大边际规划方法（11.9）式有很多相似的地方。但两者有本质的不同：（11.10）式约束每个状态处的每个动作，而（11.9）式是约束一个 MDP 解；从计算量来看，（11.10）式要小很多。

（4）方法四：神经逆向强化学习。

逆向强化学习要学习的是回报函数，以避免人为设定回报函数的问题。但是，在学习回报函数时又引入了需要人为指定的基底，即我们之前已经假设的回报函数的形式：

$$R_\theta(s) = \theta^T \phi(s)$$

其中$\phi(s)$是人为指定的基底。对于大规模问题，人为指定的基底表示能力不足，只能覆盖部分回报函数形式，难以泛化到其他状态空间。

解决方法之一是利用神经网络表示回报函数的基底。

此时，回报函数可表示为$r(s,a) = \theta^T f(s,a)$。

神经逆向强化学习的整个框架仍然是最大边际法的框架，因此问题形式化为

$$\begin{aligned} &\min_\theta \ \frac{1}{2}\|\theta\|_2^2 + C\sum_{i=1}^{N_T}\xi^{(i)} \\ &s.t.\ Q_\theta^{\pi_E}(s_t^{(i)},a_t^{(i)}) + \xi^{(i)} \geqslant \max_\pi \ Q^\pi(s_t^{(i)},a_t^{(i)}) + l(s_t^{(i)},a_t^{(i)}) \end{aligned} \tag{11.11}$$

如图 11.5 所示为神经逆向强化学习的伪代码。

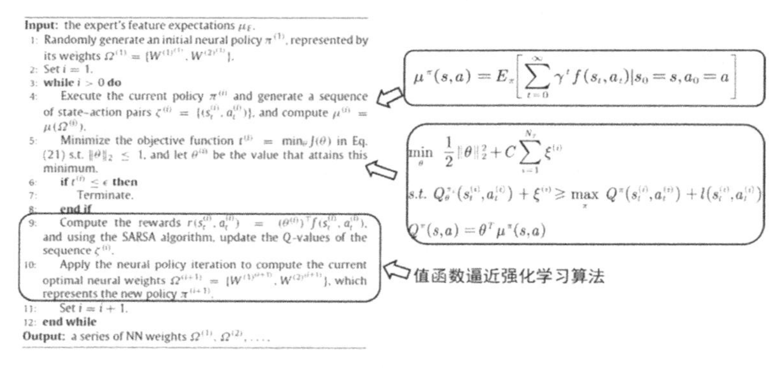

图 11.5 神经逆向强化学习伪代码

11.3 基于最大熵的逆向强化学习

基于最大边际的方法往往会产生歧义，比如或许很多不同的回报函数会导致相同的专家策略。在这种情况下，所学到的回报函数往往具有随机的偏好。为了克服这个缺点，学者们利用概率模型提出基于最大熵的逆向强化学习方法。

1. 最大熵方法如何克服歧义性

首先，我们先了解什么是最大熵。对于这个概念的理解，推荐大家阅读吴军老师的《数学之美》第 20 章；关于最大熵模型的公式推导，建议大家阅读李航老师的《统

计学习方法》。在概率论中，熵是不确定性的度量。不确定性越大，熵越大。比如，在区间固定时，所有的分布中均匀分布的熵最大。因为均匀分布在固定区间每一点取值的概率都相等，所以取哪个值的不确定性最大。

最大熵原理：在学习概率模型时，在所有满足约束的概率模型（分布）中，熵最大的模型是最好的模型。原因在于通过熵最大所选取的模型，没有对未知（即除了约束已知外）做任何主观假设。也就是说，除了约束条件外，我们不知道任何其他信息。

比如，当我们猜测一个筛子每个面朝上的概率时，我们猜每个面朝上的概率都是1/6，其实这个解就是最大熵解。因为，我们除了知道每个面朝上的概率加起来等于1之外，并不知道其他条件，这时猜测出的均匀分布就是最大熵解。

那么，对于逆向强化学习问题，最大熵模型是什么呢？其实，在学徒学习中，我们在计算特征期望的时候，已经用到了概率模型，我们回顾下，特征期望可定义为

$$\mu(\pi)=E[\Sigma_{t=0}^{\infty}\gamma^t\phi(s_t)|\pi]$$

给定 m 条专家轨迹时，我们可以估计专家的特征期望为

$$\hat{\mu}_E=\frac{1}{m}\Sigma_{i=1}^{m}\Sigma_{t=0}^{\infty}\gamma^t\phi(s_t^{(i)})$$

从概率模型的角度建模逆向强化学习，我们可以这样考虑：存在一个潜在的概率分布，在该概率分布下，产生了专家轨迹。这是典型的已知数据、求模型的问题。即已知专家轨迹，求解产生该轨迹分布的概率模型。此时，已知条件为

$$\sum_{\text{Path }\zeta_i}P(\zeta_i)f=\tilde{f} \tag{11.12}$$

这里用 f 表示特征期望，$\tilde{f}$ 表示专家特征期望。在满足（11.12）约束条件的所有概率分布中，熵最大的概率分布是除了约束外对其他任何未知信息没有做任何假设的分布。所以，最大熵的方法可以避免歧义性的问题。基于这个思想，学者们先后提出基于最大信息熵，基于最大相对熵和基于深度网络的逆向强化学习方法。

（1）第一种方法：基于最大信息熵的逆向强化学习[25]。

那么，如何利用最大信息熵原理恢复满足约束条件的概率分布呢？我们下面介绍基于最大信息熵的逆向强化学习方法[25]。

熵最大，是最优问题。因此，我们将该问题转化成为标准的优化问题，该优化问题可形式化为

$$\begin{aligned}&\max\ -p\log p\\&s.t.\ \sum_{\text{Path }\zeta_i}P(\zeta_i)f_{\zeta_i}=\tilde{f}\\&\Sigma P=1\end{aligned}\tag{11.13}$$

公式（11.13）是熵最大的形式化表述，利用拉格朗日乘子法，该优化问题可转化为

$$\min\ L=\sum_{\zeta_i}p\log p-\sum_{j=1}^{n}\lambda_j\left(pf_j-\tilde{f}_j\right)-\lambda_0(\Sigma p-1)\tag{11.14}$$

将（11.14）对概率p进行微分，并令其导数为0，可以得到

$$\frac{\partial L}{\partial p}=\sum_{\zeta_i}\log p+1-\sum_{j=1}^{n}\lambda_j f_j-\lambda_0=0$$

最后得到拥有最大熵的概率为

$$p=\frac{\exp\left(\sum_{j=1}^{n}\lambda_j f_j\right)}{\exp(1-\lambda_0)}=\frac{1}{Z}\exp\left(\sum_{j=1}^{n}\lambda_j f_j\right)\tag{11.15}$$

其中参数λ_j对应着回报函数中的参数，该参数可以利用最大似然的方法求解。

一般而言，利用最大似然的方法对式（11.15）中的参数进行求解时，往往会遇到未知的配分函数项Z，因此不能直接求解。一种可行的方法是利用次梯度的方法，如（11.16）式所示。

$$\nabla L(\lambda)=\tilde{f}-\sum_{\zeta}P(\zeta|\lambda,T)f_{\zeta}\tag{11.16}$$

（2）第二种方法：基于相对熵的逆向强化学习[26]。

在式（11.16）中需要利用轨迹的概率$P(\zeta)$。该轨迹的概率可表示为

$$Pr(\tau|\theta,T)\propto d_0(s_1)\exp\left(\sum_{i=1}^{k}\theta_i f_i^{\tau}\right)\prod_{t=1}^{H}T(s_{t+1}|s_t,a_t)$$

求解该式的前提是系统的状态转移概率$T(s_{t+1}|s_t,a_t)$是已知的。然而，在无模型的强化学习中，该模型是未知的。为了解决此问题，我们可以将问题建模为求解相对熵最大。下面我们介绍基于相对熵的逆向强化学习方法[26]。

设Q为利用均匀分布策略产生的轨迹分布，要求解的概率分布为$P(\tau)$，问题可形式化为

$$\begin{aligned}&\min_{P}\ \sum_{\tau\in\mathcal{T}}P(\tau)\ln\frac{P(\tau)}{Q(\tau)}\\&s.t.\ \forall i\in\{1,\cdots,k\}:\\&\left|\sum_{\tau\in\mathcal{T}}P(\tau)f_i^{\tau}-\hat{f}_i\right|\leqslant\epsilon_i\\&\sum_{\tau\in\mathcal{T}}P(\tau)=1\\&\forall\tau\in\mathcal{T}:P(\tau)\geqslant 0\end{aligned} \tag{11.17}$$

同样，利用拉格朗日乘子法和KKT条件，可以得到相对熵最大的解：

$$P(\tau|\theta)=\frac{1}{Z(\theta)}Q(\tau)\exp\left(\sum_{i=1}^{k}\theta_i f_i^{\tau}\right) \tag{11.18}$$

与最大熵逆向强化学习方法相同，参数的求解过程利用次梯度的方法：

$$\nabla L(\theta)=\hat{f}_i-\sum_{\tau\in\mathcal{T}}P(\tau|\theta)f_i^{\tau}-\alpha_i\epsilon_i \tag{11.19}$$

在利用次梯度的方法进行参数求解时，最关键的问题是估计（11.19）式中的概率$P(\tau|\theta)$。由最大相对熵的求解可以得到该概率的计算公式，如（11.18）式。

我们将Q显式表述出来，由定义知道，它是在策略为均匀策略时得到的轨迹分布，因此可将其分解为

$$\begin{aligned}&Q(\tau)=D(\tau)U(\tau)\\&\begin{cases}D(\tau)=d_0(s_1)\Pi_{t=1}^{H}T(s_{t+1}|s_t,a_t)\\ U(\tau)=\dfrac{1}{|\mathcal{A}|^H}\end{cases}\end{aligned} \tag{11.20}$$

将（11.20）代入（11.18），可以得到最大相对熵解为

$$P(\tau|\theta)=\frac{D(\tau)\exp(\Sigma_{i=1}^{k}\theta_i f_i^{\tau})}{\Sigma_{\tau\in\mathcal{T}}D(\tau)\exp(\Sigma_{i=1}^{k}\theta_i f_i^{\tau})} \tag{11.21}$$

这时，我们再利用重要性采样对（11.21）进行估计，得到次梯度为

$$
\begin{aligned}
&\hat{f}_i-\sum_{\tau\in\mathcal{T}}P(\tau|\theta)f_i^{\tau}-\alpha_i\epsilon_i\\
&=\hat{f}_i-\frac{1}{N}\sum_{\tau\in\mathcal{T}_N^{\pi}}\frac{P(\tau|\theta)}{D(\tau)\pi(\tau)}f_i^{\tau}-\alpha_i\epsilon_i\\
&=\hat{f}_i-\frac{1}{N}\frac{\Sigma_{\tau\in\mathcal{T}_N^{\pi}}\frac{D(\tau)\exp(\Sigma_{i=1}^{k}\theta_i f_i^{\tau})}{D(\tau)\pi(\tau)}}{D(\tau)\exp(\Sigma_{i=1}^{k}\theta_i f_i^{\tau})}f_i^{\tau}-\alpha_i\epsilon_i\\
&=\hat{f}_i-\frac{\frac{1}{N}\Sigma_{\tau\in\mathcal{T}_N^{\pi}}\frac{D(\tau)\exp(\Sigma_{i=1}^{k}\theta_i f_i^{\tau})}{D(\tau)\pi(\tau)}}{\frac{1}{N}\Sigma_{\tau\in\mathcal{T}_N^{\pi}}\frac{D(\tau)\exp(\Sigma_{i=1}^{k}\theta_i f_i^{\tau})}{D(\tau)\pi(\tau)}}f_i^{\tau}-\alpha_i\epsilon_i\\
&=\hat{f}_i-\frac{\Sigma_{\tau\in\mathcal{T}_N^{\pi}}\frac{\exp(\Sigma_{i=1}^{k}\theta_i f_i^{\tau})}{\pi(\tau)}}{\Sigma_{\tau\in\mathcal{T}_N^{\pi}}\frac{\exp(\Sigma_{i=1}^{k}\theta_i f_i^{\tau})}{\pi(\tau)}}f_i^{\tau}-\alpha_i\epsilon_i
\end{aligned}
\tag{11.21}
$$

（3）第三种方法，深度逆向强化学习[27]。

综上，最大熵逆向强化学习虽然解决了歧义性问题，但在实际应用中逆向强化学习仍然难以应用，这是因为：

① 回报函数的学习需要人为地选择特征，对于很多实际的问题，特征的选择是很困难的。

② 很多逆向强化学习的子循环中包含正向强化学习，而正向强化学习本身就是很难解决的问题。

上面的第一个问题涉及回报函数的表示问题，要想取代人为的特征设计，可以利用深度神经网络来逼近回报函数，利用深度神经网络来解决逆向强化学习的算法称为深度逆向强化学习算法；针对第二个问题，可以采用基于采样的方法替代正向强化学习。

下面介绍基于采样的逆向强化学习方法。

在最大熵逆向强化学习中，最大熵策略所产生的轨迹服从如下分布

$$
p(\tau)=\frac{1}{Z}\exp(-c_\theta(\tau))
\tag{11.22}
$$

其中$Z=\int\exp(-c_\theta(\tau))d\tau$。前面两种方法因为$Z$无法直接估计配分函数，因此均采用次梯度的方法。而基于采样的逆向强化学习则是利用背景分布的样本估计配分

函数Z。背景分布是指用来采样的分布。

利用（11.22）式，取示例轨迹的似然函数并取负对数得到优化目标：

$$\begin{aligned}\mathcal{L}_{IOC}(\theta) &= \frac{1}{N}\sum_{\tau_i\in\mathcal{D}_{\text{demo}}} c_\theta(\tau_i) + \log Z \\ &\approx \frac{1}{N}\sum_{\tau_i\in\mathcal{D}_{\text{demo}}} c_\theta(\tau_i) + \log\frac{1}{M}\sum_{\tau_j\in\mathcal{D}_{\text{samp}}}\frac{\exp(-c_\theta(\tau_j))}{q(\tau_j)}\end{aligned} \tag{11.23}$$

其中$\mathcal{D}_{\text{demo}}$表示$N$个示例轨迹，$\mathcal{D}_{\text{samp}}$表示$M$个背景分布的样本，$q$表示用来采样$\tau_j$的分布。在以前的方法中，$q$取均匀分布。

逆向强化学习的目标是学到最好的参数θ，使得目标函数（11.23）取最小值。为了方便计算目标函数相对于代价参数θ的梯度，约定记号：$w_j=\frac{\exp(-c_\theta(\tau_j))}{q(\tau_j)}$，$Z=\Sigma_j w_j$。

目标函数（11.23）式相对于参数θ的导数为

$$\frac{d\mathcal{L}_{IOC}(\theta)}{d\theta} = \frac{1}{N}\sum_{\tau_i\in\mathcal{D}_{\text{demo}}}\frac{dc_\theta}{d\theta}(\tau_i) - \frac{1}{Z}\sum_{\tau_j\in\mathcal{D}_{\text{sample}}} w_j\frac{dc_\theta}{d\theta}(\tau_j) \tag{11.24}$$

在基于采样的最大熵逆向强化学习算法中，用来采样轨迹τ_j的背景分布q对于成功是最关键的。用来估计配分函数的最优重要性采样分布即背景分布应该满足$q(\tau)\propto|\exp(-c_\theta(\tau))|$。但是，当代价函数$c_\theta$未知时，设计一个单独的采样函数$q(\tau)$是一件困难的事情。一个不错的方法是自适应地修改采样函数$q(\tau)$，使得该采样函数在当前回报函数为$c_\theta(\tau)$的高回报区域能产生更多的样本。

如何得到这样的采样函数呢？

我们在第 10 章介绍引导策略搜索时已经得到过类似的概率分布，即通过 cGPS 的方法求得。在 cGPS 算法中，通过将目标函数设置为$E_q[c_\theta(\tau)]-\mathcal{H}(\tau)$，用 cGPS 方法可以得到轨迹分布$q(\tau)\propto\exp(-c_\theta(\tau))$。

有了上面的知识，我们便可以介绍应用了深度神经网络和采样技术的逆向强化学习算法——引导代价逆向学习算法。该算法由下面的算法 1 和算法 2 组成。

（1）算法 1。

① 初始化$q_k(\tau)$，初始化的方法要么是随机初始化控制器要么来自于示例；

② 迭代计算 $i=1$ 到 I；

③ 利用控制策略 $q_k(\tau)$ 产生轨迹数据集 $\mathcal{D}_{\text{traj}}$；

④ 保存轨迹数据集到样本数据集中：$\mathcal{D}_{\text{samp}} \leftarrow \mathcal{D}_{\text{samp}} \bigcup \mathcal{D}_{\text{traj}}$；

⑤ 利用样本数据集 $\mathcal{D}_{samp}$ 来更新代价函数 c_θ，具体方法见算法 2；

⑥ 利用轨迹集合和 cgps 更新采样策略 $q_k(\tau)$ 以便得到 $q_{k+1}(\tau)$；

⑦ 结束。

算法 1 中的第 5 行，利用新的数据集更新代价函数是通过算法 2 实现的。

（2）算法 2。

① For 迭代 k=1 到 K do:；

② 从示例数据集中采样示例 $\hat{\mathcal{D}}_{\text{demo}} \subset \mathcal{D}_{\text{demo}}$；

③ 从样本数据集中采集样本 $\hat{\mathcal{D}}_{\text{samp}} \subset \mathcal{D}_{\text{samp}}$；

④ 将示例保存到样本集中：$\hat{\mathcal{D}}_{\text{samp}} \leftarrow \hat{\mathcal{D}}_{\text{demo}} \bigcup \hat{\mathcal{D}}_{\text{samp}}$；

⑤ 利用 $\hat{\mathcal{D}}_{\text{demo}}$ 和 $\hat{\mathcal{D}}_{\text{samp}}$ 估计目标函数的导数 $\frac{d\mathcal{L}_{IOC}}{d\theta}(\theta)$，具体公式为（11.24）；

⑥ 利用梯度 $\frac{d\mathcal{L}_{IOC}}{d\theta}(\theta)$ 更新参数 θ；

⑦ End for；

⑧ 返回优化的代价函数的参数 θ。

我们还要处理的一个细节是如何利用样本数据估计配分函数。如（11.23）式所示，配分函数的估计需要用到重要性采样，尽管有的文献建议直接抛弃重要性权重，但这会使得估计不连续，不能估计得出好的代价函数。在算法 2 中，利用样本数据估计配分函数时，样本数据其实是从多个分布中提取出来的。因此，我们需要计算一个融合的分布估算重要性权重，即给每个样本计算一个合适的权重。

比如，我们有来自 k 个分布的样本 $q_1(\tau),\cdots,q_\kappa(\tau)$，能在均匀分布下构建一个连续的期望估计器：

$$E[f(\tau)] \approx \frac{1}{M}\Sigma_{\tau_j}\frac{1}{\frac{1}{k}\Sigma_{\kappa}q_{\kappa}(\tau_j)}f(\tau_j)$$

因此重要性权重为

$$z_j = \frac{1}{k}\Sigma_{\kappa}q_{\kappa}(\tau_j) \tag{11.25}$$

目标函数为

$$\mathcal{L}_{IOC}(\theta) = \frac{1}{N}\sum_{\tau_i \in \mathcal{D}_{\text{demo}}} c_\theta(\tau_i) + \log\frac{1}{M}\sum_{\tau_j \in \mathcal{D}_{\text{sample}}} z_j \exp(-c_\theta(\tau_j)) \tag{11.26}$$

其中（11.25）式是计算每条轨迹的概率。

至此，我们已初步了解了基于采样的最大熵逆向强化学习方法。

深度逆向强化学习的第二个知识点是利用神经网络表示回报函数。但是神经网络是强非线性表示，因此利用神经网络表示回报函数引入了很强的模型复杂性。为了解决这些挑战，需要引入两个正则方法（以前的正则方法比较简单，基本只是简单的代价参数$\boldsymbol{\theta}$的l_1范数或l_2范数。对于高维的非线性代价函数，这些正则技术经常是不充分的）。

第一个正则化是惩罚状态的二阶导数：

$$g_{lcr} = \sum_{x_t \in \tau}[(c_\theta(x_{t+1}) - c_\theta(x_t)) - (c_\theta(x_t) - c_\theta(x_{t-1}))]^2 \tag{11.27}$$

该项减小了高频震荡，使代价更容易优化。

第二个正则化更适合情景任务：

$$g_{\text{mono}}(\tau) = \sum_{x_t \in \tau}[\max(0, c_\theta(x_t) - c_\theta(x_{t-1}) - 1)]。 \tag{11.28}$$

11.4 习题

1. 逆向强化学习包括哪些方法。

2. 利用逆向强化学习解决机器人路径规划问题。

12 组合策略梯度和值函数方法

本章主要介绍组合策略梯度和值函数方法的理论基础。[28]

我们知道，强化学习算法一般可分为值函数的方法和直接策略搜索的方法。它们之间有什么关系呢？

根据策略梯度的理论，策略梯度可表示为

$$\nabla_\theta J(\pi) = \underset{s,a}{E} Q^\pi(s,a) \nabla_\theta \log\pi(s,a) \quad (12.1)$$

从（12.1）式中，我们无法看出值函数和策略之间有什么直接联系。为了建立它们之间的联系，我们需要再了解两个知识点：策略梯度的熵正则化和贝尔曼方程的不动点。

（1）策略梯度的熵正则化。

为防止策略变成确定性策略，失去探索性，实践中常用的一个技巧是在策略梯度上增加一个熵正则化项，即

$$\Delta\theta \propto \underset{s,a}{E} Q^\pi(s,a) \nabla_\theta \log\pi(s,a) + \alpha \underset{s}{E} \nabla_\theta H^\pi(s) \quad (12.2)$$

其中$H^{\pi}(s)=-\sum_{a}\pi(s,a)\log\pi(s,a)$，熵是不确定性的度量，不确定性越大熵越大。(12.2)式第二项的意思是让参数朝着不确定性大的方向更新；第一项是向着值函数更大的方向更新。第二项的系数α是正则惩罚参数，该参数在值函数的收敛中有重要的作用。

（2）贝尔曼方程的不动点。

贝尔曼操作符$\mathcal{T}^{\pi}$定义为$\mathcal{T}^{\pi}Q(s,a)=\underset{s',r,b}{E}(r(s,a)+\gamma Q(s',b))$

该操作符为压缩映射，该压缩映射最后会收敛到一个不动点。

综上，在不动点处行为值函数的参数θ在熵正则化的梯度方向上将不会再更新。

我们令$f(\theta)=\underset{s,a}{E}Q^{\pi}(s,a)\nabla_{\theta}\log\pi(s,a)+\alpha\underset{s}{E}\nabla_{\theta}H^{\pi}(s)$，同时随机策略本身需要满足概率为1的约束条件，即$g(\theta)=\sum_{a}\pi(s,a)=1$，将约束条件代入不动点处，正则化的梯度为零可以得到

$$
\begin{aligned}
&f(\theta)-\sum_{s}\lambda_s\nabla_{\theta}g_s(\pi)\\
&=\underset{s,a}{E}Q^{\pi}(s,a)\nabla_{\theta}\log\pi(s,a)-\alpha\underset{s}{E}\nabla_{\theta}\sum_{a}\pi(s,a)\log\pi(s,a)-\sum_{s}\lambda_s\nabla_{\theta}\sum_{a}\pi(s,a)\\
&=\underset{s,a}{E}Q^{\pi}(s,a)\nabla_{\theta}\log\pi(s,a)-\alpha\underset{s}{E}\sum_{a}\nabla_{\theta}\pi(s,a)\log\pi(s,a)-\alpha\underset{s}{E}\sum_{a}\pi(s,a)\nabla_{\theta}\log\pi(s,a)-\sum_{s}\lambda_s\sum_{a}\nabla_{\theta}\pi(s,a)\\
&=\underset{s,a}{E}Q^{\pi}(s,a)\nabla_{\theta}\log\pi(s,a)-\alpha\underset{s}{E}\sum_{a}\pi(s,a)\frac{\nabla_{\theta}\pi(s,a)}{\pi(s,a)}\log\pi(s,a)-\alpha\underset{s}{E}\sum_{a}\pi(s,a)\nabla_{\theta}\log\pi(s,a)-\sum_{s}\sum_{a}\pi(s,a)\lambda_s\frac{\nabla_{\theta}\pi(s,a)}{\pi(s,a)}\\
&=\underset{s,a}{E}Q^{\pi}(s,a)\nabla_{\theta}\log\pi(s,a)-\alpha\underset{s,a}{E}\log\pi(s,a)\nabla_{\theta}\log\pi(s,a)-\alpha\underset{s,a}{E}\nabla_{\theta}\log\pi(s,a)-\lambda\underset{s,a}{E}\nabla_{\theta}\log\pi(s,a)\\
&=\underset{s,a}{E}(Q^{\pi}(s,a)-\alpha\log\pi(s,a)-\alpha-\lambda)\nabla_{\theta}\log\pi(s,a)
\end{aligned}
\tag{12.3}
$$

其中第3个等式到第4个等式用到了期望的定义$\sum_{a}\pi(s,a)=\underset{a}{E}$。

由分析知道，在不动点处有

$$f(\theta)-\sum_{s}\lambda_s\nabla_{\theta}g_s(\pi)=\underset{s,a}{E}(Q^{\pi}(s,a)-\alpha\log\pi(s,a)-\alpha-\lambda)\nabla_{\theta}\log\pi(s,a)=0$$

由于$\nabla_{\theta(t,b)}\pi(s,a)=1_{(t,b)=(s,a)}$，上式变为

$$Q^{\pi}(s,a)-\alpha\log\pi(s,a)-c=0 \tag{12.4}$$

其中$c=\alpha+\lambda$。

（12.4）式展示了行为值函数$Q^\pi(s,a)$和策略$\pi(s,a)$之间的关系，为了消去常数c，我们利用策略$\pi(s,a)$在状态s处采样，并对该状态处的动作a进行积分，得到

$$\sum_a \pi(s,a)Q^\pi(s,a)-\alpha\sum_a \pi(s,a)\log\pi(s,a)-\sum_a \pi(s,a)c(s)=0 \quad (12.5)$$

其中：

$$\sum_a \pi(s,a)Q^\pi(s,a)=V^\pi(s)$$

$$-\sum_a \pi(s,a)\log\pi(s,a)=H^\pi(s)$$

（12.5）式变为

$$c_s=\alpha H^\pi(s)+V^\pi(s) \quad (12.6)$$

将（12.6）式代回（12.4）式，可以得到

$$Q^\pi(s,a)=\alpha(\log\pi(s,a)+H^\pi(s))+V^\pi(s) \quad (12.7)$$

$$\text{或}\pi(s,a)=\exp(A^\pi(s,a)/\alpha-H^\pi(s)) \quad (12.8)$$

（12.7）式和（12.8）式展示了动作值函数$Q^\pi(s,a)$与策略$\pi(s,a)$之间的关系。

大家可能要问，知道两者之间的关系有什么用呢？

答案是：我们可以利用当前策略来估计动作值函数，详述如下。

由（12.7）式，我们可以给出逼近动作值函数的方法：

$$\tilde{Q}^\pi(s,a)=\tilde{A}^\pi(s,a)+V^\pi(s)=\alpha(\log\pi(s,a)+H^\pi(s))+V^\pi(s) \quad (12.9)$$

这时我们再看熵正则化的策略梯度更新公式（12.2）式，在（12.3）式的推导中得到

$$\begin{aligned}&\underset{s,a}{E}Q^\pi(s,a)\nabla_\theta\log\pi(s,a)+\alpha\underset{s}{E}\nabla_\theta H^\pi(s)\\&=\underset{s,a}{E}(Q^\pi(s,a)-\alpha\log\pi(s,a)-\alpha)\nabla_\theta\log\pi(s,a)\end{aligned}$$

有常数偏差时，更新不变，因此（12.2）式可以写为

$$\triangle\theta\propto\underset{s,a}{E}\left(Q^\pi(s,a)-\tilde{Q}^\pi(s,a)\right)\nabla_\theta\log\pi(s,a) \quad (12.10)$$

下面从优化的角度理解不动点处值函数和策略之间的关系。

考虑优化问题：

$$\begin{aligned}&\text{minimize}\quad E_{s,a}(q(s,a)-\alpha\log\pi(s,a))^2\\&s.t.\quad \sum_a \pi(s,a)=1,\qquad s\in S\end{aligned} \tag{12.11}$$

极值点处的条件为

$$\underset{s,a}{E}\,(q(s,a)-\alpha\log\pi(s,a)+c_s)\nabla_\theta\log\pi(s,a)=0$$

若$q(s,a)=Q^{\pi}(s,a)$，则优化问题得到的等式和根据不动点得到的等式相同。因此，（12.11）式可以这样解释：熵正则化策略梯度时，在不动点处，动作值函数可以看成是策略对数的回归。

在介绍组合策略梯度和值函数算法（PGQL）之前，还需要解决的问题是当采用策略（12.8）式时，动作值函数是否会收敛到最优值？

结论是动作值函数的贝尔曼残差会随着熵惩罚系数α下降而下降。

证明

由（12.8）式，策略$\pi(s,a)$可以写成

$$\pi_\alpha(s,a)=\frac{\exp(Q^{\pi_\alpha}(s,a)/\alpha)}{\sum_b\exp(Q^{\pi_\alpha}(s,b)/\alpha)}\leqslant\frac{\exp(Q^{\pi_\alpha}(s,a)/\alpha)}{\exp(\max_c Q^{\pi_\alpha}(s,c)/\alpha)} \tag{12.12}$$

设$\mathcal{T}^*$为贪婪变换，则贝尔曼残差为$\mathcal{T}^*Q^{\pi_\alpha}(s,a)-Q^{\pi_\alpha}(s,a)$。

$$\begin{aligned}&0\leqslant\mathcal{T}^*Q^{\pi_\alpha}(s,a)-Q^{\pi_\alpha}(s,a)\\&=\mathcal{T}^*Q^{\pi_\alpha}(s,a)-\mathcal{T}^{\pi_\alpha}Q^{\pi_\alpha}(s,a)\\&=E_{s'}\left(\max_c Q^{\pi_\alpha}(s',c)-\sum_b\pi_\alpha(s',b)Q^{\pi_\alpha}(s',b)\right)\\&=E_{s'}\left(\sum_b\pi_\alpha(s',b)\left(\max_c Q^{\pi_\alpha}(s',c)-Q^{\pi_\alpha}(s',b)\right)\right)\end{aligned} \tag{12.13}$$

将（12.12）式代入（12.13）式，缩放不等式，得到

$$\mathcal{T}^*Q^{\pi_\alpha}(s,a)-Q^{\pi_\alpha}(s,a)\leqslant E_{s'}\sum_b\exp((Q^{\pi_\alpha}(s',b)-Q^{\pi_\alpha}(s',b^*))/\alpha)(\max_c Q^{\pi_\alpha}(s',c)-Q^{\pi_\alpha}(s',b))$$

设函数$f_\alpha(x)=x\exp(-x/\alpha)$，令$x=\max_c Q^{\pi_\alpha}(s',c)-Q^{\pi_\alpha}(s',b)$，则不等式变为

$$\mathcal{T}^*Q^{\pi_\alpha}(s,a)-Q^{\pi_\alpha}(s,a)\leqslant E_{s'}\sum_b f_\alpha(x) \tag{12.14}$$

根据函数$f_\alpha(x)$的性质$f_\alpha(x)\leqslant f_\alpha(\alpha)=\alpha e^{-1}$，原不等式（12.14）变为

$$\mathcal{T}^*Q^{\pi_\alpha}(s,a)-Q^{\pi_\alpha}(s,a)\leqslant|\mathcal{A}|\alpha e^{-1} \tag{12.15}$$

由此我们可以看到，贝尔曼残差随着α的降低而收敛到0。

通过上面的分析，我们知道采用策略（12.8）式时贝尔曼残差收敛，而Qlearning的目标是减小贝尔曼残差。因此可以将熵正则化的策略梯度方法和 Qlearning 的方法结合运用，这就是 PGQL 算法。

PGQL 学习算法是基于值函数的估计，即（12.9）式，组合了熵正则化的策略梯度更新和 Qlearning 的方法。

其中 Qlearning 的更新是为了减小贝尔曼残差，其更新公式为

$$\Delta\theta\propto\underset{s,a}{E}\left(\mathcal{T}^*\tilde{Q}^\pi(s,a)-\tilde{Q}^\pi(s,a)\right)\nabla_\theta\log\pi(s,a),$$
$$\Delta w\propto\underset{s,a}{E}\left(\mathcal{T}^*\tilde{Q}^\pi(s,a)-\tilde{Q}^\pi(s,a)\right)\nabla_w V(s)$$

由（12.10）式得到熵正则化的策略梯度更新为

$$\Delta\theta\propto\underset{s,a}{E}\left(Q^\pi(s,a)-\tilde{Q}^\pi(s,a)\right)\nabla_\theta\log\pi(s,a),$$
$$\Delta w\propto\underset{s,a}{E}\left(Q^\pi(s,a)-\tilde{Q}^\pi(s,a)\right)\nabla_w V(s)$$

PGQL 方法是将两种更新进行加权组合，即

$$\Delta\theta\propto(1-\eta)\underset{s,a}{E}\left(Q^\pi-\tilde{Q}^\pi\right)\nabla_\theta\log\pi+\eta\underset{s,a}{E}\left(\mathcal{T}^*\tilde{Q}^\pi-\tilde{Q}^\pi\right)\nabla_\theta\log\pi,$$
$$\Delta w\propto(1-\eta)\underset{s,a}{E}\left(Q^\pi-\tilde{Q}^\pi\right)\nabla_w V(s)+\eta\underset{s,a}{E}\left(\mathcal{T}^*\tilde{Q}^\pi-\tilde{Q}^\pi\right)\nabla_w V$$

13

值迭代网络

本章分为三个小节，其中 13.1 节探讨为什么要提出值迭代网络，13.2 节阐述值迭代网络模型。

13.1 为什么要提出值迭代网络

众所周知，深度学习与强化学习算法结合所产生的深度强化学习算法在很多领域取得了突破性进展。最早引起大家注意的是 DeepMind 团队利用 DQN 算法挑战雅达利游戏，得分竟然超过了专业人类玩家（这成为 Google 直接以重金收购 DeepMind 团队的原因之一），该成果 2015 年在 *Nature* 发表，由此学者们开始纷纷“掉入“深度强化学习的“大坑”。我们下面简单介绍下 DQN。

我们可以从以下几个角度理解 DQN 算法。

（1）第一个角度：DQN 是一个深度神经网络，如图 13.1 所示。

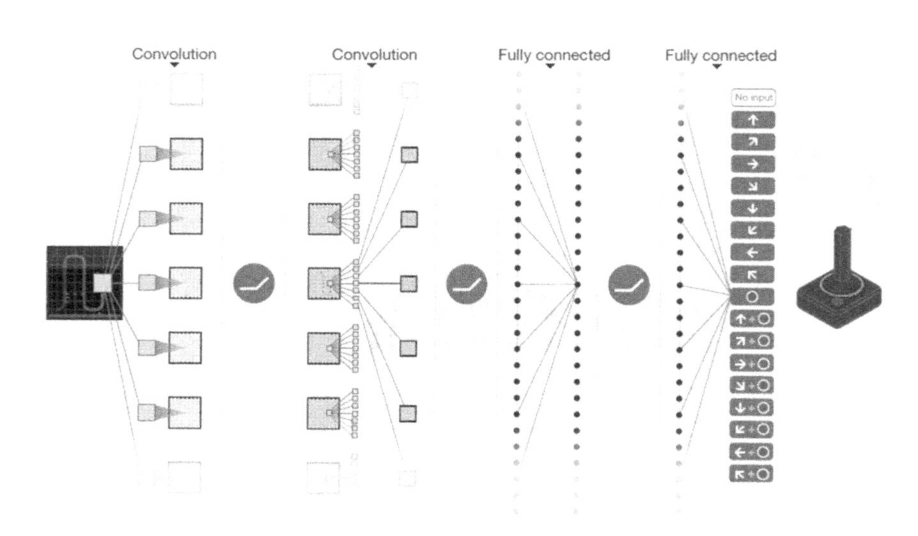

图 13.1　DQN 网络

直观看来，DQN 是一个深度神经网络，更确切地说，它是一个由 3 个卷积层和 2 个全连接层组成的深度神经网络。它的输入是图像，即游戏当前的画面；输出是 18 个动作的概率分布（游戏手柄 18 个动作的概率值）。

（2）第二个角度：DQN 的训练方法是强化学习。

DQN 是一个深度神经网络，我们需要训练这个网络，以达到游戏通关的目的。何为训练？就是调整神经网络的权值。如何调整神经网络的权值呢？方法是强化学习方法。但是，强化学习方法并非是调整网络权值的唯一方法。如果有足够的数据，我们完全可以利用监督学习或者模仿学习等方法学习该网络的权值。所以，从训练神经网络的角度来看，强化学习算法不过是调整神经网络权值的一种方法。运用强化学习方法调整 DQN 网络的权值可以参见第 6 章。

事实上，深度神经网络是强化学习算法一个非常重要的组成因素：深度强化学习算法本质上就是利用强化学习的方法调优深度神经网络。

如果深度神经网络设计得很差，就算强化学习算法再强大，也无法实现很好的效果。巧妇难为无米之炊，在深度强化学习算法中，深度神经网络就是米、就是食材，而强化学习算法则是巧妇、是厨艺。只有在一个足够好的深度神经网络的基础上，强化学习算法才能将这个网络调成一个效果很好的网络。

那么问题来了，什么是一个好的神经网络？DQN 是好的神经网络吗？

按理说，DQN 网络取得了很好的效果，应该是一个好的神经网络。但是，Aviv Tamar 等发现它其实并不是一个好的网络，因为已经调优的深度神经网络很难泛化到其他的游戏中。也就是说，该网络并没有学到本质。

为什么呢？这主要是由网络结构决定的，下面我们做些简单分析。

DQN 的网络结构是前向的多层神经网络，这类网络结构的特点是输入是状态，输出是动作，也就是策略。它最常应用在识别领域。在现有的深度强化学习领域，大部分的研究都是直接用这种网络结构表示策略。Tamar 等称，这种策略被称为 reactive policy（反应式策略）。从字面意思很容易理解，即给出一个状态，得到一个反应动作。从强化学习要解决的任务来看，反应式策略并非好策略。强化学习通常要解决的马尔科夫决策问题本质上是序列决策问题，即当前的决策需要考虑后续的决策，以使整个决策总体最优。很显然，反应式策略并不能表达后续策略对当前策略的影响。从这个意义上来说，反应式策略并不是一个好的网络结构。

那么什么样的策略网络是好的策略网络呢？Tamar 等作者给出的答案是：具有规划能力的策略网络是好的策略网络。

所谓规划就是考虑后续的回报。遗憾的是，目前大部分强化学习所用的深度网络都是反应式网络，缺少显式的规划计算。不过即便如此，仍然有很多很成功的反应式网络。细细思考，我们会发现这些网络的成功其实要归功于训练该网络的方法——强化学习训练方法。强化学习的训练方法在训练网络时（调整网络参数时）考虑了规划问题。不过，由于网络本身没有规划模块，因此在被运用到新的环境时，大部分都需要重新训练，也就是泛化能力很差。

假如训练策略本身就有规划模块，一旦规划模块被训练好，就算换了新的环境，针对类似的任务，具有规划模块的策略网络便可以利用已经训练好的规划模块规划新的任务，泛化能力很强。另一方面，对于具有规划模块的策略网络，训练方法就可以更灵活了，不必像以前那样依赖强化学习算法。此时，我们便可以利用成熟的监督学习方法和模仿学习方法。当然，在没有数据标签时仍然要利用强化学习的训练方法。

为了理解为什么规划是策略中重要的组成成分，Tamar 等举了一个网格世界中导航的例子，如图 13.2 所示。在该例中，智能体能够看到整个网格地图，知道目标点的位置，其任务是从起始点无障碍地达到目标位置。人们所希望的是，在训练完一个场景（如图 13.2 左边的场景）后，在另一个场景（如图 13.2 右边的场景）该策略依然有效。遗憾的是，当采用基于 CNN 的神经网络策略时，无法实现泛化。Tamar 等分析得出的结论是该网络并没有理解行为的目标指引本质。

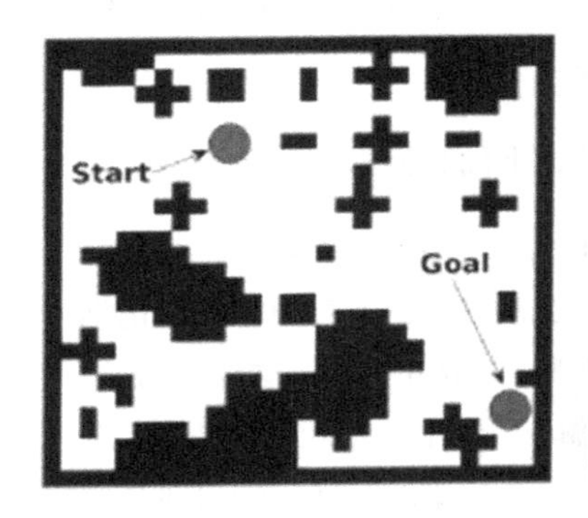

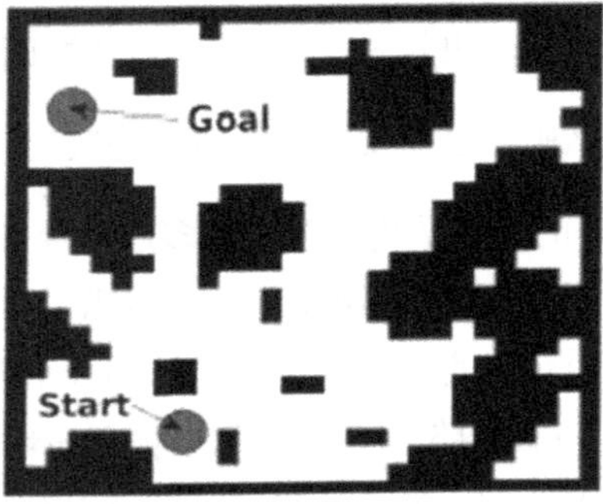

图 13.2　网格世界导航问题，目标是从起始点无障碍地到达目标位置

一言概之，具有规划计算的网络策略是好的策略，即嵌入了规划模块的策略网络是好网络。接下来的问题是：如何嵌入呢？

13.2　值迭代网络

最常用的规划算法是值迭代规划算法，第 3 章已经阐述了动态规划的思想。规划实际蕴含的是一个优化问题。我们在这里所说的规划是基于贝尔曼优化原理的，即

$$v^{*}=\max_{a} R_{s}^{a}+\gamma \sum_{s' \in S} P_{ss'}^{a} v^{*}(s') \tag{13.1}$$

基于该原理，具体的算法实现用的是迭代更新，也就是值迭代算法。为了表述方便，我们再回顾一下值迭代的过程，如图 13.3 所示。

[1] 输入：状态转移概率 $P_{ss'}^{a}$ 回报函数 R_{s}^{a} ，折扣因子 γ

初始化值函数：$v(s)=0$　初始化策略 π_0

[2]　Repeat l=0,1,…

[3]　　for every s do

[4]　　$v_{l+1}(s)=\max_{a} R_{s}^{a}+\gamma \sum_{s' \in S} P_{ss'}^{a} v_{l}(s')$

[5]　Until　$v_{l+1}=v_{l}$

[6]　输出：$\pi(s)=\underset{a}{\operatorname{argmax}} R_{s}^{a}+\gamma \sum_{s' \in S} P_{ss'}^{a} v_{l}(s')$

图 13.3　值迭代算法

那么，如何将该迭代算法嵌入到一个网络中呢？　由于值迭代的计算过程与 CNN 网络的传播过程很相似，我们可以利用 CNN 网络来表示值迭代过程。

我们先看一下值迭代计算过程与 CNN 网络传播过程的相似之处。

我们看如图 13.3 所示的值迭代算法。

在值迭代算法中，最关键的公式是迭代公式：

$$v_{l+1}(s)=\max_a\ R_s^a+\gamma\sum_{s'\in S}P_{ss'}^a v_l(s') \tag{13.2}$$

我们可以将迭代公式分成两个步骤：

第一步遍历动作 a，得到不同动作 a 所对应的值函数更新，即：

$$v_{l+1}(s,a)=R_s^a+\gamma\sum_{s'\in S}P_{ss'}^a v_l(s') \tag{13.3}$$

第二步遍历动作 a，找到最大的$v_{l+1}(s,a)$：

$$v_{l+1}(s)=\max_a\ v_{l+1}(s,a) \tag{13.4}$$

熟悉 CNN 的同学应该很清楚，值函数迭代过程中的公式（13.3）相当于 CNN 中的卷积操作，（13.4）式相当于池化操作。从这个意义上讲，可以将值迭代的过程用 CNN 网络嵌入到策略网络中，使策略网络具有规划计算的功能。而与 CNN 略微不同的是，在对值函数进行卷积操作的时候，偏移量R_s^a对应着每个像素的偏移量，从 CNN 的角度来看，状态转移概率$P_{ss'}^a$可以看成是卷积核，回报R_s^a可以看成是每个点对应的偏移。卷积核的个数等于动作空间的维数。值迭代网络如图 13.4 所示。

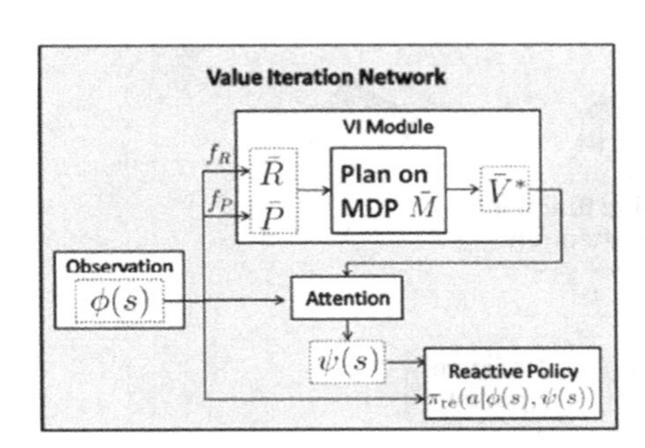

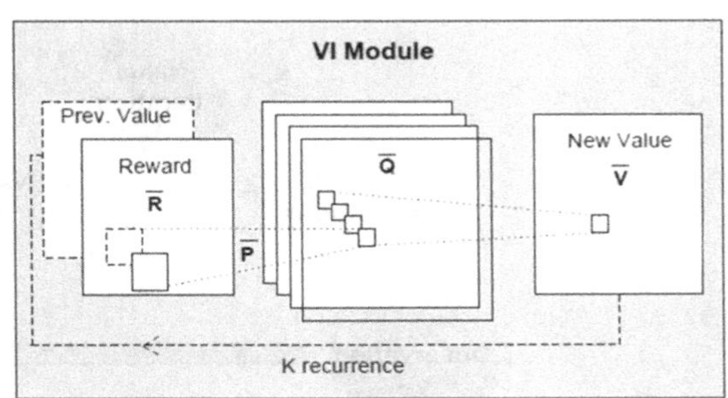

图 13.4　值迭代网络

为了完成值迭代网络，还需要处理两个部分，即值迭代模块的输入和输出（如图

13.4 右图中的$\bar{R}$和$\bar{V}$ ）。值迭代模块的输入解决如何把观测值经过加工变成值迭代模块的输入；值迭代模块的输出解决如何将迭代得到的值函数嵌入到策略网络中。

（1）值迭代模块的输入。

值迭代模块的输入过程如图 13.5 所示。

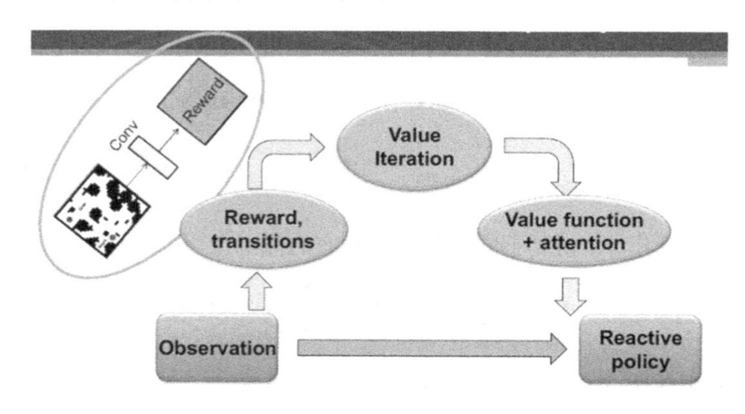

图 13.5 值迭代模块的输入

以网格世界导航为例，输入的是对系统的观测，像当前地图、目标点的位置，智能体当前的位置。论文指出，观测可以通过简单的映射将图像映射成回报图，比如目标位置对应着高回报，障碍物的区域对应着负回报。该过程可以利用一层卷积操作来实现。

（2）值迭代模块输出的嵌入。

值迭代模块输出的嵌入过程如图 13.6 所示。

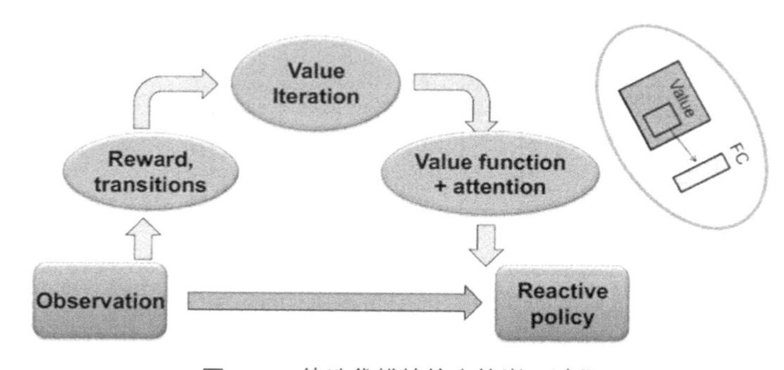

图 13.6 值迭代模块输出的嵌入过程

通过值迭代网络（这里用 CNN 网络来实现）我们得到了最优值函数。那么如何

利用最优值函数呢？从第 3 章可知，在已知最优值函数的情况下，最优策略为

$$\pi^*(s) = \arg\max_a R(s,a) + \gamma \sum_{s'} P(s'|s,a) V^*(s')$$

注意状态 s 处的策略只和它相邻的邻域的值函数 $V^*(s')$ 有关，因此在设计状态 s 处的值函数时，我们只用了最优值函数 V^* 的一个子区域。

在深度学习领域，当给定的标签只与输入特征的一个局部相关时，我们称之为注意力（attention）机制，从上面已知最优值函数求解最优策略的公式我们可以看到，状态 s 处的最优策略只与状态 s 局部的值函数有关，因此值迭代网络在值迭代模块后跟了一个 attention 网络，最简单的 attention 机制就是取当前状态的邻域。

值迭代网络的训练既可以采用模仿学习（IL）方法也可以采用强化学习（RL）方法。模仿学习就是利用专家数据对网络参数进行训练。针对网格世界的导航任务，专家数据可以来自传统的规划算法，比如 Dijkstra 算法或 A*算法。

14 基于模型的强化学习方法：PILCO 及其扩展

14.1 概述

本章继续向大家介绍基于模型的强化学习，第 3 章和第 10 章已介绍部分基于模型的方法，其他章节介绍的均是无模型的强化学习方法。我们简单比较一下基于模型和基于无模型两种方法的优缺点。

1. 基于无模型的强化学习方法

无模型强化学习方法最大的优势是通用：一种算法可以适用于很多领域。由于无需建立模型，智能体所有的决策都是通过与环境交互得到的，所以这种方法适用于很难建模或者根本无法建模的场景，如游戏、自然语言处理等。

同样，由于没有模型，智能体就需要不断地与环境交互、探索环境，需要大量试错。这也导致无模型强化学习算法的最大缺点：数据效率不高。这种算法往往需要与环境交互几十万次、几百万次甚至是千万次。从这个意义上来说，无模型强化学习算法类似于暴力搜索——只不过它是有智慧的暴力搜索。此外，基于无模型的强化学习算法并不具有泛化能力，尤其是当环境和任务发生变化后，智能体需要重新探索。

2. 基于模型的强化学习方法

基于模型的强化学习方法通常是指先从数据中学习模型，再基于模型来优化策略。在模型完全已知的情况下，这就转化成最优控制问题。从数据中学习模型的本质其实是提高数据的利用效率。为什么这么说？因为利用已有的数据学到系统的模型后，利用该模型就可以预测其他未知状态处的值。而无模型的强化学习只能依靠尝试，与环境交互得到其他未知状态的值。相比之下，基于模型的强化学习方法并不需要尝试太多次，往往具有比较强的泛化能力，能够极大提高数据利用率。因为完成训练后，智能体便学到了一个比较好的描述系统的模型，即便外界环境变化，大部分情况下系统自身的模型是不变的，相当于智能体学到了一些通用的东西（即系统本身的模型），在新的环境里，智能体可以依靠学到的模型去做推理。但是，由于很多情况下系统无法建模，如游戏或者自然语言处理等，这就限制了基于模型的强化学习算法的使用。但是在有模型的系统中（比如机器人系统的运动），可以适用此方法。机器人系统的运动符合最基本的物理定律，可以利用发展起来的刚体、流体等动力学原理对这些系统建模。所以，这类问题比较适合基于模型的强化学习方法（当然也可以用无模型的强化学习方法如 DDPG 解决）。

*基于模型的强化学习方法遇到的最大的挑战是模型误差。*基于模型的强化学习方法的一个缺点是通过数据学习的模型存在模型误差。尤其是在刚开始训练、数据量很少的情况下，所学到的模型必定不准确。运用不准确的模型预测便会产生更大的误差。针对此类问题，业界提出了 PILCO（probabilistic inference for learning control）算法，它把模型误差纳入考虑范围，一般只需要训练几次到几十次便可以成功实现对单摆等典型非线性系统的稳定性控制，而对于同样的问题，基于无模型的强化学习则需要训练上万次。

PILCO 的成功关键在于：它解决模型偏差的方法不是集中于一个单独的动力学模型，而是建立了概率动力学模型，即动力学模型上的分布。即 PILCO 建立的模型并不是具体的某个确定性函数，而是建立一个可以描述一切可行模型（所有通过已知训练数据的模型）上的概率分布。该概率模型有两个目的：

第一，它表达和表示了学习到的动力学模型的不确定性；

第二，模型不确定性被集成到长期的规划和决策中。

下面我们详细介绍 PILCO 算法。

14.2 PILCO

1. PILCO 算法的推导

如图 14.1 所示为 PILCO 算法的层次结构图。

top layer: policy optimization/learning	π^*
intermediate layer: (approximate) inference	V^π
bottom layer: learning the transition dynamics	f

图 14.1 PILCO 算法

从图中可以看出，该算法可以分为以下三层。

底层：学习一个状态转移的概率模型；

中间层：利用状态转移的概率模型和策略π，预测在策略π下，后续的状态分布$p(x_0),p(x_1),\cdots,p(x_T)$，利用$V^\pi(x_0)=\sum_{t=0}^{T}\int c(x_t)p(x_t)dx_t$对策略进行评估；

顶层：在顶层利用基于梯度的方法对策略π的参数进行更新。

如图 14.2 所示为 PILCO 算法的伪代码。

Algorithm 1 PILCO

```
1:  set policy to random                                  ▷ policy initialization
2:  loop
3:      execute policy                                    ▷ interaction
4:      record collected experience
5:      learn probabilistic dynamics model                ▷ bottom layer
6:      loop                                              ▷ policy search
7:          simulate system with policy π                 ▷ intermediate layer
8:          compute expected long-term cost V^π, eq. (3.2) ▷ policy evaluation
9:          improve policy                                ▷ top layer
10:     end loop
11: end loop
```

图 14.2 PILCO 算法伪代码

下面我们对 PILCO 的每一层做详细的推导。

（1）底层：学习转移概率模型。

PILCO 算法用的概率模型是高斯过程模型。假设动力学系统可以由下列公式描述：

$$x_t = f(x_{t-1}, u_{t-1})$$

PILCO 的概率模型并不直接对该模型建模，而是引入一个差分变量Δ_t，通过如下变换：

$$\Delta_t = x_t - x_{t-1} + \varepsilon \tag{14.1}$$

设Δ_t符合高斯分布，则x_t也符合高斯分布：

$$p(x_t|x_{t-1}, u_{t-1}) = \mathcal{N}(x_t|\mu_t, \Sigma_t) \tag{14.2}$$

其中均值：

$$\mu_t = x_{t-1} + E_f[\Delta_t] \tag{14.3}$$

令$\tilde{x} = (x, u)$，PILCO 动力学概率模型学习的是输入$\tilde{x}$和输出Δ之间的拟合关系。与直接学习函数值相比，学习差分更有优势。因为相比原来的函数，它们的变化很少。学习差分Δx近似于学习函数的梯度。

训练数据集为$\mathcal{D}:=\left\{\widetilde{X}:=[\tilde{x}_1,\cdots,\tilde{x}_n]^T, y:=[\Delta_1,\cdots,\Delta_n]^T\right\}$，$\Delta\left(\tilde{x}\right) = f\left(\tilde{x}\right) + \varepsilon$，定义$f\left(\tilde{x}\right)$之间的协方差矩阵为核函数：

$$\mathrm{cov}\left(f\left(\tilde{x}\right), f\left(\tilde{x}'\right)\right) = \alpha^2 \exp\left(-\frac{1}{2}\left(\tilde{x} - \tilde{x}'\right)^T \Lambda^{-1}\left(\tilde{x} - \tilde{x}'\right)\right)$$

则输出之间的协方差矩阵为

$$\begin{aligned}
\mathrm{cov}\left(\Delta\left(\tilde{x}\right), \Delta\left(\tilde{x}'\right)\right) &= \mathrm{cov}\left(f\left(\tilde{x}\right) + \varepsilon, f\left(\tilde{x}'\right) + \varepsilon\right) \\
&= \mathrm{cov}\left(f\left(\tilde{x}\right), f\left(\tilde{x}'\right)\right) + \mathrm{cov}(\varepsilon, \varepsilon) \\
&= k\left(\tilde{x}, \tilde{x}'\right) + \sigma_\varepsilon^2 I
\end{aligned}$$

高斯过程预测是给定训练数据集$\mathcal{D}:=\left\{\widetilde{X}:=[\tilde{x}_1,\cdots,\tilde{x}_n]^T, y:=[\Delta_1,\cdots,\Delta_n]^T\right\}$和测试点$x_*$，求出在测试点$x_*$时的预测值$\Delta(x_*)$。

高斯过程回归是在函数空间上建模，利用后验公式对预测值进行推理得到。用在此处即为$p(\Delta(x_*)|, y)$。

根据已知条件，我们可以得到输入y和预测值$\Delta(x_*)$的联合概率分布。由于输入都是高斯分布，因此其联合概率分布也是高斯的；又由于输入值没有任何经验，因此输入数据的先验均值为零，输出的均值也为零。令 $k_*:=k\left(\widetilde{X},\widetilde{x}_*\right)$，$k_{**}:=k\left(\widetilde{x}_*,\widetilde{x}_*\right)$，$\beta:=(K+\sigma_\varepsilon^2 I)^{-1}y$，$K_{ij}=k\left(\widetilde{x}_i,\widetilde{x}_j\right)$，则联合高斯分布为

$$\begin{bmatrix} y \\ \Delta(x_*) \end{bmatrix} \sim \mathcal{N}\left(\begin{bmatrix} 0 \\ 0 \end{bmatrix}, \begin{bmatrix} K+\sigma_\varepsilon^2 I & k_* \\ k_*^T & k_{**} \end{bmatrix}\right)$$

联合概率分布的协方差矩阵可分解为

$$\begin{bmatrix} K+\sigma_\varepsilon^2 I & k_* \\ k_*^T & k_{**} \end{bmatrix} = \begin{bmatrix} 1 & 0 \\ k_*^T(K+\sigma_\varepsilon^2 I)^{-1} & 1 \end{bmatrix} \begin{bmatrix} K+\sigma_\varepsilon^2 I & 0 \\ 0 & k_{**}-k_*^T(K+\sigma_\varepsilon^2 I)^{-1}k_* \end{bmatrix}$$
$$\begin{bmatrix} 1 & (K+\sigma_\varepsilon^2 I)^{-1}k_* \\ 0 & 1 \end{bmatrix}$$

因此协方差矩阵的逆为

$$\begin{bmatrix} K+\sigma_\varepsilon^2 & k_* \\ k_*^T & k_{**} \end{bmatrix}^{-1} = \begin{bmatrix} 1 & -(K+\sigma_\varepsilon^2)^{-1}k_* \\ 0 & 1 \end{bmatrix} \begin{bmatrix} (K+\sigma_\varepsilon^2)^{-1} & 0 \\ 0 & (k_{**}-k_*^T(K+\sigma_\varepsilon^2)^{-1}k_*)^{-1} \end{bmatrix}$$
$$\begin{bmatrix} 1 & 0 \\ -k_*^T(K+\sigma_\varepsilon^2)^{-1} & 1 \end{bmatrix}$$

根据高斯分布公式有

$$\left(\begin{bmatrix} y \\ \Delta(x_*) \end{bmatrix} - \begin{bmatrix} 0 \\ 0 \end{bmatrix}\right)^T \begin{bmatrix} K+\sigma_\varepsilon^2 I & k_* \\ k_*^T & k_{**} \end{bmatrix}^{-1} \left(\begin{bmatrix} y \\ \Delta(x_*) \end{bmatrix} - \begin{bmatrix} 0 \\ 0 \end{bmatrix}\right)$$
$$= \begin{bmatrix} y \\ \Delta(x_*) \end{bmatrix}^T \begin{bmatrix} 1 & -(K+\sigma_\varepsilon^2 I)^{-1}k_* \\ 0 & 1 \end{bmatrix} \begin{bmatrix} (K+\sigma_\varepsilon^2 I)^{-1} & 0 \\ 0 & (k_{**}-k_*^T(K+\sigma_\varepsilon^2 I)^{-1}k_*)^{-1} \end{bmatrix}$$
$$\begin{bmatrix} 1 & 0 \\ -k_*^T(K+\sigma_\varepsilon^2 I)^{-1} & 1 \end{bmatrix} \begin{bmatrix} y \\ \Delta(x_*) \end{bmatrix}$$
$$= (\Delta(x_*)-k_*^T(K+\sigma_\varepsilon^2 I)^{-1}y)^T(k_{**}-k_*^T(K+\sigma_\varepsilon^2 I)^{-1}k_*)^{-1}$$
$$(\Delta(x_*)-k_*^T(K+\sigma_\varepsilon^2 I)^{-1}y)$$

由联合概率分布公式：$p(y,\Delta(x_*))=p(\Delta(x_*)|y)p(y)$

根据高斯分布和联合概率分布的对应关系，我们得到后验概率分布服从如下高斯分布：

$$p(\Delta(x_*)|y) \sim \mathcal{N}(k_*^T(K+\sigma_\varepsilon^2 I)^{-1}y, k_{**}-k_*^T(K+\sigma_\varepsilon^2 I)^{-1}k_*)$$

即

$$m_f\left(\tilde{x}_*\right)=E_f[\Delta_*]=k_*^T(K+\sigma_\varepsilon^2 I)^{-1}y=k_*^T\beta$$
$$\sigma_f^2(\Delta_*)=var_f[\Delta_*]=k_{**}-k_*^T(K+\sigma_\varepsilon^2 I)^{-1}k_* \tag{14.4}$$

（2）中间层，对长期预测进行近似推断。

这一层的目的是实现策略评估，即计算$V^\pi(x_0)=\sum_{t=0}^{T}\int c(x_t)p(x_t)dx_t$。因为我们已经通过底层算法学到了概率动力学模型，因此值函数的计算可以利用该模型，不再需要与环境交互。

值函数的计算公式为

$$V^\pi(x_0)=\sum_{t=0}^{T}\int c(x_t)p(x_t)dx_t \tag{14.5}$$

其中$c(x_t)$为人为给定的奖励函数，若要计算初始状态的值函数，需要计算后继每个状态$x_1,\cdots,x_T$的概率分布$p(x_t)$，$t=1,\cdots,T$。

如何计算这个概率分布呢？运用底层学到的高斯回归模型！

首先我们来看当前步的概率分布：

$$p(x_t)=\iint p(x_t|x_{t-1},u_{t-1})p(u_{t-1}|x_{t-1})p(x_{t-1})dx_{t-1}du_{t-1},\ t=1,\cdots,T \tag{14.6}$$

通过分析方程（14.6），为了计算$p(x_t)$我们需要知道：

$p(x_t|x_{t-1},u_{t-1})$，$p(u_{t-1}|x_{t-1})$，$p(x_{t-1})$，这注定是一个递推的算法。因为第 t 步的状态概率分布$p(x_t)$的计算，需要用到前一步即 t-1 步的概率分布$p(x_{t-1})$。所以，我们需要依次计算$p(x_1),\cdots,p(x_T)$。

$p(u_{t-1}|x_{t-1})$的计算和要评估的策略有关。一般会将策略参数化为x_{t-1}的函数，因为x_{t-1}是随机变量，而u_{t-1}又是x_{t-1}的函数，所以$p(u_{t-1}|x_{t-1})$的分布可由$p(x_{t-1})$计算得到。

有了$p(x_{t-1},u_{t-1})$，便可以通过底层学到的高斯回归模型计算$p(\Delta_t)$的概率分布，再根据公式（14.1）和（14.2）得到$p(x_t)$。

后继状态x_t概率分布的计算可分成四个阶段，如图 14.3 所示。

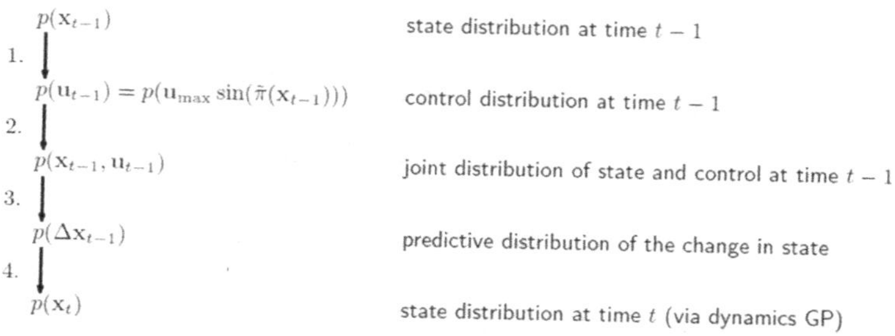

$$
\begin{array}{lll}
p(\mathbf{x}_{t-1}) & & \text{state distribution at time } t-1 \\
\downarrow 1. & & \\
p(\mathbf{u}_{t-1}) = p(\mathbf{u}_{\max}\sin(\tilde{\pi}(\mathbf{x}_{t-1}))) & & \text{control distribution at time } t-1 \\
\downarrow 2. & & \\
p(\mathbf{x}_{t-1}, \mathbf{u}_{t-1}) & & \text{joint distribution of state and control at time } t-1 \\
\downarrow 3. & & \\
p(\Delta\mathbf{x}_{t-1}) & & \text{predictive distribution of the change in state} \\
\downarrow 4. & & \\
p(\mathbf{x}_t) & & \text{state distribution at time } t \text{ (via dynamics GP)}
\end{array}
$$

图 14.3　后继状态概率分布的计算

① 从状态分布$p(x_{t-1})$计算动作分布$p(\pi(x_{t-1}))$。

在开始计算$p(\pi(x_{t-1}))$之前，我们先看策略$\pi(x_*)$。策略是状态的函数，如策略是状态的线性表示。$\tilde{\pi}(x_*)=\Psi x_*+\nu$，其中$\Psi$是一个参数阵，$\nu$是一个偏移向量。

定义$\tilde{\pi}(x_*)$为初步策略，若$x_*\sim\mathcal{N}(\mu,\Sigma)$，则初步策略也为高斯分布，其均值和协方差为

$$
\begin{aligned}
\mathbb{E}_{x_*}\left[\tilde{\pi}(x_*)\right] &= \Psi\mu+\nu \\
\operatorname{cov}_{x_*}\left[\tilde{\pi}(x_*)\right] &= \Psi\Sigma\Psi^T
\end{aligned}
\tag{14.7}
$$

实际策略$u=\pi(x_*)$往往是有约束的，比如移动机器人的最大运动速度是有限制的。令$u\in[-u_{\max},u_{\max}]$，利用正弦函数将初步策略限制到范围内，得

$$
\pi(x)=u_{\max}\sin\left(\tilde{\pi}(x)\right)\in[-u_{\max},u_{\max}]
$$

补充完策略的基本知识，我们再来看$p(\pi(x_{t-1}))$。从策略参数化和约束的过程，我们知道策略分布的计算分成以下两步。

Step 1：计算初步策略分布$p\left(\tilde{\pi}(x_{t-1})\right)$，线性化策略可由（14.7）式计算得出；

Step 2：考虑到实际策略的约束函数，计算策略分布的高斯逼近：

$$
p(\pi(x_{t-1}))=p\left(u_{\max}\sin\left(\tilde{\pi}(x_{t-1})\right)\right)
$$

② 计算联合概率分布$p(x_{t-1},u_{t-1})=p(x_{t-1},\pi(x_{t-1}))$。

直接计算x_{t-1}与u_{t-1}的联合概率分布比较困难，也可分为两步完成。

Step 1： 计算$p\left(x_{t-1},\tilde{\pi}(x_{t-1})\right)$；

Step 2: 计算联合概率分布：

$$\begin{bmatrix} x_{t-1} \\ u_{t-1} \end{bmatrix} \sim \mathcal{N}\left(\begin{bmatrix} \mu(x_{t-1}) \\ \mu(u_{t-1}) \end{bmatrix}, \begin{bmatrix} var(x_{t-1}) & cov(x_{t-1},u_{t-1}) \\ cov(u_{t-1},x_{t-1}) & var(u_{t-1}) \end{bmatrix}\right)$$

其中$\mu(u_{t-1})$和$var(u_{t-1})$已经在上个阶段计算得到。还未计算出来的量是$cov(x_{t-1},u_{t-1})$。

我们给出其计算公式：

$$\mathrm{cov}[x_{t-1},u_{t-1}] = \mathrm{cov}\left[x_{t-1},\tilde{\pi}\right]\mathrm{cov}\left[\tilde{\pi}(x_{t-1}),\tilde{\pi}(x_{t-1})\right]^{-1}\mathrm{cov}\left[\tilde{\pi}(x_{t-1}),u_{t-1}\right] \quad (14.8)$$

其中$\mathrm{cov}\left[x_{t-1},\tilde{\pi}\right]$由 step1 计算得到，$\mathrm{cov}\left[\tilde{\pi}(x_{t-1}),\tilde{\pi}(x_{t-1})\right]^{-1}$在第一阶段计算得到，$\mathrm{cov}\left[\tilde{\pi}(x_{t-1}),u_{t-1}\right]$由随机变量和其正弦函数的协方差计算得到。

下面我们给出（14.8）式的证明。

证明

补充去相关操作：

设$X=\begin{pmatrix} X_1 \\ X_2 \end{pmatrix}$服从 n 元联合 Gauss 分布，设变换为$Y=\begin{pmatrix} Y_1 \\ Y_2 \end{pmatrix}=\begin{pmatrix} I & A \\ 0 & I \end{pmatrix}\begin{pmatrix} X_1 \\ X_2 \end{pmatrix}$

使得Y_1和Y_2的互协方差为 0， 则有

$$\begin{aligned} 0 &= E[(Y_1-EY_1)(Y_2-EY_2)^T] \\ &= E[(X_1-EX_1)(X_2-EX_2)^T]+E[A(X_2-EX_2)(X_2-EX_2)^T] \\ &= cov(X_1,X_2)+Acov(X_2,X_2) \end{aligned}$$

由上式得到

$$A = -\mathrm{cov}(X_1,X_2)cov(X_2,X_2)^{-1}$$

补充完去相关操作后，我们正式进入（14.8）式的证明。

对$\left[x_{t-1},\tilde{\pi}\right]$施加去相关操作变为

$$\left[x_{t-1}-\mathrm{cov}\left[x_{t-1},\tilde{\pi}\right]\mathrm{cov}\left[\tilde{\pi}(x_{t-1}),\tilde{\pi}(x_{t-1})\right]^{-1}\tilde{\pi}(x_{t-1}),\tilde{\pi}(x_{t-1})\right]$$

也就是向量$x_{t-1}-\mathrm{cov}\left[x_{t-1},\tilde{\pi}\right]\mathrm{cov}\left[\tilde{\pi}(x_{t-1}),\tilde{\pi}(x_{t-1})\right]^{-1}\tilde{\pi}(x_{t-1})$与$\tilde{\pi}(x_{t-1})$是独立的。而$u_{t-1}=u_{\max}\sin\left(\tilde{\pi}(x_{t-1})\right)$，所以

$x_{t-1}-\mathrm{cov}\left[x_{t-1},\tilde{\pi}\right]\mathrm{cov}\left[\tilde{\pi}(x_{t-1}),\tilde{\pi}(x_{t-1})\right]^{-1}\tilde{\pi}(x_{t-1})$与$u_{t-1}$相互独立，协方差为零，即

$$\begin{aligned}&\mathrm{cov}\left(x_{t-1}-\mathrm{cov}\left[x_{t-1},\tilde{\pi}\right]\mathrm{cov}\left[\tilde{\pi}(x_{t-1}),\tilde{\pi}(x_{t-1})\right]^{-1}\tilde{\pi}(x_{t-1}),u_{t-1}\right)\\&=\mathrm{cov}(x_{t-1},u_{t-1})-\mathrm{cov}\left[x_{t-1},\tilde{\pi}\right]\mathrm{cov}\left[\tilde{\pi}(x_{t-1}),\tilde{\pi}(x_{t-1})\right]^{-1}\mathrm{cov}\left(\tilde{\pi}(x_{t-1}),u_{t-1}\right)\\&=0\end{aligned}$$

由此得到

$$\mathrm{cov}(x_{t-1},u_{t-1})=\mathrm{cov}\left[x_{t-1},\tilde{\pi}\right]\mathrm{cov}\left[\tilde{\pi}(x_{t-1}),\tilde{\pi}(x_{t-1})\right]^{-1}\mathrm{cov}\left(\tilde{\pi}(x_{t-1}),u_{t-1}\right)$$

证明完毕。

③ 计算输出分布$p(\Delta)$。

经过上面①和②阶段，我们得到了高斯回归概率模型的输入分布$p(x_{t-1},u_{t-1})$，这一步是已知输入分布的情况下计算输出分布$p(\Delta)$。输出分布是多变量预测问题，我们也分成两步解决。

Step 1：单变量预测问题

设输入服从$x_*\sim\mathcal{N}(\mu,\Sigma)\in R^D$，$y_*\in R$，则单变量预测输出也是一个高斯分布，预测单变量输出均值为

$$\mu_*=\iint h(x_*)p(h,x_*)d(h,x_*)=\mathbb{E}_{x_*,h}[h(x_*)|\mu,\Sigma]=E_{x_*}[E_h[h(x_*)|x_*]|\mu,\Sigma]$$

应用到（14.4）式得到

$$\mu_*=E_{x_*}[m_h(x_*)|\mu,\Sigma]=\int m_h(x_*)\mathcal{N}(x_*|\mu,\Sigma)dx_*=\beta^T q \tag{14.9}$$

其中

$$q = [q_1, \cdots, q_n]^T \in \mathbb{R}^n$$
$$q_i := \int k_h(x_i, x_*)\mathcal{N}(x_*|\mu, \Sigma)dx_*$$

预测输出单变量方差为

$$\begin{aligned}
\sigma_*^2 &= \text{var}_{x_*,h}[h(x_*)|\mu,\Sigma] = \iint (h(x_*) - E_{x_*,h}h(x_*))^2 p(x_*,h)d(x_*,h) \\
&= \int_{x_*}\left(\int_h ((h(x_*)|x_*) - E_{x_*,h}h(x_*))^2 p(h(x_*)|x_*)\right)p(x_*)dx_* \\
&= E_{x_*}(E_h(((h(x_*)|x_*) - E_{x_*,h}h(x_*))^2)) \\
&= E_{x_*}(E_h(((h(x_*)|x_*) - E_h(h(x_*)|x_*) + E_h(h(x_*)|x_*) - E_{x_*,h}h(x_*))^2)) \\
&= E_{x_*}(var_h[h(x_*)|x_*]) + E_{x_*}[E_h(h(x_*)|x_*) - E_{x_*}E_h(h(x_*)|x_*)] \\
&= E_{x_*}(var_h[h(x_*)|x_*]) + var_{x_*}[E_h(h(x_*)|x_*)] \\
&= E_{x_*}(\sigma_h^2(x_*)|\mu,\Sigma) + E_{x_*}[m_h(x_*)^2|\mu,\Sigma] - E_{x_*}[m_h(x_*)|\mu,\Sigma]^2
\end{aligned} \tag{14.10}$$

应用到预测多变量输出时，输出多变量均值为

$$\mu_*|\mu,\Sigma = [\beta_1^T q_1, \cdots, \beta_E^T q_E]^T \tag{14.11}$$

其中每一项由（14.9）式给出。

多变量预测输出的协方差矩阵为

$$\Sigma_*|\mu,\Sigma = \begin{bmatrix} \text{var}_{h,x_*}[h_1^*|\mu,\Sigma] & \cdots & \text{cov}_{h,x_*}[h_1^*, h_E^*|\mu,\Sigma] \\ \vdots & \ddots & \cdots \\ \text{cov}_{h,x_*}[h_E^*, h_1^*|\mu,\Sigma] & \cdots & \text{var}_{h,x_*}[h_E^*|\mu,\Sigma] \end{bmatrix} \tag{14.12}$$

其中对角线上的方差由公式（14.10）得到。

现在推导非对角线上的协方差：

$$\text{cov}_{h,x_*}[h_a^*, h_b^*|\mu,\Sigma] = E_{h,x_*}[h_a^* h_b^*|\mu,\Sigma] - \mu_a^*\mu_b^* \tag{14.13}$$

其中μ_a^*, μ_b^*由如下均值公式得到：

$$E_{h,x_*}[h_a^* h_b^*|\mu,\Sigma] = E_{x_*}[E_{h_a}[h_a^*|x_*]E_{h_b}[h_b^*|x_*]|\mu,\Sigma] = \int m_h^a(x_*)m_h^b(x_*)p(x_*)dx_* \tag{14.14}$$

④ 计算后继分布$p(x_t)$。

第三阶段已经计算了高斯过程预测输出分布$p(\Delta)$，后继状态x_t与输出分布之间的关系由（14.1）得出，即$\Delta_t = x_t - x_{t-1} + \varepsilon$。后继分布也服从高斯分布，其均值和方差为

$$\mu_t := \mu_{t-1} + \mu_\Delta$$
$$\Sigma_t := \Sigma_{t-1} + \Sigma_\Delta + \text{cov}[x_{t-1}, \Delta_t] + \text{cov}[\Delta_t, x_{t-1}]$$

其中Σ_Δ为多变量预测输出的协方差，上面已经求得，唯一没有计算的是输入输出之间的协方差，该协方差计算如下。

$$\begin{aligned}\text{cov}(x_*, h(x_*)) &= E_{x_*,h}[x_* h(x_*)^T] - E_{x_*}[x_*]E_{x_*,h}[h(x_*)] \\ &= E_{x_*,h}[x_* h(x_*)^T] - \mu_x \mu_*^T\end{aligned}$$

$$E_{x_*,h_a}[x_* h_a(x_*)|\mu,\Sigma] = E_{x_*}[x_* E_{h_a}[h_a(x_*)|x_*]|\mu,\Sigma] = \int x_* m_h^a(x_*) p(x_*) dx_*$$

经过①~④四个步骤，我们得到后继状态x_t的分布$p(x_t)$，将$p(x_t)$作为输入再计算$p(x_{t+1})$的状态分布，以此类推，计算得到所有后继状态的分布$p(x_1),\cdots,p(x_T)$。最后计算策略评估时，要将所有的状态分布乘以相应的回报函数累加起来。即值函数为

$$V^\pi(x_0) = \sum_{t=0}^{T} \int c(x_t) p(x_t) dx_t$$

（3）顶层：策略更新

策略更新采用基于梯度的策略搜索方法。当策略利用线性或者非线性参数化后，要得到最优策略就要找到最优参数，使得

$$\pi^* \in \arg\min_{\pi\in\Pi} V^{\pi_\psi}(x_0)$$

其中Π为所有参数空间所对应的策略空间。

下面我们求值函数相对于参数的梯度：

$$\frac{dV^{\pi_\psi}(x_0)}{d\psi} = \sum_{t=0}^{T} \frac{d}{d\psi} E_{x_t}[c(x_t)|\pi_\psi]$$

由于x_t服从高斯分布，因此策略参数ψ在高斯分布的均值和协方差中。我们得到：

$$\frac{d}{d\psi} E_{x_t}[c(x_t)] = \left(\frac{\partial}{\partial \mu_t} E_{x_t}[c(x_t)]\right)\frac{d\mu_t}{d\psi} + \left(\frac{\partial}{\partial \Sigma_t} E_{x_t}[c(x_t)]\right)\frac{d\Sigma_t}{d\psi}$$

当给定$c(x_t)$后，可以解析得到$\frac{\partial}{\partial \mu_t}E_{x_t}[c(x_t)]$和$\frac{\partial}{\partial \Sigma_t}E_{x_t}[c(x_t)]$。下面重点关注$\frac{d\mu_t}{d\psi}$和$\frac{d\Sigma_t}{d\psi}$。

从预测步可知，当前步的均值μ_t和协方差Σ_t与上一步的均值μ_{t-1}和协方差Σ_{t-1}以及当前步的策略参数ψ有关。因此对参数的导数可以写为

$$\frac{d\mu_t}{d\psi}=\frac{\partial \mu_t}{\partial \mu_{t-1}}\frac{d\mu_{t-1}}{d\psi}+\frac{\partial \mu_t}{\partial \Sigma_{t-1}}\frac{d\Sigma_{t-1}}{d\psi}+\frac{\partial \mu_t}{\partial \psi}$$

$$\frac{d\Sigma_t}{d\psi}=\frac{\partial \Sigma_t}{\partial \mu_{t-1}}\frac{d\mu_{t-1}}{d\psi}+\frac{\partial \Sigma_t}{\partial \Sigma_{t-1}}\frac{d\Sigma_{t-1}}{d\psi}+\frac{\partial \Sigma_t}{\partial \psi}$$

该计算式其实是个迭代计算,将前一步的梯度$\frac{d\mu_{t-1}}{d\psi}$，$\frac{d\Sigma_{t-1}}{d\psi}$代入当前步梯度的计算。

除此之外，就剩下如何计算当前步的均值和协方差对参数的偏导数$\frac{\partial \mu_t}{\partial \psi}$和$\frac{d\Sigma_{t-1}}{d\psi}$。

从当前步的均值预测我们得到

$\mu_t=\mu_{t-1}+E_{x_{t-1},u_{t-1},f}[\Delta x_{t-1}]$，其中$u_{t-1}=\pi(x_{t-1})=u_{\max}\sin\left(\tilde{\pi}(x_{t-1},\psi)\right)$

$$\frac{\partial \mu_t}{\partial \psi}=\frac{\partial E_{x_{t-1},u_{t-1},f}[\Delta x_{t-1}]}{\partial \psi}$$

$$=\frac{\partial E_{x_{t-1},u_{t-1},f}[\Delta x_{t-1}]}{\partial p(\pi(x_{t-1}))}\frac{\partial p\left(u_{\max}\sin\left(\tilde{\pi}(\cdot)\right)\right)}{\partial p\left(\tilde{\pi}(\cdot)\right)}\frac{\partial p\left(\tilde{\pi}(x_{t-1},\psi)\right)}{\partial \psi}$$

其中$\frac{\partial f(a)}{\partial p(a)}\frac{\partial p(a)}{\partial \psi}=\frac{\partial f(a)}{\partial E[a]}\frac{\partial E(a)}{\partial \psi}+\frac{\partial f(a)}{\partial cov[a]}\frac{\partial cov[a]}{\partial \psi}$

将该链式规则代入上面的$\frac{\partial \mu_t}{\partial \psi}$可以得到当前步的梯度。

最后将所有步的梯度相加就是值函数对参数的梯度，再利用共轭梯度法或随机梯度下降法得到相应的更新步。

以上是 PILCO 推导的所有关键步骤。

14.3 滤波 PILCO 和探索 PILCO

本节我们介绍 PILCO 的扩展算法。可能有同学会问：为什么要花那么大气力来介绍 PILCO 及其扩展算法？我先给个数据大家体会一下。

对于小车倒立摆系统，PILCO 方法只需要 7 到 8 个 episode，即 7 到 8 次尝试就能使该系统稳定。而其他的强化学习方法，ddpg 需要 2500 个 episodes，即 2500 次尝试。Rowan McAllister 在论文中的数据图（如图 14.4 所示）为

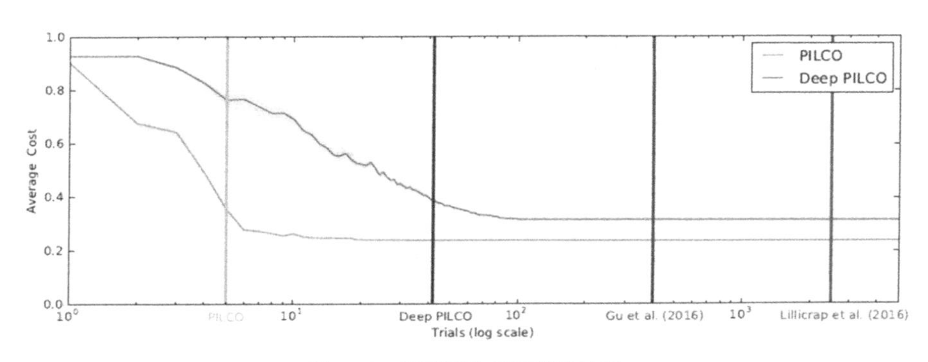

图 14.4 不同强化学习算法比较

可以看出，和其他强化学习算法相比，PILCO 具有无可匹敌的数据效率（data efficient，智能体与环境交互的次数）。

PILCO 是否还可以继续改善呢？

答案是肯定的。Rowan McAllister 从以下三个方面分析了 PILCO 并提出了改善方法。

第一，PILCO 算法假设了状态完全可观，可测，不存在测量误差。然而，在实际中状态并非完全可观的，而且观测值存在噪声。McAllister 将滤波器引入到 PILCO 算法的执行步和预测步，实现了 POMDP 问题中的 PILCO 算法。

第二，在策略改善步，PILCO 利用优化方法最小化累积代价函数的均值得到新的参数。这样得到的新参数其实只有“exploitation”，而没有“exploration”。说白了就是，该优化过程只考虑了当前最优，没有考虑模型的不确定性。对于模型未知的系统，我们在探索最优策略的时候除了采用当前最优还要考虑探索未知的模型。考虑探索的策略最常用的是 $\varepsilon-$greedy 策略，即以大的概率采用当前最优策略，以小的概率采用其他策略。这是一种随机探索策略，探索效率并不高。为了提升探索效率，Rowan 提出

基于贝叶斯优化（BO 方法）的有向探索方法。

第三，PILCO 算法一直被诟病和攻击的弱点是其模型计算复杂度随着观测状态的维数指数增长，因此难以应用到高维的系统中，所以 PILCO 算法也只能在小车倒立摆这种简单的系统中做实验。要扩展，难！ 但是 PILCO 的方法数据效率确实高，能不能将 PILCO 的优点保留下来并去除其缺点呢?

Rowan 分析，导致 PILCO 算法计算复杂度随着观测状态维数指数增长的原因是模型拟合时采用了高斯过程回归模型，这个模型能不能换掉？别忘了，PILCO 效果好，主要归功于高斯过程模型。真是应了那句话，成也萧何败萧何，高斯回归模型就是这里的萧何，PILCO 就是韩信。

如何换掉 PILCO 中的高斯回归模型？Rowan 似乎力不从心。但是，别忘了他是剑桥大学的学生，更别忘了他在剑桥大学的机器学习组（大神 zoubin 组），这里大神云集。对于这个问题作者 Rowan 联合了组里的深度学习大牛 Yarin Gal 一起解决，提出利用贝叶斯神经网络替换高斯过程模型，解决维数灾难的问题。至于如何解决，我们在下一节介绍。

14.3.1 滤波 PILCO 算法

如图 14.5 所示为 PILCO 算法的概率图描述，其中灰底圆圈表示可观的随机变量，白底圆圈表示未知的随机变量。从中可以看出，PILCO 的预测和规划都是在状态空间中进行的。但一旦把传感器噪音考虑进来，便无法得到真实的状态量，只能通过传感器的值（滤波的方法）来估计。

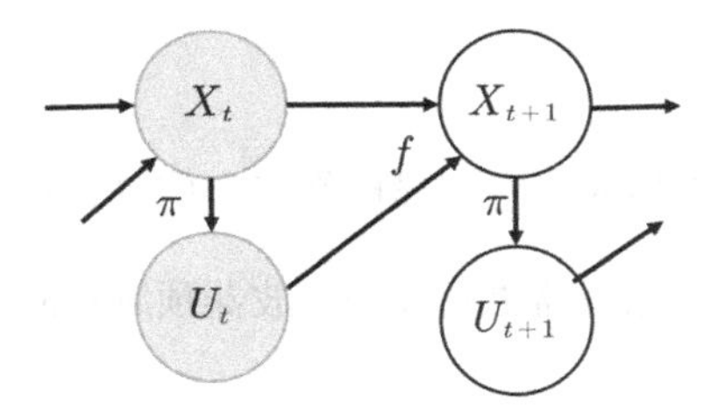

图 14.5 PILCO 概率图描述

如图 14.6 所示为带有滤波的 PILCO 概率描述图，其中灰底圆圈代表可观测的随机变量，白底圆圈表示未知随机变量。

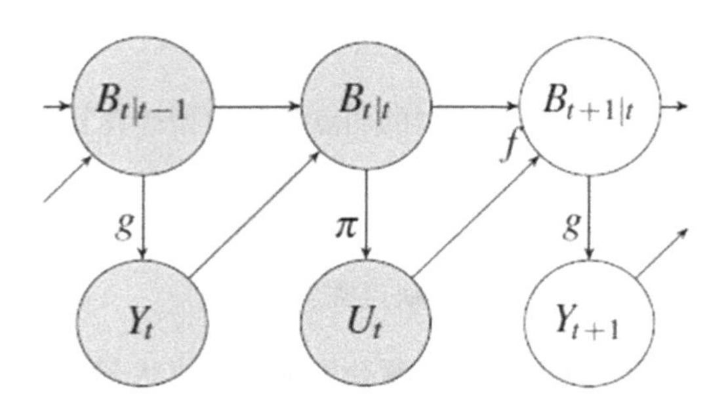

。

图 14.6　带有滤波的 PILCO 概率图描述

与 PILCO 不同，带有噪声的系统的真实状态空间是未知的，只能通过观测值得到状态空间的置信空间。预测和规划都在置信空间中进行。

带有滤波的 PILCO 算法与如图 14.7 所示的原 PILCO 算法伪代码相同。不同的地方在第 8 行（图 14.7）和第 5 行。第 8 行是执行相，第 5 行是仿真相。这两行都需要利用滤波算法，下面分别阐述。

Algorithm 1 PILCO

1: *Define* controller's functional form: $\pi : x_t \times \psi \to u_t$.
2: *Execute* system with random controls one episode to generate initial data.
3: **for** episode $e = 1$ to E **do**
4:　*Learn* dynamics model $p(f)$.
5:　*Simulate* state trajectories from $p(X_0)$ to $p(X_T)$ using π.
6:　*Evaluate* controller:　$J(X_{0:T}, \psi) = \sum_{t=0}^{T} \gamma^t \bar{c}_t$.　　$\bar{c}_t = \mathbb{E}_X[\text{cost}(X_t)|\psi]$.
7:　*Improve* controller:　$\psi \leftarrow \text{argmin}_{\psi \in \Psi} J(\psi)$.
8:　*Execute* system, record data: $X_e = [x_{0:T-1}, u_{0:T-1}]$, $y_e = x_{1:T}$.
9: **end for**

如图 14.7　PILCO 伪代码

（1）第 8 行（执行相）。

当使用一个实际的滤波器时，它假设已知三个信息：$\boldsymbol{m}_{t|t-1}, \boldsymbol{V}_{t|t-1}, \boldsymbol{y}_t$

滤波器的使用过程包括滤波器更新步和滤波器预测步两个阶段。

- 滤波器更新步

所谓滤波器，本质上是对先验预测$\boldsymbol{b}_{t|t-1} \sim \mathcal{N}(\boldsymbol{m}_{t|t-1}, \boldsymbol{V}_{t|t-1})$和后验观测似然率进行加权求和。

假设观测函数为$\boldsymbol{y}_t = \boldsymbol{x}_t + \varepsilon_t^y$，则观测似然率为$p(\boldsymbol{Y}_t|\boldsymbol{x}_t) = \mathcal{N}(\boldsymbol{x}_t, \Sigma_y^\varepsilon)$，滤波器的输出为$\boldsymbol{b}_{t|t} \sim \mathcal{N}(\boldsymbol{m}_{t|t}, \boldsymbol{V}_{t|t})$，其中，均值为$\boldsymbol{m}_{t|t} = \boldsymbol{W}_m \boldsymbol{m}_{t|t-1} + \boldsymbol{W}_y \boldsymbol{y}_t$，方差为$\boldsymbol{V}_{t|t} = \boldsymbol{W}_m \boldsymbol{V}_{t|t-1}$，

权重阵为

$$W_m = \Sigma_y^\varepsilon (V_{t|t-1} + \Sigma_y^\varepsilon)^{-1}$$

$$W_y = V_{t|t-1} (V_{t|t-1} + \Sigma_y^\varepsilon)^{-1}$$

控制器的动作为$u_t = \pi(m_{t|t}, \psi)$。

执行时控制u_t不是随机的，而是一个确定的数。但是，随机数和确定的数仍然可以写成一个联合分布，其表示为

$$\tilde{b}_{t|t} = \begin{bmatrix} b_{t|t} \\ u_t \end{bmatrix} \sim \mathcal{N}\left(\widetilde{m}_{t|t} = \begin{bmatrix} m_{t|t} \\ u_t \end{bmatrix}, \widetilde{V}_{t|t} = \begin{bmatrix} V_{t|t} & 0 \\ 0 & 0 \end{bmatrix} \right)$$

- 滤波器预测步

滤波器预测步的思路是从动力学模型f计算预测分布$b_{t+1|t} \sim p(x_{t+1}|y_{1:t}, u_{1:t})$。分布$f\left(\tilde{b}_{t|t}\right)$一般不好处理，而且是非高斯的，以利用高斯分布对其进行近似。

输出均值为

$$\begin{aligned} m_{t+1|t}^a &= E_{\tilde{b}_{t|t}}\left[f_a\left(\tilde{b}_{t|t}\right) \right] \\ &= s_a^2 \beta_a^T q_a + \phi_a^T \widetilde{m}_{t|t} \end{aligned}$$

输出协方差为

$$\begin{aligned} V_{t+1|t}^{ab} &= s_a^2 s_b^2 \left[\beta_a^T (Q_{ab} - q_a q_b^T) \beta_b + \delta_{ab} \left(s_a^{-2} - tr\left((K_a + \Sigma_a^\varepsilon)^{-1} Q_{aa} \right) \right) \right] \\ &+ C_a^T \widetilde{V}_{t|t} \phi_b + \phi_a^T \widetilde{V}_{t|t} C_b + \phi_a^T \widetilde{V}_{t|t} \phi_b \end{aligned}$$

（2）第 5 行（预测相）。

在仿真相中，由于无法用现实的世界产生x_t的观测，我们假设系统的置信方程为

$$Y_t = B_{t|t-1} + \varepsilon_t^y \sim \mathcal{N}(\mu_t^y, \Sigma_t^y)$$

其中，均值为$\mu_t^y = \mu_{t|t-1}^m$，方差为$\Sigma_t^y = \Sigma_{t|t-1}^m + \bar{V}_{t|t-1} + \Sigma_y^\varepsilon$，

滤波更新步：

$B_{t|t} \sim \mathcal{N}\left(M_{t|t}, \bar{V}_{t|t}\right)$，为分层随机变量，如图 14.8 所示为分层随机变量图模型，具体的分层公式为

$$M_{t|t} \sim \mathcal{N}\left(\mu_{t|t}^{m}, \Sigma_{t|t}^{m}\right)$$

$$\mu_{t|t}^{m} = W_m \mu_{t|t-1}^{m} + W_y \mu_{t|t-1}^{m} = \mu_{t|t-1}^{m}$$

$$\Sigma_{t|t}^{m} \;=\; W_m \Sigma_{t|t-1}^{m} + W_m \Sigma_{t|t-1}^{m} W_y^T + W_y \Sigma_{t|t-1}^{m} W_m^T + W_y \Sigma_t^y W_y^T$$

$$\bar{V}_{t|t} = W_m \bar{V}_{t|t-1}$$

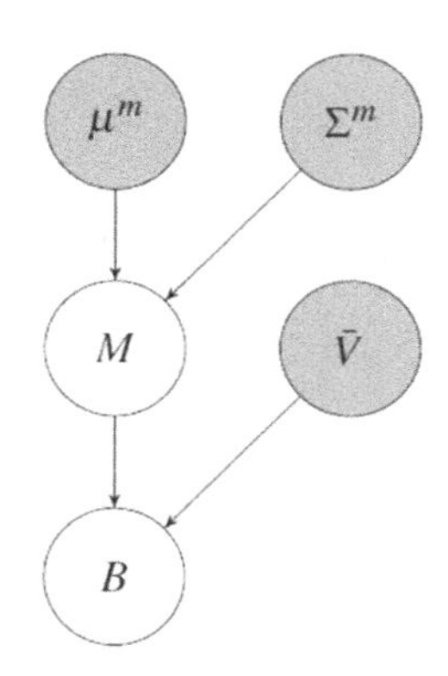

图 14.8　分层随机变量示意图

控制决策为

$$U_t = \pi\left(M_{t|t}, \psi\right)$$

控制决策也是一个随机变量。

联合分布：

$$\widetilde{M}_{t|t} = \begin{bmatrix} M_{t|t} \\ U_t \end{bmatrix} \sim \mathcal{N}\left(\mu_{t|t}^{\widetilde{m}} = \begin{bmatrix} \mu_{t|t}^{m} \\ \mu_t^{u} \end{bmatrix}, \Sigma_{t|t}^{\widetilde{m}} = \begin{bmatrix} \Sigma_{t|t}^{m} & \Sigma_{t|t}^{m} C_{m_{t|t}u} \\ C_{m_{t|t}u}^{T} \Sigma_{t|t}^{m} & \Sigma_t^{u} \end{bmatrix}\right)$$

滤波器预测步：

$$B_{t+1|t} \sim \mathcal{N}\left(M_{t+1|t}, \bar{V}_{t+1|t}\right)$$

其中$M_{t+1|t} \sim \mathcal{N}\left(\mu_{t+1|t}^{m}, \Sigma_{t+1|t}^{m}\right)$。

14.3.2　有向探索 PILCO 算法

如前所述，PILCO 是一个贪婪优化的过程，只有 exploitation（利用） 没有 exploration（探测）。该特征具体表现在图 14.7PILCO 算法的第 7 行，即只优化累积代价的均值函数，而没有利用它的方差。累积代价的方差函数携带不确定性信息（探索信息），因此，能平衡利用和探索的算法应该既要考虑累积代价的均值函数，也要考虑累积代价函数的方差函数。

有向探索 PILCO 算法与 PILCO 算法唯一的区别就在第 7 行的优化目标上。

我们改变控制器的评估步，不再像 PILCO 算法那样优化均值累积代价μ_e^C，而是优化均值和方差的函数$BO(\mu_e^C,\Sigma_e^C)$。

在执行一个单独的 episode 时，由于我们假设控制器优化是缓慢的，episodes 必须在线执行，因此控制器并不改变。我们考虑在不同的 episodes 之间探索的改变是必要的。

有向探索 PILCO 是优化均值和方差的函数，即优化 BO 函数。下面我们对常用的 BO 函数进行简单介绍（四个 BO 函数，其中一个简单的单参数启发式函数，三个启发式无参数）

（1）第一个 BO 函数：Upper confidence bound（UCB）。

平衡探索和利用，最简单的函数是利用置信度上界：

$$UCB(C_e^{\psi})=\mu_e^C-\beta\sigma_e^C$$

其中β是一个自由参数，用来平衡利用（μ_e^C）和探索σ_e^C

（2）第二个 BO 函数，Probability of Improvement（PI）。

考虑到我们的智能体已经执行了一些不同的控制器，不同的控制器参数在Ψ中。假设目前最低的劣迹代价为$C^*\sim\mathcal{N}(\mu_*^C,\Sigma_*^C)$。设任意控制器的参数对应的累积代价为$C_e^{\psi}\sim\mathcal{N}(\mu_e^C,\Sigma_e^C)$，PI 是最大化比当前策略更好的概率：

$$\begin{aligned}PI(C_e^{\psi})&=-p(C_e^{\psi}<C)\\&=\Phi\left(\frac{\mu_e^C-\mu_*^C}{\sqrt{\Sigma_e^C+\Sigma_*^C}}\right)-1\end{aligned}$$

（3）第三个 BO 函数 Expected Improvement（EI）。

一个病态情况是，当 PI 在策略π^{ψ}有 99%的机会进行无用的改进，而控制器$\pi^{\psi'}$有 98%的机会进行有用的改进时，PI 的方法肯定选择前者，即使后者直观上来说提供了一个更好的改进时。Expected Improvement 通过限幅改进而权重化了概率改进。

$$EI(C_e^{\psi})=E_{C_e^{\psi}}[\min(C_e^{\psi}-C^*,0)]$$
$$=\Phi\left(\frac{\mu_e^{\mathcal{C}}-\mu_*^{\mathcal{C}}}{\sqrt{\Sigma_e^{\mathcal{C}}+\Sigma_*^{\mathcal{C}}}}\right)(\mu_e^{\mathcal{C}}-\mu_*^{\mathcal{C}})-\phi\left(\frac{\mu_e^{\mathcal{C}}-\mu_*^{\mathcal{C}}}{\sqrt{\Sigma_e^{\mathcal{C}}+\Sigma_*^{\mathcal{C}}}}\right)\sqrt{\Sigma_e^{\mathcal{C}}+\Sigma_*^{\mathcal{C}}}$$

（4）第四个 BO 函数 Gittins Index(GI)基廷斯指数。

逼近的基廷斯指数为

$$GI^{\text{upper}}(\mu_e^{\mathcal{C}},\sigma_e^{\mathcal{C}},\sigma_y,\gamma)=\lambda=\mu_e^{\mathcal{C}}+\lambda_\gamma'\frac{\sigma_e^2}{\sqrt{\sigma_e^2+\sigma_y^2}}$$

14.4 深度 PILCO

前两节介绍了 PILCO 两个方面的扩展，即滤波 PILCO 和有向探索 PILCO。这两个方面的探索还是基于高斯回归模型的。正如上一节分析的，高斯回归模型难以推广到高维空间。因此，Rowan McAllister 利用贝叶斯神经网络代替高斯回归模型对 PILCO 进行扩展，即深度 PILCO。

PILCO 数据效率高的主要原因是所采用的模型是概率模型，而且在预测将来步时，每一步的输出都是个概率分布，而输入也是概率分布。采用贝叶斯神经网络代替高斯回归模型，应该使得贝叶斯神经网络模型具有这个能力。下面我们看看 Rowan McAllister 是如何使贝叶斯神经网络模型具有这两个能力的。

第一，输出不确定性。

对于高斯回归模型，当给定一个输入时，其输出是一个分布。而对于一般的神经网络，输出往往是一个确定的数。贝叶斯神经网络跟一般的神经网络不同之处是它的输出也是个分布。

那么什么是贝叶斯神经网络呢？

从网络的结构来看，贝叶斯神经网络和一般的神经网络没有任何区别，也包括输入层，隐含层和输出层。不同的是，这两个网络得到权值的方式不一样。

对于一般的神经网络，我们是如何得到权值的？通用的方法就是给一个训练集，一个损失函数，然后利用训练集和使得损失函数最小，从而得到权值。

贝叶斯神经网络并不是这样得到权值的。

贝叶斯神经网络会根据已有的观测数据，即训练数据，来推测出网络的权值应该是多少时才产生这样的观测数据（也就是训练数据）。

如何推测呢？

当然是用贝叶斯公式了，即

$$p(w|X,Y)=\frac{p(Y|X,w)p(w)}{p(Y|X)} \tag{14.15}$$

式中 X 和 Y 为训练集的数据。假设我们已经通过各种方法得到了权值的后验分布，那么对于一个新的点 $\boldsymbol{x}^*$，利用贝叶斯神经网络，可以预测其输出为

$$p(y^*|x^*,X,Y)=\int p(y^*|x^*,w)p(w|X,Y) \tag{14.16}$$

利用贝叶斯神经网络的难点是如何计算（14.15）式中的分母项，在深度学习领域，这一项往往称为配分函数。配分函数的计算公式为

$$p(Y|X)=\int p(Y|X,w)p(w)dw \tag{14.17}$$

计算这个积分又称为 marginalising，对参数进行边界化处理。在贝叶斯线性化回归中，边界化可通过解析的方法计算得到。但是在大部分模型中，边界化无法得到。

由于边界化难以计算得到，因此（14.15）式的计算难以得到。需要用近似分布逼近（14.15）式，最常用的方法是定义一个参数化的逼近变分分布 $q_\theta(w)$，其中参数为 θ，最小化两个分布之间的 KL 散度：

$$\mathrm{KL}(q_\theta(w)||p(w|X,Y))=\int q_\theta(w)\log\frac{q_\theta(w)}{p(w|X,Y)}dw \tag{14.18}$$

得到逼近分布 $q_\theta^*(w)$ 之后，我们便能逼近预测分布（14.16）式，即

$$p(y^*|x^*,X,Y)\approx\int p(y^*|x^*,w)q_\theta^*(w)dw \tag{14.19}$$

KL 散度最小化也等价于最大化下界：

$$\mathcal{L}_{VI}(\theta):=\int q_\theta(w)\log p(Y|X,w)dw-\mathrm{KL}(q_\theta(w)||p(w))$$

这个过程相当于变分推理（VI）。Yarin Gal 在他的博士论文 *Uncertainty in Deep*

Learning 中基于蒙特卡罗和子采样技术提出了一个实用的变分推理方法，得到最优参数。这里就不详细介绍了. 总之，当给定一个新的点时，利用贝叶斯神经网络会得到一个输出分布，即（14.19）式。

第二，输入不确定性。

PILCO 能够通过高斯模型解析地传递不确定性，神经网络无法做到。因为，神经网络的输入往往是一个确定的值。为了将不确定性分布融入动力学模型，Rowan 提出利用粒子的方法。

什么是粒子的方法?

说白了就是多采几个点。因此，这就涉及输入分布的采样。

如图 14.9 为深度 PILCO 的预测过程。单纯基于粒子的方法可能会导致粒子退化，也就是说粒子的多样性会变差，所有的粒子趋向于相同。Rowan 引入了重采样技术，并利用矩匹配的方法对粒子分布进行重新拟合。也就是图 14.9 中第 10 行到第 11 行。

Algorithm 2 Step 6 of Algorithm 1: *Predict* system trajectories from $p(X_0)$ to $p(X_T)$

1: *Define* time horizon T.
2: *Initialise* set of K particles $x_0^k \sim P(X_0)$.
3: **for** $k=1$ to K **do**
4: Sample BNN dynamics model weights W^k.
5: **end for**
6: **for** time $t=1$ to T **do**
7: **for** each particle x_t^1 to x_t^K **do**
8: Evaluate BNN with weights W^k and input particle x_t^k, obtain output y_t^k.
9: **end for**
10: Calculate mean μ_t and standard deviation σ_t^2 of $\{y_t^1, ..., y_t^K\}$.
11: Sample set of K particles $x_{t+1}^k \sim \mathcal{N}(\mu_t, \sigma_t^2)$.
12: **end for**

图 14.9 深度 PILCO 预测过程

后记

书虽然结束了，但研究才刚刚开始！

强化学习中的很多课题如多智能体强化学习、分层强化学习、元强化学习、迁移学习等，在书中尚未讨论，但这些高级课题会在知乎专栏《强化学习知识大讲堂》中陆续更新，请大家多多关注。另外，本书第四篇名为“强化学习研究及前沿”，但书中所说的“前沿”也只是相对的。强化学习领域日新月异，新的理论和方法如雨后春笋一般出现。如今，强化学习领域几乎每个月都会有新的突破，新论文出现的速度远大于个人阅读的速度，真是令人应接不暇。这有点儿像 2013 年左右的深度学习领域。不过，剥开这些新算法的外衣，你会发现其基本的概念和工具还是本书所涉及的内容。所谓万变不离其宗，只有深入理解基本概念，我们才不会在理论和知识的快速迭代更新中惊慌失措。

本书成稿成于 2017 年 6 月份。从 2017 年 6 月至本书公开出版期间，学术界和工业界又发生了一系列大事，摘录如下。

- 2017 年 7 月份，强化学习算法的两大阵营 DeepMind 和 OpenAI 分别公布最新的具有鲁棒性的无模型强化学习算法：近端优化算法（PPO）；
- 2017 年 8 月份，DeepMind 和暴雪合作开源星际争霸 2，开启强化学习新的征战领域； OpenAI 在 dota2 的 1V1 比赛中击败人类顶级玩家；
- 2017 年 10 月份，DeepMind 在《Nature》发表 AlphaGo Zero 技术细节，提出新的强化学习算法框架，震惊行业内外；

……

突破没有停止，也不会停止。

未来几年，强化学习算法会在各行各业不断给我们带来惊喜！

我们会拭目以待，我们也会打好基础，练好内功！

或许不经意间，我们自己也会创造历史！

参考文献

[1] 肖筱南. 现代数值计算方法. 北京大学出版社, 2008.

[2] M.R.斯皮格尔, R.A.斯里尼瓦桑, 斯皮格尔,等. 概率与统计（第二版）. 科学出版社, 2002.

[3] 刘军, 唐年胜, 周勇,等. 科学计算中的蒙特卡罗策略. 高等教育出版社, 2009.

[4] Sutton R S, Barto A G. Reinforcement Learning: An Introduction[M]. MIT Press, 1998.

[5] Mnih V, Kavukcuoglu K, Silver D, et al. Human-level control through deep reinforcement learning[J]. Nature, 2015, 518(7540):529.

[6] Van Hasselt H, Guez A, Silver D. Deep Reinforcement Learning with Double Q-learning[J]. Computer Science, 2015.

[7] Schaul T, Quan J, Antonoglou I, et al. Prioritized Experience Replay[J]. Computer Science, 2015.

[8] Wang Z, Schaul T, Hessel M, et al. Dueling network architectures for deep reinforcement learning[J]. 2015:1995-2003.

[9] 马昌凤. 最优化方法及其 Matlab 程序设计[M]. 科学出版社, 2010.

[10] Bouvrie J. Notes on Convolutional Neural Networks[J]. Neural Nets, 2006.

[11] 李航. 统计学习方法[M]. 清华大学出版社, 2012.

[12] Rasmussen C E, Williams C K I. Gaussian Processes for Machine Learning (Adaptive Computation and Machine Learning)[M]. The MIT Press, 2005.

[13] Peters J, Schaal S. Reinforcement learning of motor skills with policy gradients[J]. Neural Networks, 2008, 21(4):682-697.

[14] Kakade S, Langford J. Approximately Optimal Approximate Reinforcement Learning[C]// Nineteenth International Conference on Machine Learning. Morgan Kaufmann Publishers Inc. 2002:267-274.

[15] Schulman J, optimizing expectations: from deep reinforcement learning to stochastic computation graphs. PhD thesis, University of California, Berkeley, 2016.

[16] Bishop C M. Pattern Recognition and Machine Learning (Information Science and Statistics)[M]. Springer-Verlag New York, Inc. 2006.

[17] Levine S, "Motor skill learning with local trajectory methods," PhD thesis, Stanford University, 2014

[18] Levine S, Wagener N, Abbeel P. Learning contact-rich manipulation skills with guided policy search[C]// IEEE International Conference on Robotics and Automation. IEEE, 2015:156-163.

[19] Levine S, Finn C, Darrell T, et al. End-to-end training of deep visuomotor policies[J]. Journal of Machine Learning Research, 2015, 17(1):1334-1373.

[20] Montgomery W, Levine S. Guided Policy Search as Approximate Mirror Descent[J]. 2016.

[21] Abbeel P, Ng A Y. Apprenticeship learning via inverse reinforcement learning[C]// International Conference on Machine Learning. ACM, 2004:1.

[22] Ratliff N D, Bagnell J A, Zinkevich M A. Maximum margin planning[C]// International Conference. DBLP, 2006:729-736.

[23] Klein E, Geist M, Piot B, et al. Inverse Reinforcement Learning through Structured Classification[C]// Advances in Neural Information Processing Systems. 2012.

[24] Chen X, Kamel A E. Neural inverse reinforcement learning in autonomous navigation[J]. Robotics & Autonomous Systems, 2016, 84:1-14.

[25] Ziebart B D, Maas A, Bagnell J A, et al. Maximum entropy inverse reinforcement learning[C]// National Conference on Artificial Intelligence. AAAI Press, 2008:1433-1438.

[26] Boularias A, Kober J, Peters J. Relative Entropy Inverse Reinforcement Learning[C]// 2011:182-189.

[27] Finn C, Levine S, Abbeel P. Guided cost learning: deep inverse optimal control via policy optimization[J]. 2016:49-58.

[28] O'Donoghue B, Munos R, Kavukcuoglu K, et al. PGQ: Combining policy gradient and Q-learning[J]. 2016.

[29] Tamar A, Wu Y, Thomas G, et al. Value Iteration Networks[J]. 2016.

[30] Deisenroth M P, Rasmussen C E. PILCO: A Model-Based and Data-Efficient Approach to Policy Search.[C]// International Conference on Machine Learning, ICML 2011, Bellevue, Washington, Usa, June 28 - July. DBLP, 2011:465-472.

[31] Deisenroth M P, efficient reinforcement learning using gausssian processes. PhD thesis , University of Cambridge, 2010.

[32] McAllister R, Bayesian learning for data-efficient control. PhD thesis, University of Cambridge, 2016.

[33] Gal Yarin, Uncertainty in deep learning PhD thesis. University of Cambridge, 2016